液化天然气操作工职业技能鉴定试题集

U0794430

液化天然气操作工

（技师）

薛文河　王小尚　吴　斌　主编

中国石化出版社

内容提要

《液化天然气操作工职业技能鉴定试题集》由中国石化天然气分公司组织、青岛液化天然气有限责任公司编写。内容包括：液化天然气操作工初级工、中级工、高级工、技师的国家职业标准、鉴定要素细目表、理论知识试题和技能操作试题，是液化天然气操作工进行职业技能鉴定的必备学习资料。

图书在版编目（CIP）数据

液化天然气操作工：技师/薛文河，王小尚，吴斌主编．—北京：中国石化出版社，2022.7
液化天然气操作工职业技能鉴定试题集
ISBN 978－7－5114－6723－2

Ⅰ.①液… Ⅱ.①薛… ②王… ③吴… Ⅲ.①液化天然气－操作－职业技能－鉴定－习题集 Ⅳ.①TE8－44

中国版本图书馆CIP数据核字（2022）第089920号

中国石化出版社出版发行
地址：北京市东城区安定门外大街58号
邮编：100011　电话：(010)57512500
发行部电话：(010)57512575
http://www.sinopec-press.com
E-mail:press@sinopec.com
北京科信印刷有限公司印刷
全国各地新华书店经销
*
787×1092毫米16开本16印张386千字
2022年7月第1版　2022年7月第1次印刷
定价：118.00元

#《液化天然气操作工职业技能鉴定试题集》
编委会

前　　言

近年来，随着能源消费结构的调整，液化天然气（LNG）以其独特的清洁优势备受青睐。作为产业链的重要一环，LNG 接收站建设也在我国得以迅速发展。在 LNG 接收站生产运行过程中，LNG 接收站技能操作工已逐步成为一个专业性较强的工种。

中国石化的 LNG 接收站建设始于天然气分公司青岛 LNG 接收站，经过多年建设与运营积累下的经验，已相继为多个项目的拟建设或布局提供帮助。

为适应 LNG 接收站建设运行发展需求，有针对性地做好 LNG 操作人员培训，不断提高 LNG 操作工的技能操作水平，在中国石化天然气分公司精心组织下，青岛液化天然气有限责任公司结合多年技能操作班组培训工作的经验，本着实用性、针对性、通用性原则，历时近两年时间，经过反复提炼修订，最终完成了本套丛书——液化天然气操作工职业技能鉴定试题集（初级、中级、高级、技师）的开发工作。

本套试题集的推出填补了中国石化 LNG 接收站操作工种技能鉴定题库的空白。书中理论知识题库和技能操作题库鉴定范围相对应，理论知识题库共 931 个鉴定点、近 6700 道题目，技能操作题库共 121 个鉴定点，每个鉴定点对应相应题目。题型及内容具有具体化、可量化、可检验、可考核的特点，更加符合培训、鉴定的实际需求，便于操作，适用性强。

本套试题集，由薛文河、王小尚、吴斌任主编，薛文河、鞠迅编写“职业道德基本知识”部分；薛文河、杨帆编写“天然气基础知识”

“液化天然气基础知识”部分；薛文河、陈国霞编写“化工工艺基础知识”“识绘图”“培训与指导”部分；韩荣鑫编写“机械基础知识”部分；王敏、康勃编写“电工基础知识”部分；杨春慧、刘培峰编写“仪表基础知识”部分；李相环编写“健康、安全、环保及公共安全基础知识”部分；伍建良、赵金睿编写“计量基础知识”部分；王杉、柳智编写“分析化验基础知识”部分；林剑彬编写“LNG船岸界面和国际贸易知识”部分；薛文河、徐静静编写“相关标准、法律、法规知识”部分；杨剑编写“计算机知识”部分；丁超编写“记录填写知识”“公用工程与辅助设施”部分；彭明、刘培峰编写“开车准备”“开车操作”部分；彭明编写“卸料、储存”“计算”“管理”部分；陈晨编写“槽车充装”部分；夏硕编写“高压气化外输”“BOG处理”部分；何冬林编写“轻烃回收”部分；丁超、韩荣鑫、陈晨编写“设备维护与保养”部分；夏硕、陈晨编写“事故判断”部分；彭明、陈晨编写“事故处理”部分。

参加审定的人员（以姓氏笔画为序）有于自然、马鸣、王华、王杉、王亮、王保庆、王剑琨、王晓红、孔祥逢、田新军、刘卫红、汲广胜、伍建良、吕静、陈力、张大伟、张林、杨书忠、陈民岗、吴仲昆、李志庭、李威、李磊、郑元杰、庞正宽、赵连成、胡超、徐志远、高晓芳、高菽蔓、高辉、焦长安、董顺、路江华、魏世军。

由于本题库初次面向读者，书中疏漏之处在所难免，请广大读者提出宝贵意见。

目　　录

一、国家职业标准

职业功能	工作内容	技能要求	相关知识要求
1　工艺操作	1.1 开车准备	1. 能完成开车流程的确认工作 2. 能按进度组织完成开车盲板的拆装操作 3. 能按开车网络计划要求，组织完成装置干燥置换工作 4. 能参与装置开车条件的确认工作	1. 流程确认注意事项 2. 盲板的选用方法、拆装的注意事项 3. 安全环保的有关制度 4. 装置各系统干燥置换的顺序、注意事项 5. 装置开车条件确认要点
	1.2 开车操作	1. 能安排开车流程的更改 2. 能根据开车程序组织卸料系统、LNG储罐、工艺处理、槽车装车等系统预冷、填充，建立零输出循环 3. 能组织设备性能测试 4. 能组织 LNG 储罐蒸发率测试 5. 能组织做好由船方引入开车介质工作	1. LNG 接收站运行规范 2. 装置投料试车的程序、注意事项 3. 主要设备性能、指标，性能测试的注意事项 4. 储罐蒸发率测试方法、注意事项、指标 5. 投料不同阶段介质引入要求、参数
	1.3 公用工程与辅助设施	1. 能判断仪表风露点不合格原因 2. 能判断 PSA 装置氧含量不合格原因 3. 能判断制氯装置停车原因 4. 能组织公用工程节能运行	1. 仪表风露点不合格原因及处理方法 2. PSA 装置氧含量不合格原因及处理方法 3. 制氯装置运行常见问题及处理方法 4. 公用工程消耗指标分析方法、节能降耗方法
	1.4 卸料、储存及槽车充装	1. 能组织卸船作业工艺操作 2. 能组织储罐倒罐作业 3. 能组织储罐两种密度差较大 LNG 混掺作业 4. 能判断并处理管道内水击及间歇泉情况	1. 卸船作业程序、船岸配合要求、关键控制要点 2. 储罐倒罐操作方法、注意事项 3. 混掺作业的风险分析、控制措施、注意事项 4. 管道水击及间歇泉原理、产生条件、现象 5. 管道内水击及间歇泉处理方法、注意事项
	1.5 高压汽化外输	1. 能组织高压外输系统停车、开车作业 2. 能根据能耗、工艺及海水条件，组织气化器组合运行 3. 能组织高压泵的预冷 4. 能判断高压泵运行状态 5. 能判断浸没燃烧式气化器运行状态 6. 能判断计量撬流量计异常工艺参数	1. 高压外输系统开、停车程序 2. 气化器能耗、工艺运行条件及性能参数 3. 高压泵预冷注意事项 4. 高压泵性能曲线及性能参数 5. 高压泵常见故障及处理方法 6. 浸没燃烧式气化器运行参数、控制指标 7. 计量撬常见问题及处理方法

续表

职业功能	工作内容	技能要求	相关知识要求
1　工艺操作	1.6 BOG 处理	1. 能组织 BOG 再冷凝器系统停用、投用操作 2. 能判断 BOG 压缩机运行状态 3. 能组织 BOG 系统的优化运行 4. 能组织完成燃料气系统的隔离置换	1. BOG 再冷凝系统切除及投用操作方法、注意事项 2. BOG 压缩机及辅助系统运行参数、常见故障及处理方法 3. BOG 压缩机能耗、压力控制指标 4. 燃料气系统的隔离置换
	1.7 轻烃回收	1. 能完成轻烃回收装置预冷操作 2. 能完成轻烃回收装置开车条件准备 3. 能完成轻烃回收装置停车后现场检查及操作 4. 能完成轻烃回收装置晃电应急处理 5. 能完成轻烃回收装置蒸汽供应故障应急处理 6. 能组织轻烃回收装置开车操作 7. 能组织轻烃回收装置停车操作	1. 轻烃回收装置预冷操作步骤、控制参数及注意事项 2. 轻烃回收装置开车条件准备内容、控制要求 3. 轻烃回收装置停车后控制参数、现场操作内容、现场检查要点及注意事项 4. 轻烃回收装置晃电应急处置步骤、注意事项 5. 轻烃回收装置蒸汽供应故障应急处置步骤、注意事项 6. 轻烃回收装置开车操作步骤、控制参数、注意事项 7. 轻烃回收装置停车操作步骤、控制参数、注意事项
2　设备维护与保养	2.1 设备维护与保养	1. 能根据关键设备运行情况，提出维护措施 2. 能根据设备运行中存在的问题提出大修项目及改进措施，并参与编制设备大修计划 3. 能参与制定设备维护保养制度 4. 能根据装置特点提出防腐措施	1. 关键设备常见故障及处理方法 2. 设备运行参数与性能指标 3. 设备技术改造注意事项 4. 设备维护保养制度作用、要点 5. 腐蚀的原理及防腐方法
3　事故判断与处理	3.1 事故判断	1. 能判断储罐分层原因 2. 能判断 BOG 压缩机等主要设备超压、超温等异常情况 3. 能分析 BOG 系统压力异常 4. 能判断浸没燃烧式气化器启动失败或停车原因 5. 能判断区域、全厂停车等复杂事故 6. 能判断换热器内漏事故	1. 储罐分层的原理、现象 2. 装置运行参数异常的原因及排查方法 3. BOG 系统压力影响因素 4. 浸没燃烧式气化器的联锁逻辑、报警指标 5. 浸没燃烧式气化器常见故障判断方法 6. 区域或全厂停车原因的排查方法 7. 换热器内漏判断方法
	3.2 事故处理	1. 能完成一般阀门内漏工艺处置 2. 能指挥区域或全厂联锁停车事故 3. 能处理码头 ESD2 联锁停车事故 4. 能处理换热器内漏事故 5. 能处理浸没燃烧式气化器无法启动或停车情况 6. 能处理装置内介质严重泄漏、火灾事故	1. 隔离、放空注意事项 2. 区域联锁停车应急处置方案 3. 全场联锁停车应急处置方案 4. 码头 ESD2 联锁结果及应急处置方案 5. 换热器常见故障处理方法 6. 浸没燃烧式气化器故障处理方法

续表

职业功能	工作内容	技能要求	相关知识要求
3　事故判断与处理	3.2 事故处理	7. 能针对装置出现的各类事故分析原因，提出预防措施 8. 能组织复杂事故的应急演练 9. 能处理储罐分层	7. 泄漏、火灾危害分析、应急处置方案 8. 事故原因分析方法 9. 应急演练组织形式、注意事项 10. 消除储罐分层的方法
4　绘图与计算	4.1 识绘图	1. 能绘制技术改造简图 2. 能绘制动设备(高压泵、罐内泵、压缩机等)PID 图	1. 流程设计、联锁逻辑设计方法 2. 技术改造项目涉及的设计规范 3. 动设备的工艺流程图、控制逻辑
	4.2 计算	1. 能核算接收站接船、外输能力以及剩余能力 2. 能根据船期、罐存、日外输和计划、日装车计划编排生产运行实施方案 3. 能完成重要设备能耗计算、分析，提出优化方案 4. 能计算再冷凝器气液比、压力等参数 5. 能计算低温管道保冷层厚度	1. 接收站处理能力核算方法 2. 生产计划编制方法、注意事项 3. 能耗计算、分析方法 4. 生产优化方法 5. 蒸发气的压力－焓特性曲线及计算方法 6. 传质传热基本知识 7. 管道保冷层冷损失、表面温度计算方法
5　培训与指导	5.1 培训与指导	1. 能培训初、中、高级操作人员 2. 能传授特有的操作经验和技能	1. 培训教材编写方法 2. 授课的方法
6　管理	6.1 技术管理	1. 能参与新投用设备、系统开、停车方案的编写 2. 能编制典型事故应急处置方案 3. 能组织新投用设备、系统性能考核工作 4. 能组织系统停车、安全事故原因分析、事故报告编写 5. 能组织 QC 小组开展质量攻关	1. 开停车方案主要内容及编制方法 2. 系统、设备性能考核方法、注意事项 3. 事故分析、事故报告编写方法 4. QC 小组活动知识

二、理论知识鉴定要素细目表

职业：天然气处理工　　工种：液化天然气操作工　　等级：技师　　鉴定方式：知识　　鉴定点总数：171

鉴定范围（篇）	代码	比重	鉴定范围（章）	代码	比重	鉴定范围（节）	代码	比重	序号	鉴定点（考核点）	重要程度
基本要求	A	20	职业道德	A	2	职业道德基本知识	A	2	001	职业道德的基本内涵	Z
									002	社会主义市场经济对职业道德的正面影响	X
									003	企业文化的功能	X
									004	职业道德对增强企业凝聚力，竞争力的作用	X
									005	职业道德是人生事业成功的保证	X
									006	文明礼貌的具体要求	X
									007	爱岗敬业的具体要求	X
									008	对诚实守信基本内涵的理解	X
									009	办事公道的具体要求	X
									010	勤劳节约的现代意义	X
									011	企业员工遵纪守法的要求	X
									012	团结互助的基本要求	X
									013	创新的基本要求	Y
			基础知识	B	18	化工工艺基础知识	A	3	001	流体管路的特性曲线	Y
									002	管道的水力学计算	X
									003	温度场的基本概念	X
									004	热辐射的本质	X
									005	精馏的概念	X
						机械基础知识	B	2	001	离心泵性能曲线的意义	X
									002	离心泵功率的计算	X
									003	离心泵扬程的计算	X
									004	离心泵检修的主要内容	X
									005	压缩机检修的验收标准	X

续表

鉴定范围（篇）	代码	比重	鉴定范围（章）	代码	比重	鉴定范围（节）	代码	比重	序号	鉴定点（考核点）	重要程度
基本要求	A	20	基础知识	B	18	机械基础知识	B	2	006	常用故障诊断技术概念	X
基本要求	A	20	基础知识	B	18	机械基础知识	B	2	007	机械密封失效的原因	X
基本要求	A	20	基础知识	B	18	机械基础知识	B	2	008	设备可靠性的概念	Y
基本要求	A	20	基础知识	B	18	机械基础知识	B	2	009	常用腐蚀调查的方法	Y
基本要求	A	20	基础知识	B	18	机械基础知识	B	2	010	常见的腐蚀环境类型	Z
基本要求	A	20	基础知识	B	18	机械基础知识	B	2	011	特种设备的分类	X
基本要求	A	20	基础知识	B	18	电工基础知识	C	2	001	供配电系统的组成	X
基本要求	A	20	基础知识	B	18	电工基础知识	C	2	002	装置用电设备的继电保护	X
基本要求	A	20	基础知识	B	18	电工基础知识	C	2	003	混联电路电阻简单计算方法	Y
基本要求	A	20	基础知识	B	18	电工基础知识	C	2	004	应急发电机的工作原理	Y
基本要求	A	20	基础知识	B	18	电工基础知识	C	2	005	变频器的原理	Z
基本要求	A	20	基础知识	B	18	仪表基础知识	D	2	001	自动控系统的性能指标	Z
基本要求	A	20	基础知识	B	18	仪表基础知识	D	2	002	简单测量仪表故障的判断方法	X
基本要求	A	20	基础知识	B	18	仪表基础知识	D	2	003	调节阀门的一般故障判断方法	X
基本要求	A	20	基础知识	B	18	仪表基础知识	D	2	004	控制回路 PID 参数的整定	X
基本要求	A	20	基础知识	B	18	仪表基础知识	D	2	005	复杂控制回路的分析	Y
基本要求	A	20	基础知识	B	18	健康、安全、环保及公共安全基础知识	E	2	001	安全生产法规相关知识	Y
基本要求	A	20	基础知识	B	18	健康、安全、环保及公共安全基础知识	E	2	002	安全技术规程	X
基本要求	A	20	基础知识	B	18	健康、安全、环保及公共安全基础知识	E	2	003	直接作业相关知识	X
基本要求	A	20	基础知识	B	18	健康、安全、环保及公共安全基础知识	E	2	004	“双体系”基本知识	Y
基本要求	A	20	基础知识	B	18	健康、安全、环保及公共安全基础知识	E	2	005	消防基本知识	Y
基本要求	A	20	基础知识	B	18	健康、安全、环保及公共安全基础知识	E	2	006	职业卫生相关知识	X
基本要求	A	20	基础知识	B	18	健康、安全、环保及公共安全基础知识	E	2	007	中国石化 HSSE 管理体系基本知识	X
基本要求	A	20	基础知识	B	18	健康、安全、环保及公共安全基础知识	E	2	008	环境保护相关知识	Y
基本要求	A	20	基础知识	B	18	健康、安全、环保及公共安全基础知识	E	2	009	事故的预防	X
基本要求	A	20	基础知识	B	18	健康、安全、环保及公共安全基础知识	E	2	010	应急预案知识	X
基本要求	A	20	基础知识	B	18	计量基础知识	F	2	001	天然气热值计算	X
基本要求	A	20	基础知识	B	18	计量基础知识	F	2	002	天然气密度计算	X
基本要求	A	20	基础知识	B	18	计量基础知识	F	2	003	LNG 接卸船计量	X

续表

鉴定范围（篇）	代码	比重	鉴定范围（章）	代码	比重	鉴定范围（节）	代码	比重	序号	鉴定点（考核点）	重要程度
基本要求	A	20	基础知识	B	18	分析化验基础知识	G	2	001	实验室认可的意义	X
									002	多维色谱简介	Y
						LNG 船岸界面和国际贸易知识	H	1	001	LNG 船舶靠泊作业风险管控	Y
									002	LNG 船舶系泊作业风险管控	X
									003	LNG 船/岸卸料臂连接兼容研究	X
									004	LNG 船/岸船岸通讯连接兼容研究	X
									005	LNG 船/岸通道连接兼容研究	X
									006	LNG 船舶装卸作业风险管控	X
									007	LNG 国际贸易执行流程	Z
						相关标准、法律、法规知识	I	1	001	液化天然气设施干燥置换	X
									002	液化天然气设施预冷	X
									003	液化天然气接收站试运投产	X
									004	液化天然气接收站技术规范	Y
									005	液化天然气接收站运行规程	X
									006	液化天然气接收站盘库	X
									007	综合能耗计算	Y
									008	特种设备的检测	X
									009	劳动者的权利和义务	X
									010	安全生产相关知识	X
						计算机知识	J	1	001	Word 知识	X
									002	Excel 知识	X
									003	防病毒知识	X

续表

鉴定范围（篇）	代码	比重	鉴定范围（章）	代码	比重	鉴定范围（节）	代码	比重	序号	鉴定点（考核点）	重要程度
基本要求	A	20	基础知识	B	18	计算机知识	J	1	004	PPT 演示	Z
									005	计算机常见问题的处理	Y
									006	IP 地址的概念	Y
									007	信息安全面临的威胁	Y
									008	木马的防治	X
相关知识要求	B	80	工艺操作	A	35	开车准备	A	5	001	开车盲板拆装的注意事项	X
									002	接收站各工艺系统干燥置换的顺序	Y
									003	投料试车条件确认内容	X
									004	消防系统验收的内容	X
						开车操作	B	5	001	接收站投料试车的程序	X
									002	储罐蒸发率测试的方法	Y
									003	储罐蒸发率测试的注意事项	X
						公用工程与辅助设施	C	5	001	仪表风露点不合格原因及处理方法	X
									002	PSA 装置氧含量不合格原因及处理方法	X
									003	制氯装置运行中的常见问题及处理方法	Y
									004	节能降耗的方法	X
						卸料、储存及槽车充装	D	5	001	LNG 船工艺流程	Y
									002	卸料作业关键控制要点	X
									003	船岸配合要点	Y
									004	卸料过程中遇恶劣天气应对措施	X
									005	不同组分 LNG 混掺作业风险控制要点	X
									006	水击的原理	Y
									007	间歇泉的原理	Z
						高压汽化外输	E	5	001	气化器能耗分析及优化运行	Z
									002	高压汽化外输启停程序	X

续表

鉴定范围(篇)	代码	比重	鉴定范围(章)	代码	比重	鉴定范围(节)	代码	比重	序号	鉴定点(考核点)	重要程度
相关知识要求	B	80	工艺操作	A	35	高压汽化外输	E	5	003	高压泵运行状态判定	X
									004	浸没燃烧式气化器运行状态判定	X
									005	中间介质气化器运行状态判定	Y
									006	计量橇流量计运行状态判定	X
									007	接收站库存的控制	X
						BOG 处理	F	5	001	BOG 再冷凝系统的隔离	Y
									002	BOG 再冷凝系统的投用	X
									003	BOG 压缩机运行状态判定	X
									004	BOG 处理系统的优化运行	X
									005	燃料气系统的隔离置换方法	X
						轻烃回收	G	5	001	轻烃回收装置预冷操作	Z
									002	轻烃回收装置开车条件准备	X
									003	轻烃回收装置停车后现场操作	X
									004	轻烃回收装置晃电的应急处理	X
									005	蒸汽供应故障的应急处理	X
									006	轻烃回收装置开车操作	X
									007	轻烃回收装置停车操作	X
			设备维护与保养	B	5	设备维护与保养	A	5	001	卸料臂维护要点	Y
									002	登船梯维护要点	X
									003	BOG 压缩机日常维护要点	X
									004	SCV 日常维护要点	X
									005	螺杆压缩机日常维护要点	X
									006	ORV 日常维护要点	X
									007	设备技术改造的原则	Z
									008	设备维护保养制度要点	X

续表

鉴定范围（篇）	代码	比重	鉴定范围（章）	代码	比重	鉴定范围（节）	代码	比重	序号	鉴定点（考核点）	重要程度
相关知识要求	B	80	事故判断与处理	C	20	事故判断	A	8	001	储罐分层的原理	X
									002	储罐分层的现象	X
									003	换热器内漏的现象	Z
									004	高压泵泵筒液位异常判断方法	X
									005	再冷凝器超液位的判断方法	X
									006	全厂停车判断方法	X
									007	BOG 压缩机出口管线超温的判断方法	X
									008	浸没燃烧式气化器点火失败判断	Y
						事故处理	B	12	001	安全阀内漏处理方法	X
									002	切断阀内漏处理方法	X
									003	全厂联锁停车应急处置方法	X
									004	储罐停车应急处置方法	X
									005	码头卸料系统停车应急处置方法	X
									006	卸料臂 ESD2 应急处置方法	X
									007	高压外输系统停车应急处置方法	X
									008	BOG 处理系统停车应急处置方法	X
									009	浸没燃烧式气化器 pH 异常的处理方法	X
									010	浸没燃烧式气化器冷却水压力异常的处理方法	X
									011	浸没燃烧式气化器点火失败的处理方法	X
									012	LNG 泄漏应急处置方案	X
									013	天然气泄漏应急处置方案	Y

续表

鉴定范围（篇）	代码	比重	鉴定范围（章）	代码	比重	鉴定范围（节）	代码	比重	序号	鉴定点（考核点）	重要程度
相关知识要求	B	80	事故判断与处理	C	20	事故处理	B	12	014	火灾应急处置方案	X
									015	事故原因分析方法	X
									016	BOG 压缩机入口温度异常的处理方法	X
									017	电加热器出口温度异常的处理方法	X
									018	储罐分层的处理方法	X
			绘图与计算	D	10	识绘图	A	5	001	零件图的作用	X
									002	零件图的尺寸标注方法	Y
									003	PID 图的绘制方法	Z
						计算	B	5	001	接收站处理能力核算方法	Y
									002	能耗计算方法	X
									003	蒸发气的压力－焓特性曲线	X
									004	再冷凝器气液比计算方法	X
									005	管道保冷层冷损失计算方法	Z
									006	管道保冷层表面温度计算方法	Z
			培训与指导	E	5	培训与指导	A	5	001	专项培训方案的制定要求	X
									002	培训效果评估的意义	Y
			管理	F	5	管理	A	5	001	接收站开停车方案主要内容	X
									002	应急处置方案编制方法	X
									003	装置生产考核要点	Y
									004	事故报告编制方法	X
									005	QC 小组活动知识	Z
									006	设备管理工作要点	X
									007	槽车区安全检查标准	X
									008	槽车区充装作业工作标准	X
									009	槽车区生产技术工作标准	Y
									010	槽车区安全环保工作标准	Y

三、理论知识试题

单选题

1. 职业道德是指从事一定职业劳动的人们，在长期的职业活动中形成的(　　)。

A. 行为规范　　B. 操作程序　　C. 劳动技能　　D. 思维习惯

答案：A

2. 在下列选项中属于职业道德范畴的是(　　)。

A. 企业经营的业绩　　B. 企业发展的战略

C. 员工的技术水平　　D. 员工的内心信念

答案：D

3. 职业道德是一种(　　)的约束机制。

A. 强制性　　B. 非强制性　　C. 随意性　　D. 自发性

答案：B

4. 在市场经济条件下，职业道德具有(　　)的社会功能。

A. 鼓励人们自由地选择职业

B. 遏制牟利最大化

C. 促进人们的行为规范化

D. 最大限度地克服人们受利益驱动

答案：C

5. 在市场经济条件下，(　　)是职业道德社会功能的重要表现。

A. 克服利益导向　　B. 遏制牟利最大化

C. 增强决策科学化　　D. 促进员工行为的规范化

答案：D

6. 市场经济条件下，职业道德最终将起到(　　)的作用。

A. 促进企业决策科学化　　B. 提高企业竞争力

C. 决定企业经济效益　　D. 决定企业前途与命运

答案：B

7. 在企业的生产经营活动中，(　　)不是职业道德所具有的功能。

A. 激励作用　　B. 决策能力　　C. 规范行为　　D. 遵纪守法

答案：B

8. 企业文化所具有的功能不包括(　　)。

A. 激励功能　　B. 导向功能　　C. 整合功能　　D. 娱乐功能

答案：D

9. 在下列选项中属于企业文化所具有的功能是(　　)。
A. 锻炼功能　　B. 整合功能　　C. 娱乐功能　　D. 社交功能
答案：B
10. 在下列选项中属于企业文化所具有的功能是(　　)。
A. 整合功能　　B. 技术培训功能　　C. 科研功能　　D. 社交功能
答案：A
11. 为了促进企业的规范化发展，需要发挥企业文化的(　　)功能。
A. 娱乐　　B. 主导　　C. 决策　　D. 自律
答案：D
12. 职业道德最终将起到(　　)的作用。
A. 决定企业经济效益　　B. 促进企业决策科学化
C. 增强企业竞争力　　D. 树立企业员工守业意识
答案：C
13. 职业道德起到(　　)的作用。
A. 增强企业员工独立意识　　B. 模糊企业上级与员工之间关系
C. 促使企业员工循规蹈矩做事情　　D. 增强企业凝聚力
答案：D
14. 在下列选项中属于职业道德所具有的作用是(　　)。
A. 增强企业的凝聚力　　B. 增强企业的离心力
C. 决定企业的经济效益　　D. 增强企业员工的独立性
答案：A
15. 职业道德通过(　　)，起着增强企业凝聚力的作用。
A. 协调员工之间的关系　　B. 增加职工福利
C. 为员工创造发展空间　　D. 调节企业与社会的关系
答案：A
16. 职业道德是人的事业成功的(　　)。
A. 重要保证　　B. 最终结果　　C. 先决条件　　D. 显著标志
答案：A
17. 下列选项中，关于职业道德与人的事业成功的关系的正确论述是(　　)。
A. 职业道德是人事业成功的重要条件
B. 职业道德水平高的人肯定能够取得事业的成功
C. 缺乏职业道德的人更容易获得事业的成功
D. 人的事业成功与否与职业道德无关
答案：A
18. 职业道德与人生事业之间的关系是(　　)。
A. 具有职业道德的人一定能够获得事业的成功
B. 没有职业道德的人不会获得事业的成功
C. 获得事业成功的人往往具有较高的职业道德

D. 缺乏职业道德的人往往更容易获得事业的成功

答案：C

19. 正确阐述职业道德与人生事业之间关系的选项是(　　)。

A. 没有职业道德的人不会获得事业的成功

B. 获得事业成功的前提条件是要具有职业道德

C. 获得事业成功的人往往并不需要较高的职业道德

D. 具有职业道德是获得事业成功的重要条件

答案：D

20. 在职业交往活动中，符合仪表端庄具体要求的是(　　)。

A. 着装华贵　　B. 适当化妆或戴饰品

C. 饰品俏丽　　D. 发型要突出个性

答案：B

21. 在职业道德活动中，对客人做到(　　)是符合语言规范的具体要求的。

A. 言语细致，反复介绍　　B. 语速要快，不浪费客人时间

C. 用尊称，不用忌语　　D. 语气严肃，维护自尊

答案：C

22. 在下列说法中，不符合语言规范的具体要求是(　　)。

A. 语感自然，不呆板　　B. 用尊称，不用忌语

C. 语速适中，不快不慢　　D. 多使用幽默语言，调节气氛

答案：D

23. 在商业活动中，不符合待人热情要求的是(　　)。

A. 严肃待客，表情冷漠　　B. 主动服务，细致周到

C. 微笑大方，不厌其烦　　D. 亲切友好，宾至如归

答案：A

24. 爱岗敬业作为职业道德的重要内容，是指员工(　　)。

A. 热爱自己喜欢的岗位　　B. 热爱有钱的岗位

C. 强化职业责任　　D. 不应多转行

答案：C

25. 在市场经济条件下，不符合爱岗敬业要求的是(　　)的观念。

A. 树立职业理想　　B. 强化职业责任

C. 干一行、爱一行、专一行　　D. 多转行多受锻炼

答案：D

26. 爱岗敬业的具体要求是(　　)。

A. 根据效益来决定是否爱岗　　B. 转变择业观念

C. 提高职业技能　　D. 增强把握择业的机遇意识

答案：C

27. 在对待职业和岗位，(　　)并不是爱岗敬业所要求的。

A. 树立职业理想　　B. 干一行、爱一行、专一行

C. 遵守企业的规章制度　　D. 一职定终身，不改行

答案：D

28. 在市场经济条件下，(　　)不违反职业道德规范中关于诚实守信的要求。

A. 通过诚实合法劳动来实现利益最大化

B. 打进对手内部，增强竞争优势

C. 根据服务对象来决定是否遵守承诺

D. 凡是有利于增大企业利益的行为就做

答案：A

29. 关于诚实守信的认识和判断中，下列正确的选项是(　　)。

A. 一贯地诚实守信是一种不明智的行为

B. 诚实守信是维持市场经济秩序的基本法则

C. 是否诚实守信要视具体对象而定

D. 追求利益最大化原则高于诚实守信的原则

答案：B

30. 职工对企业诚实守信应该做到的是(　　)。

A. 效忠所属企业，无论在何种情况下，都始终把企业利益放在第一位

B. 维护企业信誉，树立质量意识和服务意识

C. 扩大企业影响，多对外谈论企业之事

D. 完成本职工作即可，企业未来的发展由有见识的人来谋划

答案：B

31. (　　)是企业诚实守信的内在要求。

A. 维护企业信誉　　B. 增加职工福利

C. 注重经济效益　　D. 开展员工培训

答案：A

32. 要做到办事公道，则在处理公私关系时就要做到(　　)。

A. 公私不分　　B. 假公济私　　C. 公平公正　　D. 先公后私

答案：C

33. 办事公道是指从业人员在进行职业活动时要做到(　　)。

A. 追求真理，坚持原则　　B. 有求必应，助人为乐

C. 公私不分，一切平等　　D. 知人善任，提拔知己

答案：A

34. 要坚持办事公道，就要努力做到(　　)。

A. 公私不分　　B. 有求必应　　C. 公正公平　　D. 全面公开

答案：C

35. 在下列事项中属于办事公道的是(　　)。

A. 顾全大局，一切服从上级　　B. 大公无私，拒绝亲戚求助

C. 知人善任，努力培养知己　　D. 坚持原则，不计个人得失

答案：D

36.《中华人民共和国劳动法》规定，劳动者应当完成(　　)，提高(　　)，执行劳动安全卫生规程，遵守劳动纪律和(　　)。

A. 劳动任务 职业技能　职业道德　　B. 任务 效率　职业道德

C. 任务 工作水平 劳动合同　　D. 劳动任务 思想修养 工作分工

答案：A

37. 2020 年 11 月 24 日，在全国劳动模范和先进工作者表彰大会上的重要讲话中，总书记精辟阐释了三种精神的科学内涵，分别是“爱岗敬业、争创一流、艰苦奋斗、勇于创新、淡泊名利、甘于奉献的(　　)精神”“崇尚劳动、热爱劳动、辛勤劳动、诚实劳动的(　　)精神”“执着专注、精益求精、一丝不苟、追求卓越的(　　)精神”，强调它们“是以爱国主义为核心的民族精神和以改革创新为核心的时代精神的生动体现，是鼓舞全党全国各族人民风雨无阻、勇敢前进的强大精神动力”。

A. 劳动精神　工匠精神　劳模精神　　B. 劳模精神　劳动精神　工匠精神

C. 劳模精神　工匠精神　劳动精神　　D. 工匠精神　劳模精神　劳动精神

答案：B

38. 关于勤劳节俭的论述中，下列正确的选项是(　　)。

A. 勤劳一定能使人致富　　B. 勤劳节俭有利于企业持续发展

C. 新时代需要巧干，不需要勤劳　　D. 新时代需要创造，不需要节俭

答案：B

39. 勤劳节俭的现代意义在于(　　)。

A. 勤劳节俭是促进经济和社会发展的重要手段

B. 勤劳是现代市场经济需要的，而节俭则不宜提倡

C. 节俭阻碍消费，因而会阻碍市场经济的发展

D. 勤劳节俭只有利于节省资源，但与提高生产效率无关

答案：A

40. 职业纪律是企业的行为规范，职业纪律具有(　　)的特点。

A. 明确的规定性　B. 高度的强制性　C. 通用性　D. 自愿性

答案：A

41. 当企业员工违反职业纪律，企业(　　)。

A. 不能给予罚款处罚　　B. 员工受劳动合同保护，不能给予处分

C. 应视情节轻重，给予恰当处分　　D. 警告的效果往往不大

答案：C

42. 职业纪律是指从事这一职业的员工应该共同遵守的行为准则，它包括的内容有(　　)。

A. 交往规则　B. 操作程序　C. 群众观念　D. 外事纪律

答案：D

43. 在企业的生产经营活动中，要求员工遵纪守法的是(　　)。

A. 约束人的体现　　B. 为了保证经济活动正常进行所决定的

C. 领导者人为的规定　　D. 追求利益的体现

答案：B

44. 在企业的生产经营活动中，(　　)不符合平等尊重的要求。
A. 根据员工的技术专长进行分工
B. 对待不同的服务对象采取一视同仁的服务态度
C. 师徒之间要平等和互相尊重
D. 取消员工之间的一切差别
答案：D
45. 在日常接待工作中，对待不同服务对象，服务态度都应真诚热情，(　　)。
A. 尊卑有别　　B. 女士优先　　C. 一视同仁　　D. 外宾优先
答案：C
46. 在企业的生产经营活动中，不符合平等尊重要求的是(　　)。
A. 真诚相待，一视同仁　　B. 互相借鉴，取长补短
C. 男女有序，尊卑有别　　D. 男女平等，友爱亲善
答案：C
47. 企业生产经营活动中，促进员工之间平等尊重的措施是(　　)。
A. 互利互惠，平均分配　　B. 加强交流，平等对话
C. 只要合作，不要竞争　　D. 人心叵测，谨慎行事
答案：B
48. 关于创新的论述，下列正确的选项是(　　)。
A. 创新就是出新花样　　B. 创新就是独立自主
C. 创新是促进企业进步的灵魂　　D. 创新不需要引进外国的新技术
答案：C
49. 关于创新的论述，不正确的选项是(　　)。
A. 创新需要“标新立异”　　B. 服务也需要创新
C. 创新是促进企业进步的灵魂　　D. 引进别人的新技术不算创新
答案：D
50. 关于创新的论述中，下列正确的选项是(　　)。
A. 不墨守成规，但也不可以标新立异
B. 企业经不起折腾，大胆地闯早晚会出问题
C. 创新是企业发展的动力
D. 创新需要灵感，但不需要情感
答案：C
51. 企业创新要求员工努力做到(　　)。
A. 不能墨守成规，但也不能标新立异
B. 大胆地破除现有的结论，自创理论体系
C. 大胆地试大胆地闯，敢于提出新问题
D. 激发人的灵感，遏制冲动和情感
答案：C
52. 在使用伯努利方程时，两个断面所用的压强(　　)。

A. 必须是绝对压强　　B. 必须是表压强

C. 必须是标准压强　　D. 标准一致即可

答案：D

53. 伯努利方程式中位置水头是相对基准面而言的，基准面(　　)。

A. 必须是海平面　　B. 必须低于管线

C. 只要是水平面就可以　　D. 只要是平面就可以

答案：C

54. 密度为ρ，流量为Q，速度为v的射流冲击一块与流向垂直的平板，则平板受到的冲击力为(　　)。

A. Qv　　B. Qv^2　　C. ρQv　　D. ρQv^2

答案：C

55. 在层流的伯努利方程中，速度v是(　　)速度。

A. 某点　　B. 截面平均　　C. 截面中心处　　D. 截面上最大

答案：B

56. 在层流状态下(　　)。

A. 惯性力较强，雷诺数较大　　B. 惯性力较强，雷诺数较小

C. 惯性力较弱，雷诺数较大　　D. 惯性力较弱，雷诺数较小

答案：D

57. 当用泵输送液体，绘制管路特性曲线时，纵坐标要以(　　)为准。

A. 扬程　　B. 流体流速　　C. 位差　　D. 水头损失

答案：A

58. 长管路从能量角度可略去(　　)。

A. 比动能　　B. 局部水头损失

C. 沿程水头损失　　D. 比动能和局部水头损失

答案：D

59. 管路特性曲线是管路系统的(　　)与流量的关系曲线。

A. 压力　　B. 阻力　　C. 流速　　D. 压降

答案：B

60. 已知管径、管长和地形，当一定流量的某种流体通过时，确定管路中的压力降的计算程序是首先计算(　　)。

A. 出水头损失　　B. 雷诺数　　C. 起点压头　　D. 水力压降

答案：B

61. 长管的水力计算公式中，对于层流流态，系数β常数为(　　)。

A. 1　　B. 0. 0246　　C. 4. 15　　D. 5

答案：C

62. 已知管径、管长和地形，在一定压力降的限制下，确定输送量的大小时，应首先(　　)。

A. 设定流态　　B. 计算雷诺数　　C. 计算水头损失　　D. 计算起点压头

答案：A

63. 圆管层流流动，过流断面上切应力分布为(　　)。

A. 在过流断面上是常数　　B. 管轴处是零，且与半径成正比

C. 管壁处是零，向管轴线性增大　　D. 按抛物线分布

答案：B

64. 物体内部产生导热，起因于各部分之间具有(　　)。

A. 压力差　　B. 温度差　　C. 动能差　　D. 热能差

答案：B

65. 在连续的温度场中，高等温线(　　)。

A. 相交　　B. 平行　　C. 中断　　D. 不相交

答案：D

66. 物体本身(　　)的增减，完全取决于同一瞬间内发射和吸收辐射的差值。

A. 能量　　B. 质量　　C. 温度　　D. 热能

答案：A

67. 温度场最一般的数学描述为(　　)。

A. $t=f(x, y, z, \tau)$　　B. $t=f(x, y, z)$

C. $t=f(\tau)$　　D. $t=f(x, y, \tau)$

答案：A

68. 以辐射线传播热能的现象叫作(　　)。

A. 热辐射　　B. 热传导　　C. 热对流　　D. 热传递

答案：A

69. 不管传热介质是否直接接触，传热量的大小与温度的四次方之差成正比，该传热方式为(　　)。

A. 热传导　　B. 对流传热　　C. 辐射传热　　D. 导热

答案：C

70. 辐射换热的传热量与温度的(　　)次方之差成正比。

A. 一　　B. 二　　C. 三　　D. 四

答案：D

71. 辐射的本质决定热辐射过程有(　　)特点。

A. 辐射换热伴随着两次能量转化

B. 直接接触才能传递热量

C. 当物体之间有温差时，高温物体辐射给低温物体的能量等于低温物体辐射给高温物体的能量

D. 当各物体温度相同时，仍进行辐射换热

答案：A

72. 精馏塔的精馏段的作用是将进料的(　　)提浓，在塔顶得到合格的产品。

A. 气相部分中轻组分　　B. 气相部分中重组分

C. 液相部分中轻组分　　D. 液相部分中重组分

答案：A

73. 下列描述精馏操作正确的是(　　)。

A. 一次汽化和冷凝　　B. 多次汽化

C. 多次冷凝　　D. 多次汽化和冷凝

答案：D

74. 在精馏操作中，把停止塔顶采出，将塔顶冷凝液全部作为回流液的操作，称为(　　)。

A. 冷回流　　B. 半回流　　C. 全回流　　D. 循环回流

答案：C

75. 关于精馏段的表述，错误的是(　　)。

A. 精馏段顶部的难挥发组分浓度高

B. 气相中的轻组分浓度自下而上不断升高，其温度不断下降

C. 液相回流中轻组分浓度自上而下不断减少，而温度不断上升

D. 精馏段的作用是将进料的气相组分提浓

答案：A

76. 关于离心泵流量－扬程曲线，下列说法正确的是(　　)。

A. 一般地说，当流量大时，扬程就高，随着流量的增加扬程就逐渐下降

B. 一般地说，当流量小时，扬程就高，随着流量的增加扬程就逐渐下降

C. 一般地说，当流量小时，扬程就低，随着流量的增加扬程就逐渐下降

D. 一般地说，当流量小时，扬程就高，随着流量的增加扬程就逐渐升高

答案：B

77. 关于离心泵流量－功率曲线，下列说法正确的是(　　)。

A. 一般来讲，轴功率是随着流量而减小，当流量 $Q=0$ 时，相应的轴功率不为零

B. 一般来讲，轴功率是随着流量而减小，当流量 $Q=0$ 时，相应的轴功率为零

C. 一般来讲，轴功率是随着流量而增加，当流量 $Q=0$ 时，相应的轴功率不为零

D. 一般来讲，轴功率是随着流量而增加，当流量 $Q=0$ 时，相应的轴功率为零

答案：C

78. 关于离心泵流量－效率曲线，下列说法正确的是(　　)。

A. 一般来讲，曲线为倒山头形状，当流量为零时，效率不等于零

B. 一般来讲，曲线为正山头形状，当流量为零时，效率不等于零

C. 一般来讲，曲线为正山头形状，当流量为零时，效率也等于零

D. 一般来讲，曲线为倒山头形状，当流量为零时，效率也等于零

答案：C

79. 关于离心泵性能曲线，下列说法正确的是(　　)。

A. 一般来讲，流量－功率曲线与流量－效率曲线基本走势相同

B. 一般来讲，流量－功率曲线与流量－效率曲线基本走势相反

C. 一般来讲，流量－功率曲线与流量－效率曲线基本走势一致

D. 其他选项都不正确

答案：D

80. 一般情况下，离心泵轴功率与电机功率的关系为(　　)。

A. 轴功率 > 电机功率　　B. 轴功率 < 电机功率

C. 轴功率 = 电机功率　　D. 轴功率≤电机功率

答案：B

81. 离心泵的总效率是 3 个局部效率的乘积，它们分别是机械效率、容积效率和(　　)。

A. 水力效率　　B. 电机效率　　C. 泵轴效率　　D. 传动效率

答案：A

82. 离心泵的轴功率与电机输入功率的比值为(　　)。

A. 电机效率　　B. 泵轴效率　　C. 机械效率　　D. 水力效率

答案：A

83. 离心泵的功率与(　　)无关或可忽略。

A. 流量　　B. 介质　　C. 扬程　　D. 温度

答案：D

84. 离心泵的总扬程为(　　)与管路水头损失之和。

A. 总扬程　　B. 吸水扬程　　C. 静扬程　　D. 压水扬程

答案：C

85. 离心泵的总扬程包括静扬程和(　　)。

A. 叶轮的水头损失　　B. 吸水管的水头损失

C. 管路的水头损失　　D. 压水管的水头损失

答案：C

86. 当管路的水头损失减小 1m，则该离心泵的额定扬程(　　)。

A. 减小 1m　　B. 不变　　C. 增大 1m　　D. 减小 2m

答案：B

87. 当吸水管路的水头损失减小 1m，压水管路的水头损失减小 1m，则该离心泵的扬程(　　)。

A. 减小 2m　　B. 不变　　C. 增大 2m　　D. 减小 1m

答案：B

88. 以下不属于 LNG 罐内泵检修时进行的常规作业的是(　　)。

A. 更换滚动轴承　　B. 检查泵轴与导向轴套间隙

C. 检查叶轮外缘与扩散器间隙　　D. 检查叶轮与扩散器耐磨环间隙

答案：C

89. LNG 高压泵过盈连接零部件一般采用(　　)方式。

A. 冷装　　B. 热装　　C. 常温装配　　D. 其他选项都不正确

答案：A

90. 离心泵在拆卸前所做的准备工作不包括(　　)。

A. 切断电源，确保设备不带电

B. 关闭入口阀，打开出口阀，以隔绝介质来源

C. 泵置换完全，无可燃有毒等气体检出

D. 泵已完成交接，方案齐全，具备作业条件

答案：B

91. 正常情况下，LNG 离心泵调整安装各部件轴向间隙的说法正确的是(　　)。

A. 平衡鼓的轴向间隙大于叶轮与扩散器间的轴向间隙

B. 平衡鼓的轴向间隙等于叶轮与扩散器间的轴向间隙

C. 平衡鼓的轴向间隙小于叶轮与扩散器间的轴向间隙

D. 平衡鼓的轴向间隙可能大于、等于或小于叶轮与扩散器间的轴向间隙

答案：C

92. 关于压缩机润滑系统的验收说法不正确的是(　　)。

A. 润滑系统完好，油路通畅

B. 油质各指标化验合格

C. 油位合适，油视镜全部充盈润滑油

D. 油压满足设计要求

答案：C

93. 压缩机试车验收过程中，发现油压波动剧烈，以下原因分析错误的是(　　)。

A. 油路中混入空气或其他杂质　　B. 油压调节阀失效

C. 油压表失效　　D. 压缩机负荷波动较大

答案：D

94. 压缩机试车验收过程中，发现轴承温度升高过快，以下原因分析错误的是(　　)。

A. 油管不通畅或过滤器堵塞，油量小　　B. 润滑油带水或变质

C. 冷油器管路选型过大，水量过大　　D. 机组剧烈振动

答案：C

95. 往复式压缩机检修后试车验收的关注点一般不包括(　　)。

A. 润滑油温、油压、油位等变化情况　　B. 进排气压力温度变化情况

C. 外界环境瞬时变化情况　　D. 机组振动情况

答案：C

96. 国内外机械设备的故障诊断技术方法不包括(　　)。

A. 振动、噪声诊断法　　B. 应变、裂纹、声发射诊断法

C. 冥想、意念诊断法　　D. 光谱、频谱、色谱诊断法

答案：C

97. 只要熟悉和掌握设备正常的音律和节奏，通过人的听觉功能就能对比出设备是否出现了重、杂、怪、乱的异常噪声，判断设备内部出现的松动、撞击、不平衡等隐患的方法属于(　　)。

A. 振动、噪声诊断法　　B. 应变、裂纹、声发射诊断法

C. 冥想、意念诊断法　　D. 光谱、频谱、色谱诊断法

答案：A

98. 从研究系统中最不希望发生的故障状态出发，按照一定的逻辑关系从总体到部件一

层层的逐级细化，推理分析故障形成的原因，最终确定故障发生的最初基本原因、影响程度和发生概率的方法为(　　)。

A. 基于模糊数学的故障诊断方法　　B. 故障树诊断方法

C. 基于神经网络的故障诊断方法　　D. 其他选项都不正确

答案：B

99. 在各种诊断方法中，利用机械设备运行中的不可避免的噪声和振动信号，识别与判断设备故障情况，应用得最为普遍，其原因不包括(　　)。

A. 任何机器运行时都有振动，振动本身的普遍性、破坏性决定了采用振动诊断法的广泛性

B. 振动信号具有一维性，数值的变化范围不大，便于设备管理人员识别不同类型的故障

C. 振动的传递性强。有利于采用间接测量的方法，获取携带了故障信息的振动冲击信号

D. 振动诊断安全可以在机器设备工作状态下进行测试即在线测量

答案：B

100. 不属于机械密封失效的类型的是(　　)。

A. 早期失效　　B. 偶然失效　　C. 耗损失效　　D. 交替失效

答案：D

101. 由于机械密封的设计、制造、安装等缺陷而引起的失效一般发生在(　　)。

A. 运行早期　　B. 运行中期　　C. 运行晚期　　D. 无法判断

答案：A

102. 下列选项不属于机械密封的耗损失效的是(　　)。

A. 腐蚀失效　　B. 热损失效　　C. 摩擦失效　　D. 偶然失效

答案：D

103. 因冷却水中断，密封面处于干磨状态，使杂质进入密封面而使密封迅速泄漏的失效形式属于(　　)。

A. 腐蚀失效　　B. 热损失效　　C. 摩擦失效　　D. 偶然失效

答案：B

104. 设备可靠性是用以衡量产品质量的(　　)。

A. 动态指标　　B. 静态指标　　C. 优良指标　　D. 使用寿命指标

答案：A

105. 设备在规定条件下和规定时间内完成规定功能的概率称为(　　)。

A. 可靠性　　B. 可靠度　　C. 有效度　　D. 失效率

答案：B

106. 在组成设备系统的各单元中，只要有一个失效，则系统就失效的系统称为(　　)。

A. 串联系统　　B. 并联系统　　C. 表决系统　　D. 失效系统

答案：A

107. 一个由 n 个单元组成的并联设备系统，只要其中 k 个单元不失效，系统就不会失效的系统称为(　　)。

A. 串联系统　　B. 并联系统　　C. 表决系统　　D. 失效系统

答案：C

108. 物质失效当强调化学或电化学时称为(　　)，强调力学或机械作用时则称为摩擦磨损。

A. 作用　　B. 腐蚀　　C. 交换　　D. 失效

答案：B

109. 关于腐蚀下列表述中错误的是(　　)。

A. 腐蚀是材料与环境间的相互作用

B. 腐蚀只是环境对材料的作用

C. 腐蚀过程不是孤立发生的

D. 生物因素有时会在腐蚀过程中发生作用

答案：B

110. 对于腐蚀概念的理解错误的是(　　)。

A. 对于腐蚀研究的重点在材料

B. 实验室的数据可以直接用于工程设计

C. 腐蚀是一把双刃剑

D. 腐蚀的核心是化学过程

答案：B

111. 关于腐蚀下列说法中错误的是(　　)。

A. 微观腐蚀就是局部腐蚀

B. 宏观腐蚀是局部腐蚀的一种形式

C. 腐蚀主要是电化学腐蚀

D. 单电极不能构成腐蚀

答案：A

112. 按照腐蚀的环境分类，以下不属于常见腐蚀环境的是(　　)。

A. 大气腐蚀　　B. 水和蒸汽腐蚀　　C. 土壤腐蚀　　D. 太空腐蚀

答案：D

113. 按照腐蚀形态，下列不属于局部腐蚀的是(　　)。

A. 应力腐蚀破裂　　B. 点蚀(小孔腐蚀)

C. 晶间腐蚀　　D. 氧化腐蚀

答案：D

114. 腐蚀是一种材料和(　　)间的反应，这是腐蚀与摩擦现象分界线。

A. 另一种材料　　B. 环境

C. 同一种材料　　D. 其他选项都不正确

答案：B

115. 关于应力腐蚀说法错误的是(   )。
A. 压应力也是造成应力腐蚀的因素
B. 应力腐蚀一般发生在受拉应力的一侧
C. 腐蚀裂纹一般垂直于应力方向
D. 油气管道弯头部位的腐蚀属于应力腐蚀
答案：A
116. 额定蒸发量为200t/h的锅炉属于(   )。
A. 小型锅炉　B. 中型锅炉　C. 大型锅炉　D. 特大型锅炉
答案：C
117. 设计工作压力为150MPa的压力容器属于(   )。
A. 低压容器　B. 中压容器　C. 高压容器　D. 超高压容器
答案：D
118. 某压力管道设计工作压力为1.8MPa，则该管道属于(   )。
A. 低压管道　B. 中压管道　C. 高压管道　D. 超高压管道
答案：B
119. 某电梯设计工作速度为2m/s，则该电梯属于(   )。
A. 低速电梯　B. 中速电梯　C. 高速电梯　D. 超高速电梯
答案：B
120. 电力系统中，缩写SCADA的含义是(   )。
A. 电网调度自动化系统
B. 配电管理系统
C. 灵活交流输电系统
D. 电网调度自动化系统中的监视控制与数据采集系统
答案：D
121. UPS可以为设备提供(   )从而保障设备安全运行。
A. 不间断电源　B. 改变频率　C. 调压　D. 保护
答案：A
122. EPS的作用是在紧急情况下提供(   )的应急电源装置。
A. 应急照明　B. 应急保护　C. 逆变电源　D. 整流电源
答案：A
123. 电力系统中由发电厂、输电网、配电网和电力用户在电气设备上组成的统一整体，其运行特点是(   )。
A. 发电、输变电、配电和用电不同时完成
B. 在发电、输变电同时完成后，再进行配电直到电力用户
C. 发电、输变电、配电和用电同时完成
D. 发电、输变电、配电同时完成且与电力用户不同时完成
答案：C

124. 继电保护装置随时应保持完善和灵活的工作状态，一旦系统出现故障，保护装置应能正确动作，不能拒动和误动，这体现的是继电保护装置的(　　)。

A. 灵敏性　　B. 快速性　　C. 可靠性　　D. 选择性

答案：C

125. 高压电动机常采用(　　)保护装置作过负荷保护。

A. 电流速断　　B. 定时限过流　　C. 反时限过流　　D. 热过载

答案：C

126. 下面对于后备保护的说法正确的是(　　)。

A. 同主保护一样具有相同的动作时限

B. 仅当主保护拒动时，后备保护才起作用

C. 后备保护分为近后备保护和远后备保护

D. 后备保护仅用在 110kV 及以上的高压线路中

答案：C

127. 定时限过流保护的动作值是按躲过线路(　　)电流整定的。

A. 最大负荷　　B. 平均负荷

C. 末端最小短路　　D. 末端最大短路

答案：A

128. 3 个阻值相等的电阻，串联时的总电阻是每一个电阻的(　　)倍。

A. 6　　B. 9　　C. 3　　D. 12

答案：C

129. 电阻 R_1、R_2并联的直流电路中，其总电流为 I，则 R_1支路的电流 $I_1=$(　　)。

A. $I[R_2/(R_1+R_2)]$　　B. $I[R_1/(R_1+R_2)]$

C. I　　D. $I[1/(R_1+R_2)]$

答案：A

130. 在电阻并联电路中，各支路分配的电流与支路的电阻值成(　　)。

A. 正比　　B. 不成正比　　C. 反比　　D. 倍数

答案：C

131. 有两个电阻 R_1和 R_2，已知 $R_1:R_2=1:4$。若它们在电路中串联，则电阻上的电压比 $U_{R_1}:U_{R_2}=$(　　)。

A. 4∶1　　B. 1∶4　　C. 5∶1　　D. 1∶5

答案：B

132. 发电机主要由定子、转子、端盖、电刷、机座及轴承等部件构成，利用(　　)和电磁力定律工作原

理产生电能。

A. 欧姆定律　　B. 基尔霍夫定律

C. 电磁感应定律　　D. 热力学定律

答案：C

133. 三相同步发电机，当转速和励磁不变时，若负载增加，输出电压降低，则该负载性质为(　　)。

A. 电阻性　　B. 电容性　　C. 电感性　　D. 无法判断

答案：C

134. 发电机运行时向电网提供无功补偿的励磁状态为(　　)。

A. 欠励　　B. 欠复励　　C. 过励　　D. 复励

答案：C

135. 当发电机组水冷系统出现严重漏水现象时，应(　　)。

A. 降发电机有功负荷　　B. 降发电机无功负荷

C. 降低进水压力但不低于限值　　D. 立即停机

答案：D

136. 变频器是依靠调整输出电源的电压和(　　)从而实现节能和调速的目的。

A. 电流　　B. 功率　　C. 频率　　D. 转速

答案：C

137. 变频调速时，若保持 U/f 为常数，可实现(　　)。

A. 恒功率调速　　B. 恒电流调速

C. 恒电压调速　　D. 恒转矩调速

答案：D

138. 变频器要单独接地，尽量不与电动机共接一点，以防(　　)。

A. 接地　　B. 接零　　C. 干扰　　D. 带电

答案：C

139. 不属于变频器按逆变器控制方式的是(　　)。

A. U/f 控制方式变频器　　B. 转差频率控制方式

C. 矢量控制方式　　D. 电流源变频装置

答案：D

140. (　　)是指控制系统的动态过程进行的时间长短。

A. 稳定性　　B. 快速性　　C. 准确性　　D. 滞后性

答案：B

141. 在自动化领域中，把被控变量不随时间而变化的平衡状态称为系统的(　　)。

A. 稳态　　B. 动态　　C. 静态　　D. 瞬态

答案：C

142. (　　)是一切的根本，系统不稳定，便不具备讨论其他性能的条件。

A. 稳定性　　B. 快速性　　C. 准确性　　D. 滞后性

答案：A

143. 超调量是控制系统的(　　)指标。

A. 静态　　B. 快速性　　C. 误差　　D. 稳定性

答案：D

144. 接收站 BOG 管网某一温度变送器在运行时，发现 DCS 系统显示缓慢降至低报值，查看其相邻温度仪表显示相近，出现该情况的原因可能是(　　)。

A. BOG 管网进液　　B. 温度变送器故障

C. 热电阻故障　　D. 线路松动

答案：A

145. 下列选项中，不属于压力去掉后，指针不能恢复到零点原因是(　　)。

A. 指针松动　　B. 游丝力矩不足

C. 传动齿轮有摩擦　　D. 两齿轮啮合处有污物

答案：D

146. 压力表指示偏低有多种可能，不可能的是(　　)。

A. 弹簧管有渗漏　　B. 弹簧弯管永久变形

C. 传动比失调　　D. 指针或传动机构有摩擦

答案：B

147. 接收站某一雷达液位计刚投用时发现，当物料恒定时，测量值常在某一液位跳动，不能正常使用，导致出现此故障可能的原因为(　　)。

A. 液位计探头脏　　B. 液位计本身故障

C. 导波缆不垂直，产生干扰　　D. 仪表选型不对

答案：C

148. 接收站某一气动调节阀在调节过程中，DCS 系统显示该阀门回讯始终不变，现场检查发现在调节时该阀门可以正常动作，引起该问题的原因可能为(　　)。

A. 阀门定位器故障

B. 阀门气路堵塞

C. 阀门执行机构故障

D. 阀门执行机构与回讯器连接销断裂

答案：D

149. 接收站某一气动调节阀在调节过程中，发现该阀不动作，现场检查阀门发现定位器有气流，但是无输出，引起该问题最可能的原因是(　　)。

A. 定位器中放大器的恒节流孔堵塞　　B. 执行机构故障

C. 阀杆弯曲　　D. 执行机构刚度太小，推力不足

答案：A

150. 接收站某一气动调节阀在使用过程中，发现气源信号压力一定，但动作不稳定，不可能是由于(　　)原因引起的。

A. 定位器故障　　B. 执行机构刚度太小，推力不足

C. 支撑不稳　　D. 输出管线漏气

答案：C

151. 接收站某一气动调节阀在调节时，控制室给调节阀阀位但是阀门不动作，引起该问题的原因可能是(　　)。

A. 支撑不稳　　B. 定位器与阀杆销子断开

C. 阀芯磨损　　D. 调节阀选型不合适

答案：B

152. 某控制系统用临界比例度法整定参数，已知测得 $\delta_k = 20\%$，$T_k = 4\text{min}$。假若仅使用 P 作用时调节器的参数为(　　)。

A. $\delta = 20\%$　　B. $\delta = 40\%$　　C. $\delta = 44\%$　　D. $\delta = 80\%$

答案：B

153. 某控制系统用临界比例度法整定参数，已知测得 $\delta_k = 20\%$，$T_k = 4\text{min}$。假若使用 PI 作用时调节器的参数为(　　)。

A. $\delta = 40\%$，$T_I = 4\text{min}$　　B. $\delta = 44\%$，$T_I = 4\text{min}$

C. $\delta = 44\%$，$T_I = 3.4\text{min}$　　D. $\delta = 40\%$，$T_I = 3.4\text{min}$

答案：C

154. 某控制系统用临界比例度法整定参数，已知测得 $\delta_k = 20\%$，$T_k = 4\text{min}$。假若使用 PID 作用时调节器的参数为(　　)。

A. $\delta = 34\%$，$T_I = 2\text{min}$，$T_D = 0.5\text{min}$

B. $\delta = 40\%$，$T_I = 2\text{min}$，$T_D = 0.5\text{min}$

C. $\delta = 34\%$，$T_I = 3.4\text{min}$，$T_D = 0.5\text{min}$

D. $\delta = 40\%$，$T_I = 3.4\text{min}$，$T_D = 0.5\text{min}$

答案：A

155. 对简单控制系统中的 PI 调节器采用临界比例度法进行参数整定，当比例度为 10% 时系统恰好产生等幅振荡，这时的等幅振荡周期为 30s，调节器的比例度和积分时间选用下列(　　)数值整定最好。

A. $\delta = 17\%$，$T_I = 15\text{s}$　　B. $\delta = 17\%$，$T_I = 36\text{s}$

C. $\delta = 20\%$，$T_I = 60\text{s}$　　D. $\delta = 22\%$，$T_I = 25.5\text{s}$

答案：D

156. 串级控制系统中，副控制器的作用方式与(　　)无关。

A. 主对象特性　　B. 副对象特性

C. 执行器的气开、气关形式　　D. 工艺的安全要求

答案：A

157. 比值控制系统中，一般以(　　)为主流量。

A. 可控物料　　B. 不可控物料　　C. 由工艺方案确定　　D. 不做规定

答案：B

158. 气化器主要控制指标是出口管线 NG(　　)，它是调节系统的被调参数。

A. 流量　　B. 压力　　C. 温度　　D. 阀位开度

答案：C

159. 再冷凝器底部压力采用分程控制，其主要目的是(　　)。

A. 提高主变量的控制质量　　B. 实现相关物料的比例关系

C. 提高系统应变能力　　D. 扩大可调范围

答案：D

160. 生产经营单位的主要负责人对重大、特别重大生产安全事故负有责任的，(　　)不得担任本行业生产经营单位的主要负责人。

A. 3 年内　　B. 5 年内　　C. 10 年内　　D. 终身

答案：D

161. 违反下列(　　)规定，由县级以上人民政府环境保护主管部门或者其他有关部门将案件移送公安机关。

A. 建设项目未依法进行环境影响评价的

B. 违反法律规定，未取得排污许可证排放污染物的

C. 生产、使用国家明令禁止生产、使用的农药的

D. 通过暗管、渗井、渗坑、灌注或者篡改、伪造监测数据，或者不正常运行防治污染设施等逃避监管的方式违法排放污染物的

答案：D

162. 环保法规定，排放污染物的企业事业单位和其他生产经营者，应当按照国家有关规定缴纳(　　)。

A. 环境保护税　　B. 矿产资源税　　C. 排污费　　D. 污染费

答案：D

163. 环保法共(　　)章(　　)条。

A. 五　68　　B. 六　69　　C. 七　70　　D. 八　71

答案：C

164. 天然气危险特性有：燃烧性、腐蚀性、(　　)、毒害等。

A. 积聚性　　B. 扩散性　　C. 比空气重　　D. 无窒息性

答案：B

165. 雷电间接造成的危害是(　　)。

A. 电磁感应的危害和雷云静电感应的危害

B. 雷云对大地放电电流击毁放电通道物体的危害

C. 雷云内部与雷云之间放电

D. 电流热效应的危害

答案：A

166. 发现有人触电时可(　　)。

A. 用剪刀断电源　　B. 用铁棒拨开电源

C. 用手拉开触电者　　D. 用绝缘工具将人和电源脱开

答案：D

167. 阻止空气流入燃烧区域或用不燃烧的物质冲淡空气，使燃烧物得不到足够的氧气而熄灭，称为(　　)。

A. 隔离法　　B. 冷却法　　C. 窒息法　　D. 抑制法

答案：C

168. 用火作业应按照“谁的业务谁申请”的原则，由基层单位提出申请，按(　　)报相关单位审批。

A. 用火区域　　B. 用火类型　　C. 用火级别　　D. 用火时间

答案：C

169. 用火期间，距用火点(　　)内严禁排放各类可燃液体。

A. 10m　　B. 15m　　C. 20m　　D. 30m

答案：B

170. 进入金属容器(炉、塔、釜、罐等)和特别潮湿、工作场地狭窄的非金属容器内作业，照明电压不大于(　　)。

A. 12V　　B. 24V　　C. 36V　　D. 48V

答案：A

171. (　　)起重作业前，各单位安全部门应会同有关技术部门对作业方案、作业安全措施和应急预案进行风险评估和审查。

A. 特级　　B. 一级　　C. 二级　　D. 三级

答案：A

172. 中国石化风险矩阵较大风险用(　　)颜色表示。

A. 红色　　B. 蓝色　　C. 橙色　　D. 黄色

答案：C

173. 造成(　　)人以上轻伤，1～2 人重伤属于中国石化风险矩阵后果严重 C 级。

A. 3　　B. 4　　C. 5　　D. 6

答案：A

174. (　　)原则指在当前的技术条件和合理的费用下，对风险的控制要做到在合理可行的原则下“尽可能的低”。

A. ALARP　　B. HAZOP　　C. JSA　　D. JHA

答案：A

175. 事故直接损失在(　　)万元属于中国石化风险矩阵后果严重 E 级。

A. 1000～5000　　B. 2000～4000　　C. 1000～5000　　D. 2000～5000

答案：A

176. 根据我国现行标准规定，按照火灾燃烧性质划分，可以将火灾类型分为(　　)。

A. A、B、C 类　　B. A、B、C、D 类

C. A、B、C、D、E 类　　D. A、B、C、D、E、F 类

答案：D

177. (　　)具有电绝缘、低温使用和价格低廉等优点，在我国灭火器市场中所占份额最大。

A. 二氧化碳灭火器　　B. 泡沫灭火器

C. 干粉类灭火器　　D. 卤代烷灭火器

答案：C

178. 接收站内消防水罐的容量为(　　)。

A. 1500m^3　　B. 500m^3　　C. 1000m^3　　D. 2000m^3

答案：C

179. 室外消火栓的保护半径不应大于(　　)。

A. 100m　　B. 150m　　C. 200m　　D. 120m

答案：B

180. 按规定开展职业健康体检，重视劳保用品的配备、发放和正确使用，应对(　　)防护设施进行检查、维护和维修，确保其完好投用。

A. 职业病　　B. 职业健康　　C. 个人安全　　D. 施工安全

答案：A

181. 企业生产经营性活动的职业有害因素来源于生产过程、劳动过程以及生产环境。下列职业有害因素中，属于劳动过程中的有害因素是(　　)。

A. 粉尘　　B. 不良体位　　C. 高温　　D. 硫化氢

答案：B

182. 新建、扩建、改建建设项目和技术改造技术引进项目可能产生职业病危害的，建设单位在可行性论证阶段应当向安全生产监督管理部门提交(　　)。

A. 职业卫生预评价报告　　B. 职业病危害预评价报告

C. 职业安全卫生预评价报告　　D. 职业安全预评价报告

答案：B

183. 建设项目的职业病防护设施所需费用应当纳入建设项目工程预算，并与主体工程(　　)。

A. 同时检验

B. 同时设计，同时施工，同时投入生产和使用

C. 同时验收

D. 同时使用

答案：B

184. 集团公司管控的重大安全风险应进一步开展(　　)工作。

A. 定量风险评估　　B. 半定量分析评估

C. JSA 工作安全分析　　D. HAZOP 分析

答案：A

185. 风险矩阵中对于某风险的具体风险等级，应取 3 种后果中(　　)的风险等级 .

A. 最高　　B. 最低　　C. 累加　　D. 轻微

答案：A

186. 依据《中国石化安全检查规定》，综合性检查，基层单位至少(　　)组织 1 次。

A. 每天　　B. 每周　　C. 每月　　D. 每年

答案：C

187.《危险化学品重大危险源辨识》(GB 18218—2019)中，单元是涉及危险化学品的生产、储存装置、设施或场所，分为生产单元和(　　)单元。

A. 经营　　B. 储存　　C. 运输　　D. 加工

答案：B

188. 环境保护法第十六条中规定，监测机构应当使用符合国家标准的监测设备，遵守

监测规范。监测机构及其负责人对监测数据的科学性和( )负责。

A. 完整性 B. 真实性 C. 准确性 D. 及时性

答案：C

189. 建设项目中防治污染的设施，应当与主体工程同时设计、同时施工、( )。

A. 同时考虑 B. 同时验收 C. 同时监督 D. 同时投产使用

答案：D

190. 生产、储存、运输、销售、使用、处置( )和含有放射性物质的物品，应当遵守国家有关规定，防止污染环境。

A. 化学物品 B. 农产品

C. 含有污染性质 D. 含有腐蚀性物质

答案：A

191. 省、自治区、直辖市人民政府对国家污染物排放标准中未作规定的项目，可以制定地方污染物排放标准；对国家污染物排放标准中已作规定的项目，可以制定( )国家污染物排放标准的地方污染物排放标准。

A. 等同于 B. 接近于 C. 低于 D. 严于

答案：D

192. 企业应当建立健全生产安全事故隐患排查治理制度，采取技术、( )，及时发现并消除事故隐患。

A. 应急措施 B. 救援措施 C. 管理措施 D. 应急预案

答案：C

193. 依据《安全生产法》的规定，任何单位和个人对事故隐患或者安全生产违法行为，均有权向( )报告或者举报。

A. 各级人民政府 B. 生产经营单位安全生产管理部门

C. 安全生产监察机关 D. 负有安全生产监督管理职责的部门

答案：D

194. 化学品 MSDS 表示危险化学品的( )。

A. 安全技术说明书 B. 安全使用说明

C. 安全标签 D. 生产工艺及流程

答案：A

195. 安全设备的设计、制造、安装、使用、检测、维修、改造和报废，应当符合国家标准或者( )。

A. 行业标准 B. 地方标准 C. 企业标准 D. 其他选项说法全对

答案：A

196. 发生直属企业级及以上级别突发事件时，直接报告总部( )。

A. 上级主管部门 B. 安全监管局

C. 安全监督部门 D. 生产调度指挥中心

答案：D

197. 化学品泄漏时，应该向(　　)撤离。

A. 上风方向　　B. 下风方向　　C. 左风向　　D. 右风向

答案：A

198. 下列灭火剂中，扑救精密仪器火灾的最佳选择是(　　)。

A. 二氧化碳灭火剂　　B. 干粉灭火剂

C. 泡沫灭火剂　　D. 水

答案：A

199. 防止热辐射的重要措施，并且可利用水来进行异常气象条件防护的措施是(　　)。

A. 通风降温　　B. 保健　　C. 隔热　　D. 个体防护

答案：C

200. 天然气高位体积发热量的变化与(　　)无关。

A. 质量　　B. 甲烷相对分子质量

C. 组分　　D. 体积

答案：B

201. 压缩因子 Z 偏离 1 越远，气体性质(　　)。

A. 不变

B. 越偏离理想气体性质

C. 越接近理想气体性质

D. 可能接近理想气体性质，可能远离理想气体性质

答案：B

202. 关于高位发热量，下列说法正确的是(　　)。

A. 高位发热量的气体量可以由摩尔、质量或体积给出

B. 高位发热量的测定需要压力保持恒定

C. 高位发热量的测定，燃烧后所有燃烧产物均为气态

D. 高位发热量的测定，燃烧后除水全部冷凝为液态外，其余所有燃烧产物均为气态

答案：D

203. 在规定参比条件下的体积高位发热量除以在相同的规定计量参比条件下的相对密度的平方根被称为(　　)。

A. 沃泊指数　　B. 相对密度　　C. 压缩因子　　D. 求和因子

答案：A

204. 天然气的相对密度是指天然气的密度与(　　)之比。

A. 水的密度　　B. 空气密度

C. 氧气密度　　D. 同温同压下空气的密度

答案：D

205. 在实验条件下测得的密度值被称为(　　)。

A. 密度　　B. 视密度　　C. 标准密度　　D. 真密度

答案：B

206. 富含 C_2及 C_2以上组分的液化天然气可经过脱轻烃处理后汽化外输，在计算脱轻烃产品密度时需要用到空气浮力修正系数。空气浮力修正系数或称(　　)换算到(　　)中的换算系数。

A. 空气　空气　　B. 空气　真空　　C. 真空　空气　　D. 真空　真空

答案：C

207. 通过测定物质的质量及其体积得到密度的方法称为(　　)测量法。

A. 直接　　B. 间接　　C. 相对　　D. 连续

答案：B

208. 常见 LNG 船上主液位计为(　　)。

A. 伺服液位计　　B. 雷达液位计　　C. 浮子液位计　　D. 超声波液位计

答案：B

209. 若 LNG 船上的主液位计坏，需要使用浮子液位计进行计量时，不需要进行(　　)修正。

A. 横倾　　B. 纵倾　　C. 温度　　D. 压力

答案：D

210. 进行进口 LNG 接卸船计量时，一般使用(　　)计量数据作为计量结算依据。

A. 能量　　B. 体积　　C. 质量　　D. 其他

答案：A

211. LNG 接卸船计量时，不需要进行(　　)计算。

A. LNG 密度　　B. 返舱气能量

C. 卸料期间接收站自耗气能量　　D. 高位质量发热量

答案：C

212.《实验室管理体系检测和校准实验室能力的一般要求》的标准号为(　　)。

A. ISO/IEC 17021　　B. ISO/IEC 17022

C. ISO/IEC 17025　　D. ISO/IEC 17020

答案：C

213. 改进属于实验室认可(　　)要求。

A. 通用　　B. 资源　　C. 过程　　D. 管理体系

答案：D

214. 管理评审一般在内审进行(　　)进行。

A. 之前　　B. 之后　　C. 同时　　D. 其他选项均可

答案：B

215. (　　)色谱属于离线多维色谱。

A. 多柱　　B. 同时分离　　C. 连续分离　　D. 线性模式

答案：A

216. 多维色谱在不同的分离阶段采用不同的分离模式，分离阶段的数目多少被称为(　　)。

A. 维度　　B. 次数　　C. 阶数　　D. 分离次数

答案：A

217. LNG 船舶靠泊码头过程中，可有效降低船舶靠泊风险的措施不包括(　　)。

A. 控制靠泊速度　　B. 控制靠泊角度

C. 缩短靠泊时间　　D. 辅助作业船舶协助靠泊

答案：C

218. LNG 船舶靠泊码头过程中，以下可显著降低靠泊风险的措施是(　　)。

A. 完全依靠船舶自身动力进行靠泊

B. 安排多名引航员指挥靠泊

C. 安排多名指泊人员协助靠泊

D. 使用辅助船舶协助进行靠泊作业

答案：D

219. LNG 码头通常配备激光靠泊系统，实时提供船舶靠泊(　　)等参数，当靠泊相关参数超限时可发出声光报警，以提示靠泊作业风险。

A. 速度、角度和距离　　B. 速度、角度和风速

C. 速度、风速和流速　　D. 风速、流速和距离

答案：A

220. LNG 船舶靠泊码头时，船舶操纵得当是降低靠泊风险的措施之一，以下可能影响船舶操纵的因素是(　　)。

A. 船速、风向和流向　　B. 船速、风速和流速

C. 风向风速和流向流速　　D. 其他选项均是

答案：D

221. 为有效降低系缆人员发生坠海和溺水伤亡风险，通常 LNG 码头的防范措施不包括(　　)。

A. 系缆人员除正常劳保着装外，还必须穿戴救生衣

B. 每个系缆墩上都放置救生圈

C. 每个系缆墩旁边停靠一艘救生筏

D. 作业前确保每个系缆墩平台清爽、无障碍物

答案：C

222. LNG 船舶系泊作业时，需重点防范的安全风险不包括(　　)。

A. 人员坠海溺水　　B. 被缆绳绊倒摔伤

C. 缆绳断裂伤人　　D. 噪声伤害

答案：D

223. 为有效降低人身伤害风险，系缆人员作业时必须穿戴的防护用品包括(　　)。

A. 救生衣、安全帽、劳保服、劳保鞋、手套

B. 空呼器、安全帽、劳保服、劳保鞋、手套

C. 救生衣、安全帽、劳保服、手套、防冻服

D. 救生衣、安全帽、劳保服、手套、耳塞

答案：A

224. LNG 船舶系泊作业时，关于防止系缆人员出现伤亡事故的防范措施，下列选项不正确的是(　　)。

A. 制定相应系缆安全作业要求，并要求作业人员正确穿戴劳保用品

B. 系缆人员作业期间，正确站位，避开缆绳断裂反弹区域

C. 不穿戴救生衣，以增加身体活动灵活性

D. 作业时，确认操作平台清爽，无障碍物

答案：C

225. 进行码头卸料臂与船舶汇管兼容性研究时，必须研究的内容不包括(　　)。

A. 卸料臂接头与船舶汇管(短接)法兰尺寸

B. 船舶汇管随码头水域潮汐活动范围

C. 卸料臂的生产厂家

D. 卸料臂操作包络范围

答案：C

226. 进行码头卸料臂与船舶汇管兼容性研究时，关于船侧短接(SDP)法兰面，除了确认短接法兰面的内外径，还必须确认法兰面的(　　)。

A. 生产厂家　　B. 重量　　C. 设计单位　　D. 厚度

答案：D

227. 进行码头卸料臂与船舶汇管兼容性研究时，已知船舶与卸料臂连接的汇管距离船舶主甲板高度为4.8m、船舶型深为26.2m、船舶空载吃水为9.7m，某LNG码头设计最高潮位为海图基准面以上6m，则该LNG船舶靠泊该LNG码头时，理论上该船舶与卸料臂连接的汇管理论上距离海图基准面的最大高度为(　　)。

A. 17.7m　　B. 25.1m　　C. 27.3m　　D. 34.7m

答案：C

228. 进行码头卸料臂与船舶汇管兼容性研究时，关于与码头卸料臂连接的船侧汇管，下列选项中不需要考虑的是(　　)。

A. 与气相臂连接的气相汇管必须正好在船中位置

B. 汇管法兰面的内外径

C. 在满载和空载条件下，在码头理论最高和最低潮位时距离码头水域海图基准面的高度

D. 汇管法兰面的厚度

答案：A

229. 船岸光纤通信连接线缆接头通常为(　　)芯。

A. 5　　B. 6　　C. 7　　D. 8

答案：B

230. 船岸电缆通信连接线缆接头通常包括(　　)个销钉。

A. 35　　B. 36　　C. 37　　D. 38

答案：C

231. 目前，LNG船舶与码头之间常用的两种通信连接方式是(　　)。

A. 光纤连接和气动连接　　B. 光纤连接和无线传输

C. 电缆连接和气动连接　　D. 光纤连接和电缆连接

答案：D

232. 下列船岸通信连接方式中，LNG 船舶与码头之间最常用的连接方式是(　　)。
A. 光纤连接　　B. 无线传输　　C. 电话线连接　　D. 气动连接
答案：A
233. 进行 LNG 船/岸通道连接兼容研究时，研究内容可不包括(　　)。
A. 船舶主甲板供登船梯放置区域是否有固定障碍物
B. 船舶主甲板随码头水域潮汐活动范围
C. 登船梯的生产厂家
D. 登船梯活动包络范围
答案：C
234. 进行 LNG 船/岸通道连接兼容研究时，除计算登船梯活动包络范围，还应考虑(　　)。
A. 码头护舷厚度　　B. 船舶是左舷还是右舷靠泊
C. 登船梯生产厂家　　D. 登船梯驱动模式
答案：A
235. 进行 LNG 船/岸通道连接兼容研究时，计算登船梯活动包络范围不需要考虑的内容是(　　)。
A. 码头护舷厚度　　B. 船舶是左舷还是右舷靠泊
C. 登船梯上下左右活动的角度　　D. 登船梯主梯和前梯的长度
答案：B
236. 进行 LNG 船/岸通道连接兼容研究时，需要考虑的因素包括(　　)。
A. 码头护舷厚度　　B. 船舶空载吃水和满载吃水
C. 登船梯上下左右活动的角度　　D. 其他选项均是
答案：D
237. 进行 LNG 船舶卸货作业前，应先对液相卸料臂进行预冷，预冷期间下列阀门中需要操作的是(　　)。
A. 连接各液相卸料臂与卸料总管的管线上切断阀的旁通阀
B. 连接各液相卸料臂与卸料总管的管线上的切断阀
C. 各液相卸料臂的上球阀
D. 各液相卸料臂的下球阀
答案：A
238. 卸货作业开始前和卸货作业完成后，都需要对卸料臂进行吹扫置换，判断两次吹扫置换是否合格的标准分别是(　　)含量小于规定值。
A. 氧气和甲烷　　B. 氮气和氧气
C. 甲烷和甲烷　　D. 氧气和氮气
答案：A
239. 为降低卸料臂在卸货过程中出现泄漏风险，通常在作业开始前对卸料臂进行气密测试，关于气密测试，以下说法错误的是(　　)。
A. 气相臂的测试压力明显小于液相臂的测试压力
B. 气相臂的测试压力必须等于液相臂的测试压力

C. 液相臂的测试压力必须不小于卸货时流体货物通过液相臂的最大压力
D. 液相臂的测试压力必须小于相应管线上安全阀起跳的设计压力
答案：B

240. 可降低卸料臂在卸货过程中出现泄漏风险的措施，不包括(　　)。
A. 作业前按程序对每条臂进行气密测试
B. 通过现场液压滑杆的滑动位置确认卸料臂快速接头已充分抓紧
C. 控制卸货过程中船舶汇管处压力小于液相臂气密测试压力
D. 尽可能降低卸货速度
答案：D

241. 买卖双方制定 LNG 交付船期计划时，必须考虑的因素不包括(　　)。
A. 装货港生产经营能力　　B. 接收站生产经营能力
C. 可用的运输能力　　D. 货物(LNG)的组分
答案：D

242. LNG 船舶在接收站进行卸货作业时，通常买卖双方约定的实际作业开始时间以船舶系缆完成时间或(　　)为准。
A. 准备就绪通知书递交时间　　B. 引航员登轮时间
C. 船舶首缆上桩时间　　D. 船舶第一台卸货泵开始卸货时间
答案：A

243. 国际 LNG 贸易买卖双方中负责承运义务的责任方，通常会委托(　　)办理船舶出入境相关手续。
A. 货物代理　　B. 船舶代理　　C. 第三方计量　　D. 报关公司
答案：B

244. LNG 贸易中，首次安排船舶靠港前，运输方通常会对装货港和卸货港运营方进行(　　)。
A. 组织机构审查　　B. 资产清查　　C. 尽职调查　　D. 通航核查
答案：C

245. 根据 GB/T 20368—2012，液化天然气(LNG)生产、储存和装运，下列有关 LNG 接收站总平面布置间距说法正确的是(　　)。
A. 连接多个储罐的隔断阀，其通道至少应留 1.5m 的净宽
B. 气化器之间的净间距，不应小于 1.5m
C. 明火设备和其他火源到任一拦蓄区或储罐排水系统的距离，不应小于 12m
D. LNG 和易燃制冷剂的装卸接头到不受控制的火源、工艺区、储罐、控制室、办公室、车间和其他有人的或重要工厂设施的距离，不应小于 12m
答案：B

246. 布置在危险区域内的控制室、配电室应采用(　　)防护，(　　)生产装置一侧不应设置窗户。
A. 正压　面向　　B. 负压　面向
C. 正压　背向　　D. 负压　背向
答案：A

247. 储罐基础沉降观测：前三年，对储罐桩基每(　　)检测一次。三年以后，根据接收站实际情况适当调整检测时间间隔。

A. 3 个月　　B. 半年　　C. 9 个月　　D. 一年

答案：B

248. 液化天然气储罐除配备分别用于工艺控制和安全联锁的压力检测仪表外，还应配备绝对压力检测仪表。三者应(　　)，并安装在储罐最高液位以上的位置。

A. 相互独立　　B. 相互关联　　C. 互为前提　　D. 互为因果

答案：A

249. 低压输送状态由(　　)的压力传感器监控，压力调节将根据(　　)和低压输送总管的情况而定。

A. 高压输送总管　低压输送总管

B. 高压输送总管　高压输送总管

C. 低压输送总管　高压输送总管和低压输送总管

D. 低压输送总管　高压输送总管

答案：C

250. 关于储罐压力试验说法正确的是(　　)。

A. 全容罐的外罐应进行强度和气密性试验。试验压力应为 125% 的设计表压；125% 的设计真空度

B. 罐壁进行保温前，应进行水压试验，将内罐加载至 125% 的额定负荷

C. 不宜采用海水进行试验。使用海水时，应采取适当措施避免内罐和罐内金属构件腐蚀，试压后应及时将海水冲洗干净

D. 其他选项说法均正确

答案：D

251. 汽化设施维修准备程序应关停相关设备，进行能源(　　)。

A. 隔离、泄压、排放、吹扫　　B. 隔离、试压、排放、吹扫

C. 隔离、试压、排放、置换　　D. 隔离、泄压、排放、置换

答案：A

252. 再冷凝器的操作控制包括(　　)。

A. 流量控制、液位控制、温度控制

B. 流量控制、液位控制、压力控制

C. 温度控制、液位控制、压力控制

D. 流量控制、温度控制、压力控制

答案：B

253. 通常在 SCV 运转调试时，在烟道排放出口检测烟气中(　　)含量，如含量超标，调节燃料气与空气比率使排放合格。

A. 一氧化碳　　B. 氮氧化合物

C. 一氧化碳及氮氧化合物　　D. 一氧化碳及硫化物

答案：C

254. 关于气化器监控数据说法不正确的是(　　)。
A. ORV 进口液化天然气压力、流量、出口天然气温度、压力、排水温度通过传感器监控。海水进出口温差应符合环保要求
B. SCV 工艺通过传感器监控进口液化天然气压力、流量、出口 NG 温度、压力、水浴液位及温度、燃料气的压力和温度。应注意 NG 出口温度符合要求
C. IFV 需检测海水的排出温度，并确保海水的排出温度高于最低设计温度，同时应监测天然气的排出温度，并确保天然气的排出温度高于最低设计温度
D. SCV 水浴在 SCV 运行会变碱性，通过自动加碱来平衡水浴酸碱值
答案：D
255. 对于低压管道，可采用(　　)；对于高压管道，应采用(　　)方法。
A. 单阀隔离　DBB 隔离
B. 双阀隔离　DBB 隔离
C. 单阀隔离 双阀隔离
D. 双阀隔离　双阀隔离
答案：A
256. LNG 码头循环管道设计有保冷材料的目的是(　　)。
A. 避免 LNG 在输送过程中管道结冰
B. 减少 LNG 在输送过程中的冷能量损失
C. 防止 LNG 管道表面凝露
D. 防止 LNG 管道表面损伤
答案：B
257. 管道穿越时不宜采用(　　)。
A. 地上敷设　B. 埋地敷设　C. 管沟敷设　D. 套管保护
答案：D
258. 关于应急照明说法不正确的是(　　)。
A. 应安装应急照明，确保发生紧急情况时人员的安全撤离
B. 建(构)筑物内应急灯具应为自充电型，电池备用时间最少为 60min
C. 储罐应根据航空及航海安全规则配备警告信号灯
D. 高架结构应根据航空及航海安全规则配备警告信号灯
答案：B
259. 关于标准接地电阻规范要求，说法错误的是(　　)。
A. 独立的防雷保护接地电阻应小于等于 10Ω
B. 独立的安全保护接地电阻应小于等于 4Ω
C. 防静电接地电阻一般要求小于等于 40Ω
D. 共用接地体(联合接地)应不大于接地电阻 1Ω
答案：C
260. 各船 LNG 转运系统应设置紧急关断系统，应具有(　　)。
A. 手动激活和 LNG 转运系统组件顺序关断
B. 每条液体转运管线还应设一个易接近的切断阀，布置在码头附近的岸上
C. 装卸汇管上应设隔离阀及液体和气体回流管线用排放口接头

D. 每条气体回流管线应设一个易接近的切断阀，布置在码头附近的岸上

答案：A

261. 装卸汇管上应设隔离阀及液体和气体回流管线用排放口接头，以便软管和装卸臂断开连接之前能(　　)。

A. 封隔、泵出、排空、泄压　　B. 封隔、排空、泄压、泵出

C. 封隔、泵出、泄压、排空　　D. 封隔、排空、泵出、泄压

答案：D

262. 关于低温环境作业的防寒保护及冻伤紧急处置说法不正确的是(　　)。

A. 在低温环境作业时，应穿戴防寒服和防寒手套，必要时应佩戴面罩或头罩以及防寒耳罩

B. 当皮肤接触到液化天然气时，应立即到医务室在大量热水中浸没

C. 在皮肤温度恢复之前和之后，严禁搓揉冻伤的部位。如果大面积冻伤，应脱去衣物，然后用温水冲洗，并立即就医

D. 当眼睛接触到液化天然气时，应立即提起眼睑，用缓和的温水冲洗眼睛至少15min，严禁使用热水。如仍感不适，立即就医治疗

答案：B

263. 关于个人劳动防护用品说法不正确的是(　　)。

A. 对于生产中必不可少的安全帽等用品必须根据工种的要求配备并保证质量

B. 不应使用无安全标志的特种劳动防护用品

C. 劳动防护用品在不损坏的前提下可超期使用

D. 劳动防护用品有缺陷时应立即报废更换

答案：C

264. 关于有毒、有害危险化学品的管理说法不正确的是(　　)。

A. 有毒、有害化学品应储存在专用仓库内，储存方式、方法与储存数量应符合国家标准，并由专人管理

B. 有毒有害化学品出入库，应进行检查等级并且应定期检查

C. 有毒、有害化学品专用仓库，应符合国家标准对安全、消防的要求，设置明显标志

D. 特种设备以及危险物品的容器、运输工具未经取得专业资质的机构检测、检验合格，取得安全使用证或者安全标志，可以采取措施先投入使用

答案：D

265. 关于静电接地保护说法正确的是(　　)。

A. 在接收站内生产储运过程中会产生静电积累的管道、容器、储罐和加工设备均应做静电接地，其接地系统与其他公用接地系统连接时，其接地电阻应符合其中最大值的要求

B. 当接收站内有易燃品槽车装卸时，应配备防静电接地保护装置并能在接地不符合要求的情况下自动终止装卸作业

C. 如果在加载或卸载的系统中可能有杂散电流或常见外加电流(例如阴极保护)存在时，应采取防止火花的保护措施

D. 接地回路应采用黄绿双色绝缘电缆作为连接线，接地极材料应采用铜或镀锌钢，接地电阻大于10Ω

答案：A

266. 作用在起重机上的载荷可分为常规载荷、(　　)、特殊载荷及其他载荷。

A. 风载荷　　B. 偶然载荷　　C. 地震载荷　　D. 自重载荷

答案：B

267. 安全阀的常规检验周期为(　　)年。

A. 半　　B. 1　　C. 2　　D. 3

答案：B

268. 起重机的定期检验周期为(　　)年。

A. 半　　B. 1　　C. 2　　D. 3

答案：C

269. 电梯的定期检验周期为(　　)年。

A. 半　　B. 1　　C. 2　　D. 3

答案：B

270. 根据《劳动法》的规定，解决劳动争议的基本途径不包括(　　)。

A. 调解　　B. 仲裁　　C. 诉讼　　D. 行政复议

答案：D

271. 根据《劳动法》的规定，当事人对仲裁裁决不服的，需自收到裁决书之日起(　　)内向人民法院起诉。

A. 七日　　B. 十日　　C. 十五日　　D. 三十日

答案：C

272. 按照《劳动法》的规定，用人单位制定的劳动规章制度出现违法情形时，由(　　)部门给予警告，责令改正。

A. 劳动行政部门　　B. 社保局

C. 劳动局　　D. 失业局

答案：A

273. 按照《劳动法》的规定，由于用人单位的原因订立的无效合同，对劳动者造成损害的，应承担(　　)。

A. 连带责任　　B. 赔偿责任　　C. 法律责任　　D. 刑事责任

答案：B

274.《劳动合同法》中规定，劳动合同期限一年以上不满三年的，试用期不得超过(　　)。

A. 一个月　　B. 二个月　　C. 三个月　　D. 六个月

答案：B

275. 根据《劳动合同法》的有关规定，以下关于试用期的表述不正确的是(　　)。

A. 劳动合同期限不满三年的，试用期不得超过三个月

B. 同一用人单位与同一劳动者只能约定一次试用期

C. 试用期包含在劳动合同期限内

D. 以完成一定工作任务为期限的劳动合同，不得约定试用期

答案：A

276. 根据《劳动合同法》的规定，劳动者违反竞业限制约定的，应当按照约定向用人单位支付(　　)。

A. 违约金　　B. 赔偿金　　C. 补偿金　　D. 损失费

答案：A

277. 根据《劳动合同法》的规定，下列有关培训服务期的表述中，不正确的是(　　)。

A. 用人单位为劳动者提供专项培训费用，对其进行专业技术培训的，可以与该劳动者订立协议，约定服务期

B. 劳动者违反服务期约定的(用人单位无法定过错情形)，应当按照约定向用人单位支付违约金

C. 用人单位与劳动者约定服务期的，服务期内劳动者不得要求提高工资待遇

D. 服务期与劳动合同期限在长度上可以不一致

答案：C

278. 管线干燥验收标准应为水露点小于或等于(　　)，置换合格标准应为氧含量小于或等于(　　)。

A. −30℃　2.0%　　B. −40℃　2.0%

C. −40℃　1.5%　　D. −30℃　1.5%

答案：A

279. 干燥与置换宜分区进行，区域宜按不同(　　)的划分，区域间不应留死角。

A. 设备　　B. 管线　　C. 工艺系统　　D. 阀门

答案：C

280. 冷试过程中同一位置管道上、下表面最大温差不宜超过(　　)℃，温降速率宜控制在(　　)℃/h，最大不应超过(　　)℃/h。

A. 10、20、30　　B. 10、30、50　　C. 20、30、50　　D. 20、20、50

答案：C

281. 工艺管道温度降至(　　)℃时，开启或关闭被冷试管道上所有阀门，检查是否有冻堵现象。

A. −10　　B. −30　　C. −45　　D. −50

答案：D

282. 新建 Word 文档的快捷键是(　　)。

A. Ctrl + O　　B. Ctrl + S　　C. Ctrl + N　　D. Ctrl + V

答案：C

283. 在 Word 中，用键盘进行文本选定，只要按(　　)键，同时进行光标定位就行了。

A. Shift　　B. Ctrl　　C. Alt　　D. Ctrl + Alt

答案：A

284. 在 Word 中编辑表格时，出现的虚线在打印时(　　)出现在纸上。

A. 不会　　B. 全部　　C. 一部分　　D. 大部分

答案：A

285. 一个 Excel 文件下默认的工作表有(　　)。

A. 2 个　　B. 3 个　　C. 4 个　　D. 5 个

答案：B

286. 下列(　　)不属于 Excel 中的公式运算符。

A. 算术运算符　　B. 比较运算符　　C. 数字运算符　　D. 文本运算符

答案：D

287. 在 Excel 中，函数的输入方法有 2 种：一种为直接输入；另一种为(　　)法。

A. 粘贴函数　　B. 自动求和　　C. 自动计算　　D. 输入公式

答案：B

288. 安装杀毒软件时，应升级杀毒软件至最新版本，并启动(　　)功能以及“邮件监控”功能。

A. 全盘扫描　　B. 病毒备份　　C. 扫描记录　　D. 实时监控

答案：D

289. 病毒一般利用已知的系统漏洞进行传播，所以应当及时下载、(　　)，修补系统漏洞。

A. 安装补丁程序　　B. 文件保护

C. 主动防御　　D. 应急备份

答案：A

290. 一旦发现计算机感染病毒，应首先(　　)，包括互联网和局域网，再进行病毒检测和清除，避免病毒大范围传播，造成更严重的危害。

A. 打开浏览器　　B. 断开网络

C. 登录即时通信工具　　D. 清理磁盘

答案：B

291. 下列(　　)决定幻灯片的外观和颜色，包括幻灯片背景、项目符号以及字形、字体颜色和字号、占位符位置和各种设计强调内容。

A. 演示文稿　　B. 备注　　C. 设计模板　　D. 讲义

答案：C

292. 在 PowerPoint 的窗口中，用于添加幻灯片内容的主要区域是(　　)。

A. 窗口左侧的“幻灯片”选项卡　　B. 备注窗格

C. 大纲视图　　D. 窗口中间的幻灯片窗格

答案：D

293. 在 PowerPoint 中，要想扩大空间以方便键入备注和查看备注页的外观，应在“视图”菜单中单击(　　)。

A. 大纲　　B. 备注页　　C. 页面　　D. 标记

答案：B

294. 计算机显示器没坏，开机时显示屏却无显示，可能是因为(　　)造成的。

A. 软件安装错误　B. 打印机故障　C. 扫描仪故障　D. 显卡或内存条松动

答案：D

295. 用户开机启动项设置命令是(　　)。

A. MSCONFIG　B. IPCONFIG　C. RDGEDIT　D. MSN

答案：A

296. 计算机名称与网络上的计算机重名时，更改计算机名称即可。具体操作方法是：在“我的电脑”图标上点右键，选(　　)，更改计算机名。

A. 搜索　B. 管理　C. 属性　D. 删除

答案：C

297. 因特网中完成域名地址和 IP 地址转换的系统是(　　)。

A. POP　B. DNS　C. SLIP　D. Usenet

答案：B

298. 下列说法中正确的是(　　)。

A. Internet 中的一台主机只能有一个 IP 地址

B. 一个合法的 IP 地址在一个时刻只能分配给一台主机

C. Internet 中的一台主机只能有一个主机名

D. IP 地址与主机名是一一对应的

答案：C

299. 利用电话线拨号上网的 IP 地址一般采用的是(　　)。

A. 动态分配 IP 地址　B. 静态、动态分配 IP 地址均可

C. 静态分配 IP 地址　D. 不需要分配 IP 地址

答案：A

300. 访问恶意网站会导致的危害有(　　)。

A. 扭伤手指　B. 导致感冒发烧

C. 导致电脑中病毒　D. 无危害

答案：C

301. 下列选项中使用了信息加密技术的是(　　)。

A. 明文传输　B. 数字签名　C. 登陆口令　D. 数据交互

答案：B

302. 以下(　　)选项是网络安全厂商。

A. 天融信　B. IBM　C. DELL　D. 清华紫光

答案：A

303. 我们通常所说的“中了木马”是指(　　)。

A. 安装了木马的主控端程序　B. 安装了木马的服务端程序

C. 文件被恶意修改　D. 计算机恶意启起，密码被盗

答案：A

304. 下列(　　)软件不能防范木马程序。

A. 天融信防火墙　B. 瑞星防火墙　C. ARP 防火墙　D. 诺顿防火墙

答案：C

305. 木马程序本身不能算是一种病毒，但其破坏力甚至比病毒还要强，下列(　　)现象是中了木马的表现。

A. 网络账号信息被窃取

B. 修改或破坏文件和数据

C. 在磁盘上标记虚假的坏区，从而破坏有关的程序或数据

D. 更改或重写磁盘的标记号

答案：A

306. 盲板拆除时，设备或管道内压力应(　　)。

A. 维持不变　B. 降至常压

C. 降至 0.2MPa　D. 降至氮气管网压力

答案：B

307. 设备接口处盲板通常在(　　)阶段拆除。

A. 设备、管线干燥置换前　B. 管道水压试验前

C. 管道吹扫前　D. 投料试车过程中

答案：A

308. 如盲板需要在干燥置换结束后拆除的，拆除时最好的方法是(　　)。

A. 完全卸压后抽盲板、更换垫环

B. 带压抽盲板并更换垫环

C. 完全卸压后抽盲板，更换垫环前盲板上下游管道微量注氮避免湿空气进入管道

D. 完全卸压后抽盲板，更换垫环前盲板上下游管道微量注仪表风避免湿气进入管道

答案：C

309. 如系统不同步投料需增加盲板，下列说法错误的是(　　)。

A. 盲板的材质及磅级应与管线一致

B. 盲板的位置应能实现隔离便于后续拆除

C. 盲板安装后需进行泄漏检测

D. 因盲板还需拆除，因此投料前盲板上下游管段可不进行干燥置换，在盲板拆除后进行干燥置换

答案：D

310. LNG 接收站管线及设备较多，为保护设备，不宜与管线作为一个系统干燥的是(　　)。

A. 放空气体分液罐　B. ORV

C. 高压泵　D. 再冷凝器

答案：C

311. 在满足施工进度的基础上，结合工期、投产等因素，需尽早进行干燥置换的设备是(　　)。

A. 卸料臂　B. LNG 储罐　C. 高压泵　D. 再冷凝器

答案：B

312. 在满足施工进度的基础上，结合工期、投产等因素，首先进行干燥置换的系统是(　　)。

A. 码头卸料系统　B. 火炬系统　C. 装车系统　D. 汽化外输系统

答案：A

313. 各工艺系统干燥置换的说法正确的是(　　)。

A. 码头卸料总管因干燥周期最长，应最先开始干燥

B. 火炬系统因先试车，因此应最先开始干燥

C. BOG 总管与各工艺系统管线相连，只能最后进行干燥置换

D. 低压外输系统、高压外输系统可同时开始干燥置换

答案：D

314. 根据中国石化建设项目生产准备与试车管理规定，下列选项不属于联动试车已完成的内容的是(　　)。

A. 设备及管线干燥、置换已完成

B. 仪表检测、控制、联锁、报警系统调校完毕

C. 现场消防、气防器材已配齐

D. 现场阀位已按开车方案设置完成

答案：D

315. 投料试车前各项生产制度需落实，下列选项中不是必须落实的制度是(　　)。

A. 巡回检查、交接班制度　B. 生产调度制度

C. 变更管理制度　D. 试车指挥系统落实，并建立例会制度

答案：C

316. 根据中国石化建设项目生产准备与试车管理规定，关于投料试车保运工作需落实的工作描述错误的是(　　)。

A. 保运的范围、责任已划分

B. 保运队伍服务合同已签署，人员根据试车进度需要开展工作时落实

C. 保运装备、工器具已落实

D. 保运值班室已落实

答案：B

317. 投料试车前安全、消防、急救系统需完善，下列选项中说法错误的是(　　)。

A. 可燃气体和有毒气体检测仪安装完成

B. 用火、高处、受限空间等直接作业管理制度已建立并发布

C. 人员劳保用品符合要求，急救常识已培训

D. 安全警示标识安装齐全

答案：A

318. 根据石油天然气工程设计防火规范，火炬和放空管应布置在 LNG 接收站厂区(　　)位置。

A. 最小频率风向的下风侧　B. 最小频率风向的上风侧

C. 最大频率风向的下风侧　D. 最大频率风向的上风侧

答案：B

319. 根据石油天然气工程设计防火规范，LNG 接收站内气化器距建筑界限应大于(　　)m。

A. 15　　B. 25　　C. 30　　D. 40

答案：C

320. 接收站内泡沫站应位于非防爆区，距离被保护对象不应小于(　　)m。

A. 20　　B. 25　　C. 30　　D. 40

答案：A

321. 关于接收站内承重钢结构需进行耐火保护的说法不正确的是(　　)。

A. 单层构架的梁、柱

B. 支承设备钢支架

C. 多层构架楼板为透空的钢格板时，地面以上 10m 范围的梁、柱

D. 多层构架楼板为封闭式楼板时，地面以上 10m 范围的梁、柱

答案：D

322. 下列选项中不是 LNG 接收站投料试车前必须完成的工作(　　)。

A. 保运队伍落实到位

B. 中间交接检查所有问题完成整改

C. 系统干燥置换完成

D. 试车方案编制完成

答案：B

323. 下列关于投料试车时部分系统试车顺序描述错误的是(　　)。

A. 高压泵→SCV→燃料气系统→火炬→BOG 压缩机

B. 卸料总管→LNG 储罐→罐内泵→低压总管

C. 罐内泵→低压总管→高压总管→零输出循环→高压泵

D. 高压泵→ORV→计量撬→BOG 压缩机→再冷凝器

答案：A

324. 不是再冷凝器调试必须具备的条件的是(　　)。

A. 高压泵完成试车　　B. 计量外输系统完成试车

C. 燃料气系统完成试车　　D. ORV/IFV 完成试车

答案：C

325. 调试气船在港期间至少需完成下列(　　)主要管线或设备的预冷、填充。

A. 卸料总管、LNG 储罐

B. 卸料总管、LNG 储罐、低压总管、高压泵

C. 卸料总管、LNG 储罐、高压泵、高压总管

D. 卸料总管、LNG 储罐、低压总管、码头保冷循环

答案：D

326. LNG 储罐日蒸发率的说法正确的是(　　)。

A. 日蒸发率是正常液位下储罐每天蒸发的 LNG 与储存 LNG 的比值

B. 日蒸发率是设计最高运行液位下储罐每天蒸发的 LNG 与储存 LNG 的比值

C. 日蒸发率是低液位下储罐每天蒸发的 LNG 与储存 LNG 的比值

D. 不同类型 LNG 储罐设计日蒸发率最高值的要求相同

答案：B

327. 下列不能用于 16 万立方米 LNG 储罐日蒸发率测试的方法是(　　)。

A. 称重法　　B. 蒸发气流量测量法

C. 液位差计算　　D. 表面温度计算

答案：A

328. 采用测量表面温度计算储罐日蒸发率方法时，除外罐壁、罐内 LNG 温度外，还需测量、记录(　　)温度参数。

A. 外罐顶、气相空间　　B. 外罐底、外罐顶

C. 外罐顶、外罐底、气相空间　　D. 外罐顶、外罐底、内罐底、内罐壁

答案：C

329. 影响储罐设计日蒸发率的主要因素是(　　)。

A. 罐内 LNG 液位　　B. 储罐的压力

C. 储罐的尺寸　　D. 储罐保冷系统的设计

答案：D

330. 为使日蒸发率测试结果尽量准确，下列关于储罐各管线说法正确的是(　　)。

A. 零输出循环和排凝进罐管线两道切断阀均需关闭，无须吹扫至储罐管段

B. 与 BOG 总管相连的 BOG 管线切断阀关闭

C. 每台罐内泵出口第一道手阀关闭，每台罐内泵出口总管切断阀无须关闭

D. 进料管线切断阀关闭，进料立管内 LNG 无须排空

答案：A

331. 下列关于蒸发率测试的说法正确的是(　　)。

A. 与储罐连通的液相管线切断阀关闭后即可进行日蒸发率测试

B. 日蒸发率测试开始后只测试 24h

C. 日蒸发率测试时储罐压力需处于稳定状态

D. 日蒸发率测试时储罐液位可以波动，但不能持续上升

答案：C

332. 采用测表面温度计算日蒸发率方法时，下列关于温度测量的说法正确的是(　　)。

A. 测量表面温度时可只在白天测量而夜间不测量

B. 测量外罐壁温度时测量点应尽量多且均布在外罐壁上

C. 外罐底部由于无阳光照射测量一组数据即可

D. 外罐表温度测量时遇大雨、大风等恶劣天气对测试结果无影响

答案：B

333. 采用测表面温度计算日蒸发率方法时，除测量出罐外壁温度外还需测量(　　)。

A. 大气压、地面温度、大气温度　　B. 大气压、大气温度、大气湿度

C. 大气压、地面温度、风速　　D. 大气压、大气温度、风速

答案：D

334. 下列选项中，不会直接造成仪表空气露点升高的是(　　)。

A. 微热再生干燥器止逆阀存在内漏

B. 微热再生干燥器入口过滤器附着有油滴
C. 微热再生干燥器内活性氧化铝失效
D. 仪表空压机一、二段冷却器存在内漏现象
答案：B

335. 螺杆压缩机出口温度升高会导致微热再生干燥器出口露点升高。下列选项中不会造成螺杆式空气压缩机出口温度过高的(　　)。

A. 环境温度高　　B. 冷却气不足
C. 空压机运行时间过长　　D. 后冷却器模块堵塞
答案：C

336. 下列选项中不能降低仪表风露点的是(　　)。

A. 降低入口气体温度　　B. 降低入口气体流量
C. 降低入口压力　　D. 及时更换过滤器滤芯
答案：C

337. 为确保 PSA 出口氧含量分析仪读数准确，下列操作错误的是(　　)。

A. 调节减压阀，将压力调节到 1.0 bar
B. 调节流量调节阀将样品气流量调到 300mL/min
C. 定期对氧含量分析仪进行校正
D. 氧含量分析仪安装好后必须使用 1.5% 的空气作为标准气体进行标定
答案：D

338. 下列选项不会导致 PSA 产品氮气纯度过低的是(　　)。

A. 进口压力高　　B. 氧分析仪失灵　　C. 程控阀故障　　D. 管路堵塞
答案：A

339. 程控阀故障可能会导致 PSA 出口氧含量一直大于 2%，下列选项中不会导致程控阀不动作的是(　　)。

A. 电磁阀故障　　B. 控制电源或控制模块故障
C. 程控阀自身故障　　D. 气缸盖泄漏
答案：D

340. 下列选项不会导致 PSA 产品氮气纯度过低的是(　　)。

A. PLC 程序异常　　B. 自动排水装置故障
C. 出口管线泄漏　　D. 消声器堵塞
答案：C

341. 下列对电解制氯系统进口海水流量偏低现象原因描述错误的是(　　)。

A. 海水升压泵出口阀故障　　B. 海水电解氯系统进口过滤器堵塞
C. 海水流量计故障　　D. 海水电解氯系统 ESD
答案：D

342. 下列对电解制氯系统进口海水压力偏大现象原因描述正确的是(　　)。

A. 海水电解氯系统进口阀故障　　B. 海水电解氯系统进口过滤器堵塞
C. 海水压力表故障　　D. 海水电解氯系统 ESD
答案：C

343. 下列关于次氯酸钠储罐冒罐原因说法错误的是(　　)。
A. 磁翻板液位计故障　　B. 连续加药泵故障
C. 冲击加药泵故障　　D. 海水升压泵故障
答案：D
344. 下列选项中不会联锁停电解制氯装置的是(　　)。
A. 次氯酸钠储罐液位低于低报值
B. 电解槽出口药液温度高于高报值
C. 电解槽入口流量低于低报值
D. 电解槽入口压力高于高报值
答案：A
345. 对采用管理手段节能降耗的具体措施叙述不正确的是(　　)。
A. 落实组织和管理体系
B. 加强节能宣传和培训
C. 建立能源消耗的计划和考核制度
D. 在运行管理上，尽量安排设备能够不连续、半载开动使用
答案：D
346. 在设备设施节能管理中，(　　)是一种最经济的节能方式。
A. 经常进行技术改造　　B. 对设备的及时更新
C. 根据实际情况减少使用时间　　D. 采用管理手段节能降耗
答案：D
347. 在化工装置中对风机、水泵等能耗大的设备采用(　　)技术节能降耗效果最好。
A. 变频调速　　B. 双速电机　　C. 液力耦合　　D. 多级减速机
答案：A
348. 为达到节能降耗的目的，蒸汽凝结水不可重复用于(　　)。
A. SCV 水浴池补水　　B. 采暖水补水
C. 循环水补水　　D. 生活水补水
答案：D
349. 影响 LNG 船舶靠离泊的条件一般不包括(　　)。
A. 风力　　B. 涌浪　　C. 能见度　　D. 气温
答案：D
350. 码头经理联合船方进行船岸安全检查时，下面不需要关注的是(　　)。
A. 船舶舱内整洁程度　　B. 船岸消防设施完好性
C. 船方防火缆设置情况　　D. 船舶系泊情况
答案：A
351. LNG 船舶卸料作业时需要打开水幕系统，其作用是(　　)。
A. 用于冲刷船方甲板及船体进行清洁
B. 用于卸料作业中给船体进行降温
C. 用于形成隔绝保护并驱散 LNG 蒸汽云

D. 用于排掉船舶产生的多余废水

答案：C

352. 目前世界上主流的 LNG 船舶主要采用(　　)。

A. MOSS 型　　B. 薄膜型　　C. 独立 A 型　　D. 独立 C 型

答案：B

353. 关于卸料臂预冷，以下步骤正确的是(　　)。

A. 预冷开始时，内操在码头经理指令下打开卸料臂排凝管线阀门

B. 预冷过程中，码头经理凭借经验安排外操调节阀门开度

C. 预冷结束后，直接安排内操打开岸方卸料管线切断阀进行卸料作业

D. 预冷过程主要通过调整每条卸料臂预冷 LNG 流量及卸料臂放空阀开度控制各条卸料臂预冷速度相同

答案：D

354. 卸料过程中内操人员发现储罐压力升高快，可以采取的措施一般不包括(　　)。

A. 要求船方适当降低卸料速率　　B. 协调船方增加返气量

C. 直接通过火炬进行放空　　D. 增大 BOG 压缩机负荷

答案：C

355. 卸料臂预冷的主要风险点不包括(　　)。

A. 储罐压力上升　　B. 快速接头法兰或旋转接头泄漏

C. 卸料臂预冷速度过快　　D. LNG 进入 BOG 管线

答案：A

356. 卸料时发现卸料管线法兰可能存在泄漏，应采取的措施是(　　)。

A. 外操人员自行查看并根据泄漏量大小决定是否汇报中控室

B. 外操人员及时汇报中控室及码头经理，根据泄漏量有计划地减速或停止卸料

C. 外操人员汇报中控室后，根据泄漏量大小决定是否继续作业

D. 外操人员及时汇报中控室，根据中控室指令协调检修人员在线抢修

答案：B

357. 以下关于登船梯放置说法，正确的是(　　)。

A. 登船梯应该在船舶靠到码头后立即放置，以保证人员上下

B. 登船梯应该在有船方人员旁站指挥下才可以放置

C. 登船梯设置多项急停措施，在船舶升降到位后可采取急停操作节省作业时间

D. 登船梯放置以后，船方人员负责在梯口值守，保证登船梯位置合适，岸方人员无须关注

答案：B

358. 卸料作业时，船方操作不需要汇报码头经理的是(　　)。

A. 船方启动卸货泵　　B. 船方开始接收返气

C. 船方召开安全例会　　D. 船方供应伙食物料

答案：C

359. 卸料过程中，以下哪项不需要在卸前会议中双方商讨确定(　　)。

A. 船舶装货港及载货量
B. 最大卸料速率
C. 卸料管线压力
D. 连接的卸料臂

答案：A

360. 卸料作业需要船岸双方密切合作，船岸双方可采取的联络方式是(　　)。

A. 热线电话
B. 甚高频对讲机
C. 超高频电话
D. 其他选项均可

答案：D

361. 船岸双方应协商暂停卸料的条件是(　　)。

A. 预测将有雷暴天气来临时
B. 发生泄漏，担心继续卸料存在危险时
C. 船舶附近发生火灾
D. 其他选项均需协商暂停卸料

答案：D

362. 恶劣天气下，暂停卸料收回卸料臂后，应采取的措施不包括(　　)。

A. 卸料臂收回后无须对船岸设备设施继续巡检值守
B. 岸方要关注天气变化，并根据天气决定进一步采取措施
C. 卸料臂收回后，登船梯应该同时收回
D. 船方应关注货舱压力并适时采取措施防止压力升高

答案：A

363. 船舶在港作业期间，下列条件不会执行紧急离泊的是(　　)。

A. 港区风力或涌浪过大致使船舶无法安全有效系泊时
B. 由于船舶发生偏移触发紧急停车信号导致卸料停止时
C. 气象或海事部门发布预警信息台风即将来临时
D. 当发生船舶与码头碰撞、泄漏、火灾爆炸等安全事故

答案：B

364. 船舶暂停卸料或紧急离泊后，(　　)不是可以恢复卸料的条件。

A. 船岸双方认为港区内风速降至可作业范围
B. 海事部门通知大浪预警解除
C. 储罐库存偏低存在停输风险
D. 气象或海事部门解除台风警报

答案：C

365. 下列条件不会增加卸料过程组分相差较大的 LNG 混掺作业风险的是(　　)。

A. BOG 总管压力未提前降至较低范围
B. 卸船期间外输量较大
C. 船方起泵加速过快
D. 岸方 BOG 压缩机负荷较低

答案：B

366. 卸料过程组分相差较大的 LNG 混掺时，应采取的措施不包括(　　)。

A. 提前通过火炬燃烧降低岸方 BOG 总管压力
B. 卸料时根据货物密度合理选择上下进液方式
C. 对 BOG 压缩机等设备提前试车确保处于备用状态
D. 混掺前应尽量降低罐内原有 LNG 液位
答案：A
367. 为避免卸船期间组分相差较大的 LNG 混掺作业储罐压力过高，应采取的措施包括(　　)。
A. 混掺前尽可能保持储罐液位，液位越高越有利于压力控制
B. 卸料时船方按常规情况启动卸货泵加速卸料
C. 提前启动备用 BOG 压缩机，并根据储罐压力及时调节 BOG 压缩机负荷
D. 混掺作业过程中应有计划地降低外输及槽车充装作业
答案：C
368. 下列关于卸船期间组分相差较大的 LNG 混掺作业对 BOG 系统影响的说法不正确的是(　　)。
A. 造成 BOG 温度偏低　　B. BOG 系统压力上升过快
C. 再冷凝器 BOG 流量增大　　D. 造成再冷凝器液位偏高
答案：D
369. 水击是在有压管道中由于某种原因(　　)急剧变化而引起的压强大幅波动的瞬变流现象。
A. 液体流速　　B. 气体流速　　C. 液体温度　　D. 气体温度
答案：A
370. 下列不属于水击产生的内因的是(　　)。
A. 液体的可压缩性　　B. 流速突然变化
C. 液体的惯性　　D. 管道的弹性
答案：B
371. 关于水击的危害下列说法错误的是(　　)。
A. 水击增压波造成管道超压引起强度破坏
B. 水击减压波使管道压力降至真空造成管道破坏
C. 水击减压波使管道压力降至真空溢出气体产生液柱分离，系统压力失稳
D. 水击减压波使管道压力降至真空溢出气体产生液柱分离，分离后的液柱相遇产生低压力造成管道破坏
答案：D
372. 下列不是水击防护措施的是(　　)。
A. 控制阀门关断时间　　B. 泄压和补压装置
C. 紧急停车系统　　D. 设置缓冲罐
答案：C
373. 下列选项中不是 LNG 间歇泉发生的原因的是(　　)。
A. 管道内 LNG 不流动　　B. 管道内压力快速升高

C. 管道组成中有竖管　　D. 罐内 LNG 受热汽化产生气体积聚

答案：B

374. 下列关于 LNG 储罐间歇泉危害的说法不正确的是(　　)。

A. 造成储罐压力迅速上升　　B. 造成储罐液位下降

C. 造成进料管线振动　　D. 造成储罐气相温度波动

答案：B

375. 以下不属于 SCV 资源消耗的是(　　)。

A. 燃烧燃料气消耗　　B. 运行期间水池溢水造成的水损耗

C. 碱液的消耗　　D. 鼓风机用电

答案：B

376. 以下不属于 ORV 运行而造成资源消耗的是(　　)。

A. 海水泵用电　　B. 制氯系统用电

C. 海水过滤装置用电　　D. 海水管线铺设

答案：D

377. SCV 正常运行期间，汽化 1t LNG 大约需要燃烧(　　)Nm^3 天然气。

A. 10　　B. 20　　C. 30　　D. 40

答案：B

378. 以下关于停止高压 NG 外输，叙述不正确的是(　　)。

A. 轻烃装置必须停运

B. 可以通过 BOG 高压增压机处理 BOG

C. BOG 再冷凝系统必须停运

D. 可以保留一定数量的低压泵确保循环保冷

答案：B

379. 当接收站停止高压 NG 外输后，关于接收站使用燃料气的说法，最不可取的是(　　)。

A. 启动 BOG 压缩机提供燃料气

B. 利用高压 NG 汇管的管存气供燃料气

C. 可启动 ORV 汽化产生低压的 NG 气体供燃料气

D. 可利用 LPG 钢瓶代替火炬长明灯处燃料气

答案：A

380. 以下不是关于启动高压 NG 外输前提条件的是(　　)。

A. 要确认计量外输系统必须具备外输条件

B. 要确认 LNG 气化器必须具备投用条件

C. 要确认 BOG 再冷凝器系统必须具备启动条件

D. 要确认 LNG 储罐液位具备启动低压泵的条件

答案：C

381. 高压外输泵吊出检修完毕之后，在重新启泵试车时，发现出口压力低于正常启泵压力的 75%，原因最可能是(　　)。

A. 入口压力较低　　B. 其他泵运行流量大

C. 回流线开度大　　D. 电机相序接反了

答案：D

382. 高压外输泵正常运行时，中控室监控到其中一台泵出口流量突然大幅波动，原因最可能是(　　)。

A. 流量计故障　　B. 误操作出口手动阀门关闭

C. 一台气化器跳车　　D. 入口阀门关闭

答案：A

383. 高压外输泵正常运行时，中控室监控到其中一台泵泵筒液位突然大幅降低，原因最可能是(　　)。

A. 泵筒放空管线阀门关闭　　B. 出口阀门关闭

C. 液位计下引压管进液　　D. 入口阀门关闭

答案：C

384. SCV 在长时间运行后，发现水池水浴变黑，存在焦黑状物质，可能的原因是(　　)。

A. 水池水量太少　　B. 水浴加碱太多

C. 燃料气燃烧不充分　　D. 燃料气中含氮量高

答案：C

385. SCV 长时间高负荷运行时，但一直没有进行过自动加碱，可能的原因是(　　)。

A. 碱罐液位太低，不具备加碱条件

B. pH 计故障或未投用

C. 燃料气清洁，并燃烧充分

D. 水浴池水量充足，pH 值变化不明显

答案：B

386. SCV 在运行过程中，循环水泵出口压力缓慢降低，最可能的原因是(　　)。

A. 水池液位不断降低　　B. 下游循环水需求量大

C. 水泵入口过滤器有杂物堆积　　D. 压力表故障

答案：C

387. SCV 循环水泵采用的电磁流量计测量管内壁凝结了一层数毫米厚的淤泥，于是流通截面积变小，流量示值(　　)。

A. 偏高　　B. 偏低　　C. 保持不变　　D. 趋零

答案：A

388. 如果 IFV 内 LNG 盘管发生泄漏，有少量甲烷进入丙烷腔，下列说法正确的是(　　)。

A. IFV 气化器换热能力下降　　B. IFV 气化器换热能力上升

C. IFV 气化器会直接停车　　D. IFV 气化器出入口海水温差变小

答案：A

389. (　　)不是造成 IFV 气化器出口天然气温度低的原因。

A. 海水量小　　B. LNG 流量过大

C. 丙烷腔发生泄漏　　D. 下游用气量大

答案：D

390. IFV 丙烷腔磁翻板液位忽高忽低，最可能的原因是(　　)。
A. 丙烷纯度不足　　B. 丙烷腔内有甲烷泄漏
C. 丙烷腔液位计故障　　D. 丙烷腔温度过高压力过高
答案：C
391. 下列原因不会造成 IFV 停车的是(　　)。
A. 气化器出口压力低低　　B. 气化器出口温度低低
C. 丙烷压力低低　　D. 海水流量低低
答案：A
392. 计量撬多路并联运行，其中一支路参与流量计算的压力比其他支路约低 0.1MPa，最可能的原因是(　　)。
A. 压力表测量误差
B. 计量撬入口阀门结构不同
C. 压力表根部阀结构不同
D. 该压力变送器校验时没作为绝压表校验
答案：D
393. 计量外输区超声波流量计的检定周期为(　　)年。
A. 半　　B. 1　　C. 2　　D. 3
答案：C
394. 在计算接收站库存的目的，不包括(　　)。
A. 是否能完成 LNG 装车计划　　B. 是否能完成汽化外输计划
C. 是否能完成卸船计划　　D. 循环保冷量的确定
答案：D
395. 当接收站库存量较高的时候，以下做法不正确的是(　　)。
A. 增加循环保冷量　　B. 增加 LNG 装车计划量
C. 增加汽化外输计划量　　D. 推后卸船计划
答案：A
396. 当接收站不同储罐内 LNG 密度基本相同但库存量差别较大时，以下做法不正确的是(　　)。
A. 尽量多启动液位高的储罐罐内泵建立外输
B. 尽量升高液位低的储罐压力，减少 LNG 蒸发
C. 减少液位低的储罐罐内泵外输
D. 多向液位低的储罐卸料
答案：B
397. 再冷凝器最安全实用的隔离方法是(　　)。
A. 水封隔离　　B. 双阀隔离　　C. 安装盲板　　D. 安装盲法兰
答案：C
398. 再冷凝器内部检修时，以下位置不需要加盲板的是(　　)。
A. LNG 进料口　　B. 再冷凝器出口
C. 高压泵放空线接口　　D. 冷换器接口
答案：D

399. 再冷凝器内部检修时，以下位置需要加盲板的是(　　)。
A. 液位计接口　B. BOG 入口接口　C. 压力表接口　D. 底部排凝管线
答案：B
400. 再冷凝器冷却时，需要控制进入再冷凝器低温介质流量的目的是(　　)。
A. 均匀冷却设备　B. 防止冷却介质汽化过快
C. 保持罐内泵出口压力平稳　D. 减少火炬排放
答案：A
401. 再冷凝器冷却时，以下哪个工艺联锁信号需要解除(　　)。
A. 再冷凝器液位低低联锁信号　B. 再冷凝器压力高高联锁信号
C. 再冷凝器液位高高联锁信号　D. 再冷凝器温度低低联锁信号
答案：A
402. 正常生产过程中，再冷凝器压力稳定的方法是(　　)。
A. 再冷凝器底部汇管压力调节阀控制
B. BOG 压缩机的运行负荷
C. 高压泵运行台数
D. 再冷凝器 LNG 的进料量
答案：A
403. 再冷凝器工艺投用前进行冷却的目的是(　　)。
A. 便于启动压缩机　B. 防止温差变化过大，损坏设备
C. 保持高压泵入口压力平稳　D. 便于工艺控制
答案：B
404. 一般情况下，冷却再冷凝器的介质使用 LNG 或(　　)。
A. 液氧　B. 液氢　C. 液氮　D. 干冰
答案：C
405. 卧式 BOG 压缩机活塞杆下沉值逐渐增大，常见原因是(　　)。
A. 活塞杆弯曲　B. 气缸温度的变化
C. 支撑环磨损　D. 曲轴轴承损坏
答案：C
406. BOG 压缩机出口温度高的原因，说法不正确的是(　　)。
A. 冷却水温度较高　B. BOG 入口温度高
C. BOG 压缩机的负荷较低　D. 出口压力较高
答案：A
407. 下列选项中，对 BOG 外输量不会造成影响的是(　　)。
A. BOG 再冷凝器压力波动　B. 站内 BOG 产生量
C. 汽化外输量较大　D. BOG 外输流量计量程小
答案：C
408. 卸船时，BOG 返回船方不及时，对岸方会有什么影响(　　)。
A. BOG 再冷凝器运行不稳定　B. 岸方 BOG 压力升高加快
C. 可能造成卸料中断　D. 岸方必须排放火炬
答案：B

409. 下列选项中，不是燃料气系统隔离置换前要做的工作是(　　)。
A. 火炬用燃料切换至 LPG 钢瓶　　B. 停止锅炉运行
C. 停用 SCV 气化器　　D. 停止 SCV 风机测试
答案：D
410. 燃料气系统隔离置换 CH_4 含量监测点不包括(　　)。
A. 锅炉燃料气供应管线　　B. SCV 燃料气供应管线
C. 火炬长明灯处　　D. 燃料气加热器内
答案：C
411. 轻烃回收装置开工前的预冷操作采用先气相预冷再液相预冷的方法，有关气相预冷操作的描述，错误的是(　　)。
A. 气相温度较 LNG 高，不用控制温降速度
B. 避免设备低温
C. 防止管线温降过快
D. 充分预冷设备及管线
答案：A
412. 以下轻烃回收装置设备中，开车前不需要预冷的是(　　)。
A. 闪蒸罐　　B. 闪蒸汽凝液罐
C. 脱甲烷塔重沸器　　D. 脱甲烷塔顶凝液罐
答案：C
413. 轻烃回收装置预冷过程中注意事项，叙述错误的是(　　)。
A. 加强温降监控　　B. 为减少原料消耗，预冷越快越好
C. 加强泄漏检查　　D. 加强管线位移检查
答案：B
414. 轻烃回收装置准备预冷，系统流程准备错误的是(　　)。
A. 仪表投用　　B. 系统无盲板隔离
C. 排凝退料流程隔断　　D. 调节阀自动控制
答案：D
415. 下列有关轻烃回收装置开车前蒸汽系统应具备的条件，错误的是(　　)。
A. 所有疏水器投用　　B. 蒸汽管线导淋打开
C. 管线无“水锤”　　D. 蒸汽温度压力均合格
答案：B
416. 下列关于轻烃回收装置开车前条件准备，错误的是(　　)。
A. 就地、远传仪表投用　　B. 泄压阀门关闭
C. 调节阀投自动控制　　D. 安全阀投用
答案：C
417. 轻烃回收装置开车前热膨胀安全阀(TSV)应具备的流程或状态，叙述错误的是(　　)。
A. 旁路阀打开　　B. 上游阀打开
C. 下游阀打开　　D. 已按期校验合格
答案：A

418. 轻烃回收装置开车前安全仪表系统(SIS)各联锁条件的摘挂，叙述正确的是(　　)。

A. 所有联锁投用　　B. 开车前不需要联锁

C. 开车前可以随意摘挂联锁　　D. 根据开车步骤及时投用联锁

答案：D

419. 轻烃回收装置停车完成，需投用升压泵跨泵保冷循环，其作用是(　　)。

A. 维持升压泵入口总管低温　　B. 维持升压泵出口总管低温

C. 维持升压泵出、入口总管低温　　D. 维持升压泵出、入口总管流量

答案：C

420. 轻烃回收装置停车后需重点检查低温泵容易憋压的位置是(　　)。

A. 泵出口管线球阀之后　　B. 泵筒至出口单向阀之间

C. 泵出口切断阀和球阀之间　　D. 泵出口单向阀和切断阀之间

答案：D

421. 轻烃回收装置停车后，现场投用脱甲烷塔重沸器氮气吹扫，目的是(　　)。

A. 防止管程低温冻堵　　B. 防止壳程低温冻堵

C. 置换管程可燃气　　D. 置换壳程可燃气

答案：A

422. 轻烃回收装置停车完成，需检查、防止出现低温的设备是(　　)。

A. 脱甲烷塔　　B. 脱甲烷塔重沸器

C. 闪蒸罐　　D. 闪蒸汽凝液罐

答案：B

423. 轻烃回收装置低温筒袋泵突然跳车的原因，不包括(　　)。

A. 吸入罐液位过低　　B. 机泵联锁

C. 吸入罐液位过高　　D. 机泵晃电

答案：C

424. 轻烃回收装置产品高压泵晃电跳车造成的后果，不包括(　　)。

A. LNG 产品外输停　　B. 安全阀起跳

C. 脱甲烷塔压力上升　　D. 塔顶凝液罐液位下降

答案：D

425. 以下关于轻烃回收装置脱甲烷塔级间回流泵晃电造成的后果，叙述错误的是(　　)。

A. 脱甲烷塔级间液位上升　　B. 脱甲烷塔釜液位上升

C. 脱甲烷塔压力上升　　D. 脱乙烷塔压力上升

答案：B

426. 关于轻烃回收装置脱甲烷塔级间回流泵晃电后的应急处理，错误的是(　　)。

A. 提高脱甲烷塔进料流量　　B. 降低装置进料流量

C. 降低脱甲烷塔釜加热　　D. 降低脱乙烷塔釜加热

答案：A

427. 轻烃回收装置蒸汽供应突然故障，造成的后果不包括(　　)。
A. 重沸器无热源　　B. 脱甲烷塔无上升气相
C. 脱甲烷塔压力快速上升　　D. 脱乙烷塔压力下降
答案：C
428. 轻烃回收装置蒸汽供应突然中断，为防止脱甲烷塔重沸器低温，首先要进行的应急操作是(　　)。
A. 减小脱甲烷塔进料　　B. 减小轻烃装置进料
C. 减小脱甲烷塔顶回流　　D. 减小脱甲烷塔重沸器进料
答案：D
429. 下列关于进轻烃装置蒸汽流量突然变大的原因，叙述错误的是(　　)。
A. 轻烃装置提负荷过快　　B. 外供蒸汽温度升高
C. 轻烃装置进料组分大幅变化　　D. 外供蒸汽压力突然下降
答案：B
430. 进轻烃回收装置蒸汽温度突然下降，对装置的影响，叙述错误的是(　　)。
A. 脱甲烷塔压力上升　　B. 重沸器蒸汽入口阀开大
C. 重沸器气相线温度下降　　D. 脱甲烷塔釜液位上升
答案：A
431. 轻烃回收装置脱甲烷塔准备开车，为防止塔釜重沸器冻堵，应提前进行的操作是(　　)。
A. 重沸器缓慢进料　　B. 重沸器氮气吹扫
C. 重沸器预热　　D. 重沸器排凝
答案：C
432. 轻烃回收装置开车，最先启动的机泵是(　　)。
A. 脱甲烷塔进料泵　　B. 升压泵
C. 闪蒸汽凝液泵　　D. 产品高压泵
答案：B
433. 轻烃回收装置开车，脱甲烷塔进料过快，造成的后果是(　　)。
A. 脱甲烷塔顶凝液罐液位下降　　B. 脱甲烷塔级间液位下降
C. 闪蒸罐液位下降过快　　D. 闪蒸汽凝液罐液位下降
答案：C
434. 轻烃回收装置开车时，脱甲烷塔压力上升较快，其原因不包括(　　)。
A. 重沸器蒸汽入口阀开度过小　　B. 重沸器蒸汽入口阀开度过大
C. 未及时启动高压泵　　D. 高压泵出口阀未开
答案：A
435. 轻烃回收装置计划停车，首先进行的操作是(　　)。
A. 停升压泵　　B. 全关脱甲烷塔釜蒸汽
C. 装置降负荷　　D. 停产品高压泵
答案：C

436. 轻烃回收装置准备停闪蒸汽凝液泵，必须具备的停泵条件之一是(　　)。
A. 闪蒸罐液位不低　　B. 闪蒸罐液位不高
C. 脱甲烷塔压力不高　　D. 闪蒸罐压力不高
答案：D
437. 轻烃回收装置脱甲烷塔釜重沸器气相线温度过低，可能的原因是(　　)。
A. 脱甲烷塔顶回流量过大
B. 重沸器入口蒸汽流量调节阀异常关小
C. 重沸器入口蒸汽流量调节阀开度过大
D. 脱甲烷塔底外送流量过大
答案：B
438. 轻烃回收装置停车时，若闪蒸汽凝液泵停车过早，可能造成的后果是(　　)。
A. 闪蒸罐压力过高　　B. 闪蒸罐液位过高
C. 闪蒸汽凝液罐液位过高　　D. 脱甲烷塔压力过高
答案：A
439. 卸料臂绝缘法兰电阻值应每(　　)个月检查一次。
A. 3　　B. 4　　C. 5　　D. 6
答案：A
440. LNG 卸料臂旋转接头滚动体与轨道之间应充满(　　)。
A. 润滑油　　B. 低温润滑脂　　C. 液压油　　D. 干燥氮气
答案：D
441. LNG 卸料臂双球阀开关是靠(　　)传递能量。
A. 安全销　　B. ERC 卡子　　C. 推杆　　D. ERC 液压缸
答案：C
442. 卸料臂更换液压油时注意事项的说法错误的是(　　)。
A. 应使用同品牌同型号液压油　　B. 油箱排净后可直接加油
C. 加注新油时使用过滤装置　　D. 加油前清洗过滤器
答案：B
443. 正常工作条件下，需要每年对登船梯润滑油进行一次检查，下列描述错误的是(　　)。
A. 检查油温，连续使用期间的最高油温为 +50℃
B. 检查液位，满足工作正常液位
C. 检查滤油器，如有需要更换滤芯
D. 检查电磁阀是否正常
答案：D
444. 下列选项中关于登船梯维护说法错误的是(　　)。
A. 应定期除去铰销、活塞杆等部件上的过量盐分沉积
B. 严格按照润滑计划进行设备润滑，不能更改润滑间隔
C. 一年两次检查液压软管的泄漏和损坏情况
D. 每五年更新液压软管
答案：B

445. 下列选项中关于登船梯液压软管更换的标准，说法错误的是(　　)。

A. 软管连接泄漏　　B. 钢丝编织层脏污

C. 软管连接明显松动或脱落　　D. 软管弯折、断裂或压扁

答案：B

446. 下列选项关于液压油系统排气说法错误的是(　　)。

A. 让系统在无负载的情况下运行约 15min。同时操作控制阀确保系统排气

B. 让系统在负载条件下运行，直至完全排出系统中的空气为止

C. 加压时，液压油有吸附空气的趋势，在贮液器中，这类吸附空气将再次释放

D. 储液器中加满液压油即可，无须进行排气

答案：D

447. 导致 BOG 压缩机排气量偏小的原因说法错误的是(　　)。

A. 介质温度升高　　B. 介质温度降低

C. 活塞窜气　　D. 气阀故障

答案：B

448. 最可能导致 BOG 压缩机轴承温度高的原因是(　　)。

A. 润滑油温低　　B. 轴瓦间隙小

C. 润滑油压力大　　D. 冷却水压力大

答案：B

449. BOG 压缩机检测主轴的顶间隙时，用塞尺从(　　)插入。

A. 下瓦的中间　　B. 下瓦的两侧

C. 上瓦瓦背的顶部　　D. 上瓦两端的顶部

答案：D

450. 造成 BOG 压缩机阀片弹簧折断的原因之一是(　　)。

A. 介质压力小　　B. 介质压力大

C. 升程过小　　D. 升程过大

答案：D

451. 下列选项不属于 SCV 烟囱检查内容的是(　　)。

A. 检查烟囱支撑件与紧固件

B. 检查热应力对烟囱造成的影响

C. 检查除雾器是否污染阻塞，是否受热应力影响

D. 检查烟囱内氧气是否充足

答案：D

452. 下列选项不属于 SCV 水浴池内部检查内容的是(　　)。

A. 检查池内固体杂物，清除杂物即可，无须弄清杂物来源

B. 检查堰板及其支柱腐蚀情况

C. 检查所有螺栓的紧固情况。

D. 检查甲板底面腐蚀情况，如有需要进行涂漆工作

答案：A

453. 下列选项不属于 SCV 燃料气系统检查内容的是(　　)。
A. 检查燃料气系统气密性
B. 检查燃料气系统紧固件连接及外部防腐油漆涂层
C. 拆卸燃料气过滤器，清洗过滤器，必要时进行更换
D. 冬季将燃料气管线手阀打开
答案：D
454. 下列选项不属于 SCV 燃烧器日常维护内容的是(　　)。
A. 检查点火器及主燃烧器连接管线是否完好
B. 检查燃烧器喷嘴无因热力影响而发生变形
C. 检查点火器火花间隙无杂物
D. 检查自动点火程序是否正常
答案：D
455. 螺杆压缩机在维护保养时，不可以使用(　　)来清洗零件。
A. 专用清洗液　　B. 柴油
C. 非可燃性溶剂　　D. 四氯化碳
答案：D
456. 螺杆压缩机 4000h 保养需更换(　　)。
A. 油滤、空滤
B. 空滤、驱动模块过滤器
C. 空滤、驱动模块过滤器、润滑油
D. 空滤、驱动模块过滤器、润滑油、电机润滑
答案：D
457. 螺杆压缩机空气滤芯可以用(　　)进行清理。
A. 干燥的压缩空气　　B. 清洁剂
C. 除炭清洗剂　　D. 洗衣粉
答案：A
458. 螺杆压缩机 8000h 保养需更换(　　)。
A. 油滤、空滤
B. 油滤、空滤、驱动模块过滤器
C. 油滤、空滤、驱动模块过滤器、润滑油、止回阀
D. 油滤、空滤、驱动模块过滤器、润滑油、电机润滑、止回阀
答案：D
459. 下列选项中，不属于 ORV 日常检查内容的是(　　)。
A. 管束板结冰高度
B. 海水分布情况
C. 设备目视检查
D. 进口海水蝶阀是否能正常动作
答案：D

460. 下列选项中，属于 ORV 阶段性检查维护工作的是(　　)。

A. 管束板维护检修

B. 进口海水蝶阀是否能正常动作

C. 检查设备管束板有无变形现象

D. 进出口海水温差

答案：A

461. 对 ORV 管束板进行检查时，属于阶段性维护工作的是(　　)。

A. 检查各管束连接处无泄漏现象发生

B. 检查管束结冰高度

C. 检查海水分布情况

D. 检查管束涂层及 LNG 汇管顶部涂层厚度

答案：D

462. 对于 ORV，表面涂层材料为(　　)

A. 镁铝合金　　B. 镁锌合金　　C. 锌铝合金　　D. 锌镁合金

答案：C

463. 某设备的原始价值为 10000 元，其残值为 4000 元，每年低劣化增加值为 30 元，则设备最佳更新期为(　　)。

A. 20 年　　B. 25 年　　C. 7 年　　D. 12 年

答案：A

464. 企业确定设备最佳更新期的主要依据是设备的(　　)。

A. 经济寿命　　B. 使用寿命　　C. 技术寿命　　D. 自然寿命

答案：A

465. 技术改造项目的技术可行性分析的核心是(　　)。

A. 技术改造的项目选择问题　　B. 技术改造的技术选择问题

C. 技术改造的时间选择问题　　D. 技术改造的部门选择问题

答案：B

466. 当计算技术改造方案的经济效益时，只提高技术装备水平而其产量规模不变的技术改造方案，当 E 大于 0 时，技术改造方案(　　)。

A. 可行

B. 不可行

C. 要看环境保护、劳动条件是否良好而决定改造方案是否可行

D. 是否可行与 E 没有关系

答案：A

467. 作业人员应做到“四懂三会”，下列选项中对四懂说法错误的是(　　)。

A. 懂原理　　B. 懂维护　　C. 懂结构　　D. 懂用途

答案：B

468. 下列不属于设备润滑要求的是(　　)。
A. 按时、按质按量加油和换油，保持油标醒目
B. 设备防护装置及零件齐全完整、各种标牌完整、清晰
C. 油箱、油池应清洁、无铁屑杂物
D. 油泵压力正常，油路畅通，各部位轴承润滑良好
答案：B
469. 依照固定时间周期，对设备的检查、更换和修理，定期更换固定易损件的保养属于(　　)。
A. 事中维修　　B. 预防维修　　C. 事后保养　　D. 三级保养
答案：B
470. 设备管理中一般将设备分为(　　)级。
A. 1　　B. 2　　C. 3　　D. 4
答案：C
471. 储罐内 LNG 产生分层后，若处理不当则会引起储罐的(　　)。
A. 顶层效应　　B. LNG 快速相变　　C. LNG 翻滚　　D. LNG 泄漏
答案：C
472. 下列造成 LNG 储罐液位分层的直接原因是(　　)。
A. 储罐内压力过高　　B. 储罐内 LNG 的组分变化
C. 储罐内 LNG 的温度变化　　D. 储罐内 LNG 的液位变化
答案：B
473. 下面关于 LNG 分层产生的原因，说法不正确的是(　　)。
A. 由于天然气组分存在波动不稳定的情况，尤其是遇到不同气源的情况时，组分波动更大
B. 组分的波动会让 LNG 密度产生波动
C. 当 LNG 储罐持续一段时间未注入或者输出 LNG 液体时，由于 LNG 储罐与外界的缓慢热交换，导致 BOG 的形成，使罐内 LNG 密度发生改变
D. 相同密度的 LNG 长期储存在同一储罐中也不可能出现分层的现象
答案：D
474. 以下气源的 LNG 储存在同一储罐中最易发生分层的是(　　)。

产地	甲烷/%	乙烷/%	丙烷/%	重烃/%	氮气/%
四川气田 LNG	98.40	0.70	0.20	—	0.70
四川油田 LNG	82.29	11.00	6.00	—	0.71
大庆油田 LNG	93.43	1.64	2.7	2.23	—
澳大利亚 LNG	99.82	0.03	—	—	0.15

A. 澳大利亚 LNG、四川油田 LNG　　B. 四川气田 LNG、四川油田 LNG
C. 四川气田 LNG、大庆油田 LNG　　D. 澳大利亚 LNG、四川气田 LNG
答案：A

475. 储罐发生分层时，(　　)可避免翻滚现象的发生。

A. 降低储罐压力　　B. 减少已分层储罐的出货量

C. 提高储罐压力　　D. 罐内低压泵循环

答案：D

476. 当罐内 LNG 温差超过(　　)℃或密度差超过(　　)kg/m^3时，用 LNG 低压输送泵对罐内 LNG 进行循环操作，以防止 LNG 储罐出现分层翻滚现象。

A. 0.5　1.0　　B. 0.3　0.8　　C. 0.8　0.3　　D. 1.0　0.5

答案：B

477. 储罐的进料方式进行顶、底部选择，可有效防止(　　)。

A. 储罐发生间隙泉　　B. 储罐沉降

C. 储罐产生分层　　D. 储罐顶层效应

答案：C

478. 采用罐内离心泵搅拌处理储罐 LNG 产生分层时(　　)。

A. 储罐压力可能上升　　B. 储罐液位可能上升

C. 储罐密度保持不变　　D. 储罐 LNG 温度保持不变

答案：A

479. BOG 冷换器内漏会导致(　　)。

A. 管程出口流量增加　　B. 壳程出口流量增加

C. 管程和壳程出口流量都增加　　D. 管程和壳程出口流量都减少

答案：B

480. 下列不属于 BOG 冷换器发生内漏的异常现象是(　　)。

A. 管程出口流量增加　　B. 壳程出口流量增加

C. 冷换器内部测温点温度有异常　　D. 冷换器底部有积液微量漏出

答案：A

481. 若浸没燃烧式气化器盘管出现泄漏，以下现象不会发生的是(　　)。

A. SCV 区域检测到可燃气体

B. 停机状态下水浴中有气泡持续冒出

C. 运行中 SCV 入口 LNG 流量忽高忽低波动

D. 停机隔离检修时，SCV 压力难以维持

答案：C

482. 高压泵入口总管压力低，可能会引起(　　)。

A. 高压泵泵筒液位高　　B. 高压泵联锁停车

C. 高压泵出口压力高高跳车　　D. 高压泵放空线进液

答案：B

483. 高压泵泵筒液位计利用(　　)，防止出现异常，有效地保护了 LNG 高压泵。

A. 变送器和控制器　　B. PLC 模块和变送器

C. CPU 和控制器　　D. RMU 和 CPU

答案：A

484. 高压泵液位异常对泵造成损坏，会造成(　　)。

A. 点蚀　　B. 气缚　　C. 反转　　D. 汽蚀

答案：D

485. 高压泵泵筒液位计设置低报及低低报，主要依据(　　)。

A. *NPSH*　　B. *NPSHa*　　C. *NPSHr*　　D. *NPSHc*

答案：C

486. 全厂零输出工况下，再冷凝器液位持续升高的原因是(　　)。

A. LNG 入口 FV 阀内漏　　B. 超压泄放阀门未关闭

C. 再冷凝器内 LNG 汽化　　D. 低压总管倒流

答案：A

487. 当再冷凝器液位异常时，可通过计算(　　)来观察液位情况。

A. 进、出口压力　　B. BOG 与 LNG 压力

C. BOG 与再冷凝器配比　　D. 底部与顶部压力差

答案：D

488. 为防止再冷器液位高报，要严格控制(　　)从而控制再冷凝器液位。

A. BOG 温度　　B. LNG 温度　　C. 气液配比　　D. 顶部压力

答案：C

489. LNG 接收站全厂停车现象不包括(　　)。

A. 码头卸料区域停车　　B. 空分空压系统停车

C. 槽车突然全部停车　　D. 工艺区突然停车

答案：B

490. 全厂停电事故中，将触发哪类紧急停车(　　)。

A. ESD1　　B. ESD2　　C. PSD3　　D. 不会紧急停车

答案：A

491. 下列选项中，不会触发全厂停车事故的是(　　)。

A. 仪表风系统压力低低　　B. 遇强地震

C. 全厂停电　　D. 氮气系统压力低低

答案：D

492. LNG 接收站全厂停车说法正确的是(　　)。

A. 应急发电机规定时间内启动

B. 储罐压力瞬间超过高高报

C. 卸料管线温度急剧升高

D. 仪表风管网压力瞬间降至 0.5MPa 以下

答案：A

493. 热机启动 BOG 压缩机，防止出口管线超温，可利用(　　)降温。

A. 通过喷淋降低入口进气温度

B. 关闭回流，热量送至再冷凝器

C. 启动辅油泵，降温

D. 加大再冷凝器 LNG 进料

答案：A

494. 造成压缩机出口温度高的原因说法正确的是(　　)。

A. 立式压缩机产热能高更容易造成出口温度高

B. 卧式压缩机产热能高更容易造成出口温度高

C. 立式和卧式产热能相同

D. 入口温度高或压缩机预冷不充分

答案：D

495. SCV 点火过程中，火焰检测仪起到的作用是(　　)。

A. 辅助点火，增加点火成功率

B. 检测是否具备点火条件

C. 点火过程不起作用

D. 判断点火是否成功

答案：D

496. 以下关于 SCV 未点火成功的原因，叙述不正确的是(　　)。

A. 水浴液位高

B. 点火变压器故障

C. 火检仪故障

D. 风机出口阀门卡涩

答案：A

497. 在 SCV 点火过程验漏的目的是(　　)。

A. 检测是否有天然气漏入大气

B. 检测是否有天然气进入燃烧器

C. 检测燃料气切断阀是否内漏

D. 检验燃料气工艺压力是否正常

答案：C

498. 在 SCV 点火失败后，以下说法正确的是(　　)。

A. 点火失败后烟气含量检测继续运行

B. 点火失败后鼓风机会停止

C. 点火失败后重新点火不需要再次吹扫

D. 点火失败后会联锁 SCV 进出口阀门关闭

答案：A

499. 低压总管热膨胀安全阀小量内漏的现象是(　　)。

A. 低压总管压力下降

B. 现场检查安全阀阀体结霜

C. 罐内泵出口流量增大

D. BOG 总管压力增大

答案：B

500. 热膨胀安全阀内漏处置方法正确的是(　　)。

A. 使用扳手轻轻敲击安全阀使阀门关闭

B. 安全阀挂牌警示

C. 关闭安全阀上下游根阀，维修并重新检验后回装

D. 切断安全阀上下游根阀，停用此安全阀

答案：C

501. 天然气管线安全阀较小内漏如何发现(　　)。
A. 现场检查发现有气流声音
B. 现场检查发现安全阀阀体结霜
C. 所在管道压力下降
D. BOG 总管压力上升
答案：A

502. LNG 低温紧急切断阀内漏可能会造成(　　)。
A. 紧急关断后阀门上游管段超压或温度过低
B. 紧急关断后阀门下游管段超压或温度过低
C. 管线振动增大
D. 阀杆填料处结冰
答案：B

503. 检查发现一气动切断阀自动状态下无法关紧，切换到手动模式下可以关紧，下列选项中，可能造成这个问题的原因是(　　)。
A. 压缩空气压力小，供应不足
B. 阀门内有异物卡塞
C. 阀门密封性能降低
D. 阀杆有划痕凹陷等缺陷
答案：A

504. 下列关于全厂联锁停车的说法正确的是(　　)。
A. 码头卸料区域停车，卸料臂 ERS 脱离
B. 公用工程联锁停车
C. 再冷凝器联锁停车
D. 气化器联锁停车，海水泵联锁停车
答案：C

505. 仪表风系统停车可能会引起厂区(　　)级别的停车。
A. ESD2
B. ESD1
C. PSD3
D. PSD4
答案：B

506. 全厂联锁停车的结果不正确的是(　　)。
A. 槽车装车单元联锁停车，装车臂超压气体直接放火炬
B. 储罐联锁停车，进料管线切断阀关闭
C. 卸料单元联锁停车，卸料总管紧急切断阀关闭
D. 高压泵、气化器联锁停车
答案：A

507. 下列哪项不是全厂联锁停车后需重点监控的内容(　　)。
A. 设备联锁停车情况
B. 紧急切断阀关闭情况及各管段压力
C. 海水泵运行情况
D. BOG 管网压力、温度
答案：C

508. LNG 储罐液位低低联锁的结果是(　　)。
A. 储罐进料阀关闭
B. 零输出返回储罐切断阀关闭

C. 罐内泵回流阀联锁关闭　　　　D. 罐内低压泵联锁停车

答案：D

509. LNG 储罐液位高高联锁停车的结果是(　　)。

A. 排凝线返回储罐切断阀关闭

B. 罐内低压泵联锁停车

C. 罐内泵出口汇管至低压总管紧急切断阀关闭

D. BOG 压缩机停机

答案：A

510. 下列选项不会造成某台储罐罐内泵全部联锁停车的是(　　)。

A. 该储罐 ESD 按钮被按下　　　　B. 该储罐液位高高

C. 该储罐液位低低　　　　D. 该储罐压力低低

答案：B

511. 关于某台储罐 ESD 按钮按下后应急处置措施的说法错误的是(　　)。

A. 根据低压总管压力情况立即停部分高压泵

B. 暂停码头保冷循环

C. 立即打开高压泵回流阀

D. 调整再冷凝器液位

答案：C

512. 卸料时码头单元联锁停车，操作人员应该及时汇报(　　)。

A. 系缆人员　　B. 卸料主管　　C. 电气人员　　D. 计量人员

答案：B

513. 卸料期间码头单元联锁停车时，卸料臂会(　　)。

A. 关闭上球阀(双球阀)　　　　B. 无动作

C. 双球阀分离　　　　D. QC/DC 打开

答案：A

514. 码头卸料系统联锁停车时，下列哪项不需重点监控(　　)。

A. BOG 总管压力　　　　B. 气相返回臂压力

C. 液相臂压力　　　　D. 码头及引桥区域卸料总管压力

答案：A

515. 卸料臂 ESD2 联锁与码头单元 ESD1 联锁的不同点是(　　)。

A. 储罐联锁停车

B. 卸料臂 ERC 脱离

C. 卸料臂卸料臂双球阀(或上球阀)关闭

D. 气相返回管线紧急切断阀关闭

答案：B

516. 卸料臂 ESD2 联锁时，关于卸料臂 ERS 的说法正确的是(　　)。

A. 双球阀关闭后 ERS 脱离

B. ERS 脱离后双球阀关闭

C. 双球阀关闭 ERS 不脱离
D. 仅液相臂 ERS 脱离，气相臂不脱离
答案：A
517. 触发卸料臂 ESD2 联锁后需尽快排查原因，下列选项可能是触发原因的是(　　)。
A. 储罐液位高高
B. 按下码头区域 ESD1 按钮
C. 风速过大 LNG 船位移造成卸料臂漂移过大
D. 船方卸货泵出口压力过高
答案：C
518. 高压外输单元 ESD 不会造成(　　)联锁停车。
A. 高压泵　　B. ORV　　C. 罐内泵　　D. SCV
答案：C
519. 高压外输系统停车后关于罐内泵的处置方法正确的是(　　)。
A. 高压外输系统停车对罐内泵无影响
B. 增大罐内泵阀门开度
C. 查看低压总管压力及罐内泵回流阀的开度，根据情况停部分罐内泵
D. 按下中控所有罐内泵 ESD 按钮
答案：C
520. 高压外输系统联锁停车后，下列应急处置方法正确的是(　　)。
A. 关闭码头保冷循环
B. 强制打开 BOG 压缩机回流阀，压缩机回流运行
C. 立即启动备用高压泵恢复外输
D. 查看设备停车及各管段有无超压情况
答案：D
521. 下列选项不是再冷凝器液位低低联锁结果的是(　　)。
A. BOG 压缩机联锁停车
B. 再冷凝器出口紧急切断阀联锁关闭
C. 再冷凝器入口切断阀联锁关闭
D. 再冷凝器高压补气线紧急切断阀联锁关闭
答案：C
522. BOG 压缩机联锁停车时再冷凝器压力会突然(　　)。
A. 升高　　B. 下降　　C. 不变　　D. 先升高后下降
答案：B
523. 两台 BOG 压缩机运行过程中其中一台联锁停车应急处置错误的是(　　)。
A. 立即查看再冷凝器液位及压力
B. 启动备用 BOG 压缩机
C. 立即检查压缩机停车原因，并尽快排除故障
D. 排除故障后无须复位可直接启动联锁停车的 BOG 压缩机
答案：D

524. 浸没燃烧式气化器 pH 值指示无变化，可能的原因是(　　)。

A. 碱罐碱液不足　　B. pH 计故障

C. LNG 负荷偏低　　D. 风机风量过大

答案：B

525. 浸没燃烧式气化器 pH 值异常时，可采取的措施是(　　)。

A. 增大浸没燃烧式气化器 LNG 的流量

B. 适当减小浸没燃烧式气化器 LNG 的流量

C. 取水浴池内水质，进行化验，重新标定 pH 值。

D. 降低水浴池液位

答案：C

526. 下列属于浸没燃烧式气化器运行过程中 pH 值异常现象的是(　　)。

A. SCV 水浴 pH 值数值缓慢降低

B. SCV 水浴 pH 值突然增大

C. SCV 水浴 pH 值长时间无变化

D. SCV 水浴 pH 值缓慢下降，然后突然上升至稳定数值，然后缓慢下降

答案：C

527. 浸没燃烧式气化器冷却水压力低的处理方法是(　　)。

A. 直接在线清理冷却水泵入口过滤器

B. 将冷却水泵过滤器切至备用过滤器

C. 更换冷却水泵压力表

D. 紧急停用该气化器

答案：B

528. 浸没燃烧式气化器冷却水压力异常升高的原因为(　　)。

A. 冷却水泵入口过滤器堵塞　　B. 冷却水泵机封泄漏

C. 冷却水进燃烧器夹套的管线堵塞　　D. 冷却水泵出口阀开度小

答案：C

529. 下列不是浸没燃烧式气化器冷却水压力异常降低的原因的是(　　)。

A. LNG 进料量增大　　B. 冷却水泵入口过滤器堵塞

C. 冷却水泵出口阀门开度过大　　D. 冷却水泵出口管线泄漏

答案：A

530. 浸没燃烧式气化器冷却水压力升高的处理方法正确的是(　　)。

A. 关小冷却水泵入口阀　　B. 切换冷却水泵入口过滤器

C. 关小冷却水泵出口阀　　D. 检查冷却水泵出口管路是否堵塞

答案：D

531. 燃烧器点火前，(　　)参数不影响 SCV 启动。

A. 水浴液位　　B. 冷却水压力

C. 风机出口压力　　D. 水浴 pH 值

答案：D

532. 按下浸没燃烧式气化器启动按钮后风机未启动，不可能的原因是(　　)。
A. 风机未送电
B. 水浴池液位低低
C. 冷却水压力低
D. 浸没燃烧式气化器有停车信号未复位
答案：C
533. 下列选项不是浸没燃烧式气化器风机启动后又停车的原因是(　　)。
A. 循环水泵出口压力低低　　B. 风机出口管线阀门卡涩造成风量低低
C. 风机房冷却风扇故障停机　　D. 风机振动高高
答案：A
534. 下列(　　)不是浸没燃烧式气化器点火失败应重点排查的内容。
A. 燃料气压力　　B. 冷却水压力
C. 点火电极火花　　D. 风机风量是否正常
答案：B
535. LNG 管道出现泄漏，下列应急处置措施错误的是(　　)。
A. 迅速疏散泄漏点附近人员　　B. 迅速检查、确认泄漏位置
C. 使用消防炮对泄漏点进行喷淋　　D. 关闭泄漏点上下游切断阀
答案：C
536. 卸料过程中一条卸料臂旋转接头处发现 LNG 泄漏，现场风向为南风，下列应急处置措施正确的是(　　)。
A. 暂停现场作业，指示人员朝北撤离
B. 立即按下码头紧急停车按钮停止卸料
C. 在确保安全的前提下检查泄漏量，如泄漏量较小可加强观察，待卸料结束后处理
D. 立即降速卸料，切断泄漏卸料臂卸料管线切断阀，将此卸料臂排凝、吹扫
答案：D
537. 再冷凝器人孔法兰发生泄漏应急处置措施不当的是(　　)。
A. 打开高压补气线将再冷凝器 LNG 排出
B. 停 BOG 压缩机
C. 切断再冷凝器进出口管线
D. 再冷凝器泄压、排凝
答案：A
538. 浸没燃烧式气化器(SCV)入口法兰 LNG 泄漏应急处置措施不当的是 (　　)。
A. 停止现场作业并疏散人员
B. 根据泄漏情况按下工艺处理区紧急停车按钮
C. 结合泄漏情况中控或现场按下泄漏 SCV 紧急按钮停车
D. SCV 泄压、排凝
答案：B

539. 下列关于 BOG 压缩机出口管线泄漏应急处置的说法正确的是(　　)。

A. BOG 压缩机出口天然气温度低，密度比空气大，易在地面积聚

B. BOG 压缩机出口压力低，泄漏量小时无须使用防爆工具

C. BOG 压缩机气缸盖、气阀盖等泄漏时需停 BOG 压缩机进行处理

D. BOG 压缩机入口管线压力低，当管线泄漏时无须隔离可直接处置

答案：C

540. 关于天然气泄漏处置原则的说法错误的是(　　)。

A. 在泄漏位置的上风向检查、确认具体泄漏位置及泄漏情况

B. 停止泄漏区域所有作业并疏散人员

C. 根据泄漏位置及泄漏量确定隔离方案

D. 天然气有可压缩性，隔离后泄压速度比 LNG 快

答案：D

541. 开架式海水气化器(ORV)出口管线法兰泄漏应急处置措施正确的是(　　)。

A. 出口法兰泄漏只需关闭出口阀即可，无须关闭入口阀

B. 隔离时 ORV 海水流程可正常投用

C. 泄漏管段隔离后天然气直接放空至火炬泄压

D. ORV 出口管线有止回阀，因此只需关闭入口阀门即可实现隔离

答案：B

542. 下列关于天然气泄漏说法错误的是(　　)。

A. 气化器出口管线法兰泄漏的原因可能是管线急冷急热造成的

B. 天然气泄漏后应避免泄漏点附近出现火源

C. 发现泄漏后根据泄漏情况启动应急预案

D. 在对泄漏点进行隔离等操作时避免造成其他设备、管线超温、超压等

答案：A

543. 当接收站发生火灾，需要向周边企业或单位进行通告预警时，下列内容不需要通告的是(　　)。

A. 火灾发生的地点　　B. 火灾发生的原因

C. 火灾发生的性质及严重程度　　D. 疏散的路线、方式

答案：B

544. 下列关于火灾应急响应程序的说法错误的是(　　)。

A. 根据火灾的危害程度确定火灾响应的级别

B. 当火灾可能演变成更高级别事故时，可提前启动高一级别应急预案

C. 由当班班长向上级主管部门申请启动高一级别的应急行动

D. 发生环境污染事故时启动环境事件应急预案

答案：C

545. 对于 LNG 火灾应急处置原则说法错误的是(　　)。

A. LNG 火灾采用消防水、干粉灭火

B. 启动喷淋系统进行隔离降温

C. 无关人员向上风向或侧风向有序疏散

D. 切断着火点上下游阀门

答案：A

546. 下列关于火灾事故现场隔离的说法错误的是(　　)。

A. 火灾现场设立隔离区警示标志

B. 警戒区内天然气浓度达标后抢险作业人员、设备才能进入作业现场

C. 进入警戒区的抢修人员需熟悉撤离路线

D. 进入火灾区域人员需穿戴防冻服、携带可燃气体检测仪

答案：D

547. 造成生产事故的两类原因是(　　)。

A. 直接原因、间接原因　　B. 主观原因、客观原因

C. 人为原因、客观原因　　D. 直接原因、客观原因

答案：A

548. 下列生产事故的原因中属于直接原因的是(　　)。

A. 管理上的缺陷　　B. 人的不安全行为

C. 环境因素　　D. 技术原因

答案：B

549. 下列不是造成 LNG 泄漏的原因是(　　)。

A. 管线未预冷 LNG 直接进入，法兰冷却不均

B. 高压泵启动后出口管线压力迅速升高

C. BOG 压缩机启动后出口管线压力升高

D. 两台紧急切断阀联锁关闭后管段压力升高

答案：C

550. BOG 压缩机入口温度升高对 BOG 压缩机处理能力影响的说法正确的是(　　)。

A. BOG 压缩机处理能力增大

B. BOG 压缩机处理能力减小

C. BOG 压缩机处理能力先减小后增大

D. BOG 压缩机处理能力无影响

答案：B

551. BOG 压缩机入口温度过高的处置方法不当的是(　　)。

A. 查看 BOG 总管温度有无过高情况

B. 打开减温器对 BOG 降温

C. 降低 BOG 压缩机负荷等待 BOG 温度下降

D. 检查 BOG 压缩机回流线是否打开

答案：C

552. BOG 压缩机入口温度过高对压缩机运行的影响(　　)。

A. 压缩机出口温度过高　　B. 压缩机级间温度无影响

C. 压缩机出口压力增大　　D. 压缩机的效率提高

答案：A

553. BOG 压缩机入口温度过低处置方法不当的是(　　)。

A. 确认减温器 LNG 入口阀门是否打开

B. 检查 BOG 总管是否进液

C. 降低 BOG 压缩机负荷

D. 提高 BOG 压缩机负荷

答案：D

554. 燃料气电加热器出口温度波动大的原因可能是(　　)。

A. 燃料气电加热器进气温度高　　B. 燃料气电加热器进气量大

C. 燃料气电加热器进气温度低　　D. 燃料气加热器进气量过小

答案：D

555. 燃料气电加热器出口温度过高时，下列处理措施不当的是(　　)。

A. 降低电加热器功率　　B. 检查出口温度计是否正常

C. 增加燃料气流量　　D. 检查电加热器上游气源或切换气源

答案：C

556. 下列选项中可能导致储罐内 LNG 产生分层的是(　　)。

A. 船上密度大的 LNG 通过上进液进罐

B. 罐内泵回流通过下进液进罐

C. 零输出循环通过上进液进罐

D. 船上密度小的 LNG 通过上进液进罐

答案：D

557. 下列关于罐内 LNG 分层的说法正确的是(　　)。

A. 分层后储罐压力会迅速上升

B. 分层后下层的温度不断升高

C. 分层后上层 LNG 温度高于下层 LNG 温度

D. 分层后储罐压力先上升后下降

答案：B

558. 通常情况下，当温度差或密度差分别达到(　　)可认为储罐 LNG 产生分层。

A. 0.5℃、0.8g/m^3　　B. 0.3℃、0.8g/m^3

C. 0.3℃、0.8kg/m^3　　D. 0.5℃、0.8kg/m^3

答案：C

559. 下列选项中，不是 LNG 分层原因的是(　　)。

A. 甲烷饱和蒸汽压随温度变化

B. 温度的变化会引起密度变化

C. LNG 自然蒸发过程组分变化

D. LNG 是多组分混合物，不同组分密度不同

答案：A

560. 将零件上各组成部分的结构、形状和相对位置的尺寸，正确、完整、清晰、合理地标出来的是(　　)。

A. 零件尺寸　　B. 一组视图　　C. 技术要求　　D. 标题栏

答案：A

561. 零件图中最重要的一个视图是(　　)，选好它能使图纸容易看懂。

A. 左视图　　B. 右视图　　C. 俯视图　　D. 主视图

答案：D

562. 零件图中的技术要求包括(　　)、形状与位置公差和热处理及表面处理等。

A. 定位尺寸　　B. 定形尺寸

C. 装配过程注意事项　　D. 尺寸公差

答案：D

563. 零件加工表面上因具有较小间距和峰谷而形成的微观(　　)误差称为表面粗糙度。

A. 多维　　B. 平面　　C. 几何形状　　D. 立体形状

答案：C

564. $R18 \pm 0.006$ 的最大极限尺寸是(　　)。

A. 17.994　　B. 18.006　　C. 17　　D. 18

答案：B

565. 把零件图的尺寸依次注写成链状的方法叫(　　)。

A. 综合法　　B. 坐标法　　C. 链状法　　D. 辅助法

答案：C

566. 在零件图标注尺寸时，最好是把(　　)统一起来。

A. 设计基准和零件基准　　B. 设计基准和工艺要求

C. 工艺要求和零件基准　　D. 标准和设计基准

答案：C

567. 退刀槽标注尺寸时，可按(　　)形式。

A. 槽宽×直径　　B. 直径×槽宽　　C. 直径　　D. 槽宽

答案：A

568. 下列符号中，表示排凝的是(　　)。

A. 

B. 

C. 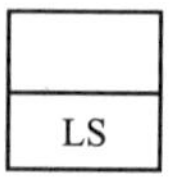

D. 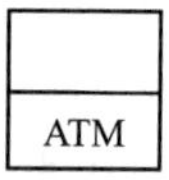

答案：B

569. 以下内容不需要在 PID 图中标示出来的是(　　)。

A. 伴热管　　B. 埋地管道　　C. 取样点　　D. 其他选项都不是

答案：D

570. 下列符号中，表示电磁执行机构的是(　　)。

A. 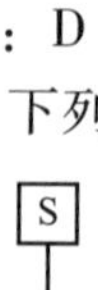

B. 
C. 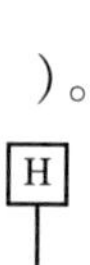

D. 

答案：A

571. 下图中的符号  表示(　　)。

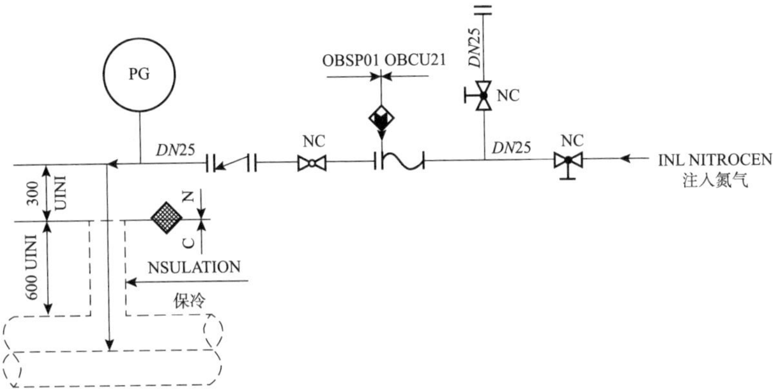

A. 制造商责任范围分界　　B. 管线号分界
C. 绝热要求分界　　D. 材料等级分界
答案：D

572. 根据《液化天然气接收站能力核定方法》(SY/T 7434)规定，泊位通过能力与(　　)负相关。
A. 船舶装卸辅助时间　　B. 泊位有效利用率
C. 年可运营天数　　D. 船时效率
答案：A

573. 根据《液化天然气接收站能力核定方法》(SY/T 7434)规定，储罐周转能力核算公式 $Q_{\text{tank}} = V_{\text{t}} \times m_{\text{v}} \times 12$，其中 m_{v} 为(　　)。
A. 单台储罐高峰月周转量　　B. 单台储罐平均月周转量
C. 单位罐容高峰月周转量　　D. 单位罐容平均月周转量
答案：C

574. 液化天然气接收站能力主要由码头泊位、液化天然气储罐、外输设施能力确定，能力核定应取(　　)。
A. 码头接受能力
B. 储罐周转能力
C. 码头接收能力、储罐周转能力、外输设施能力的平均值
D. 码头接收能力、储罐周转能力、外输设施能力的最小值
答案：D

575. 在配套输气管道能力核算时，天然气的密度为(　　)条件下的密度。
A. 0.101325MPa、273K　　B. 0.101325MPa、293K
C. 1.01325MPa、273K　　D. 1.01325MPa、293K
答案：B

576. LNG 接收站最主要的能源消耗是(　　)。
A. 电能　　B. 燃料气　　C. 柴油　　D. 蒸汽
答案：A

577. LNG 接收站消耗电能、天然气等多种类型能源，加工每吨 LNG 的综合能耗单位通常统一为(　　)。

A. kW · h　　B. kg 标准天然气

C. kg 标准煤　　D. kg 标准燃料油

答案：C

578. ORV 汽化每吨 LNG 的能耗为(　　)。

A.（海水泵用电量 + 燃料气量）/LNG 处理量

B.（海水泵用电量 + 制氯装置用电量）/LNG 处理量

C. 海水泵用电量/LNG 处理量

D. 燃料气量/LNG 处理量

答案：B

579. 下列(　　)是 SCV 汽化每吨 LNG 能耗增大的原因。

A. 水浴 pH 值升高　　B. 水浴 pH 值减小

C. 水浴温度降低　　D. 水浴温度升高

答案：D

580. 在压焓图上，临界点是指(　　)。

A. 饱和液体线和饱和气体线的交点

B. 饱和液体线和压力曲线的交点

C. 饱和液体线和焓值曲线的交点

D. 饱和气体线和压力曲线的交点

答案：A

581. 在压焓图上有 3 个状态区，这 3 个状态区不包括(　　)。

A. 液相区　　B. 气相区　　C. 两相区　　D. 固态区

答案：D

582. 下列不属于压焓图中 5 种流体状态的是(　　)。

A. 过冷液状态　　B. 饱和蒸汽状态

C. 过冷蒸汽状态　　D. 饱和液状态

答案：C

583. 再冷凝器在正常运行时，从 DCS 中监控到再冷凝器顶部的压力为 0.69MPa，进入再冷凝器的 BOG 流量为 10000kg/h、温度为 −83℃，大气压力为 0.101325MPa。则进入再冷凝器的 LNG 流量大约需要(　　)kg/h(参考公式为 $Q_{LNG} = Q_{BOG} \cdot \frac{t + 273.15}{273.15} \cdot \frac{P}{K \cdot P_1}$，其中 K 取 1.43×10^{-2})。

A. 62333.4　　B. 70599.32　　C. 62526.7　　D. 54726.07

答案：A

584. 下列关于再冷凝器 LNG 流量的说法正确的是(　　)。

A. 与入口 BOG 温度的平方成正比　　B. 与入口 BOG 温度成正比

C. 与再冷凝器压力成正比　　D. 与再冷凝器压力的平方成正比

答案：B

585. 下列关于再冷凝器气液比计算的说法正确的是(　　)

A. 气液比计算时再冷凝器压力取表压计算

B. 气液比计算时温度按摄氏温度计算

C. 气液比计算时 LNG 温度是重要计算参数

D. 气液比计算时 BOG 温度是重要计算参数

答案：D

586. 在求解保冷管道的最大允许冷损失时，一般可采用(　　)。

A. 当 $T_a - T_d \leq 4.5$ 时，$Q = (T_a - T_d)\alpha_S$

B. 当 $T_a - T_d \leq 4.5$ 时，$Q = -4.5\alpha_S$

C. 当 $T_a - T_d > 4.5$ 时，$Q = -(T_a - T_d)\alpha_S$

D. 当 $T_a - T_d \leq 4.5$ 时，$Q = -(T_a - T_d)\alpha_S$

答案：D

587. 某 LNG 管道要安装保冷层，管内介质的操作温度为 -160℃，环境温度为 25℃，平均相对湿度为 80%，露点温度为 21.3℃，在允许冷损失中传热系数 α_S 取 8.141 W/(m^2·℃)，则管道的最大允许冷损失为(　　)W/m^2。

A. -30.12　　B. 30.12　　C. 36.63　　D. -36.63

答案：A

588. 某 LNG 项目保冷管道的外径为 Φ273mm，管内介质的操作温度为 -145℃，环境温度为 33℃，保冷层表面温度为 30.5℃，在允许冷损失中传热系数 α_S 取 8.141W/(m^2·℃)，最大允许冷损失为 36.63W/m^2，保冷材料为泡沫玻璃，导热系数为 0.063 W/(m^2·℃)，此 LNG 管道保冷层厚度 δ 为(　　)mm。

A. 140　　B. 280　　C. 70　　D. 135

答案：A

589. 某 LNG 管道安装保冷层，管内介质的操作温度为 -145℃，环境温度为 33℃，平均相对湿度为 75%，露点温度为 28℃。冷损失量为 32.56W/m^2，在允许冷损失中传热系数 α_S 取 8.141W/(m^2·℃)，则管道保冷层表面温度为(　　)℃。

A. 33　　B. 28　　C. 37　　D. 29

答案：D

590. 培训者或培训管理部门工作的关键环节是(　　)。

A. 培训需求　　B. 培训实施　　C. 培训目标　　D. 培训效果

答案：B

591. 在培训实施前应撰写一份(　　)及时发送到培训学员手中。

A. 培训通知书　　B. 培训时间表　　C. 培训内容　　D. 培训课件

答案：A

592. (　　)可以为培训的风格和气氛定位。

A. 培训师的安排　　B. 培训课件的模板

C. 培训手册的编写　　D. 培训场所的布置

答案：D

593. 下列选项不是培训实施过程中控制培训的步骤的是(　　)。

A. 掌握最新情况　　B. 分析比较培训项目

C. 跟进培训　　D. 处理偏差

答案：C

5947. 培训评估的核心内容是(　　)。

A. 培训人员　　B. 培训项目及其效果

C. 培训设计　　D. 培训实施

答案：B

595. 改进培训过程的评估叫(　　)。

A. 培训评估　　B. 综合评估　　C. 事前评估　　D. 事后评估

答案：C

596. 用以衡量学员参加培训项目后改变程度的评估叫(　　)。

A. 培训评估　　B. 综合评估　　C. 事前评估　　D. 事后评估

答案：D

597. 下列选项中，不属于培训效果层次的是(　　)。

A. 认识　　B. 学习　　C. 行为　　D. 结果

答案：A

598. 根据中国石化建设项目生产准备与试车管理规定，下列选项中不是总体试车方案中工程概况部分应包括的内容的是(　　)。

A. 工程简要说明

B. 生产装置、公用工程的规模、工艺流程简要说明

C. 原料、燃料、动力供应及产品流向

D. 物料平衡表

答案：D

599. 下列选项中不是投料试车必须具备的条件是(　　)。

A. 所有设计变更项目已施工完成

B. 设备、管线干燥、置换已合格

C. 岗位责任制、巡回检查、交接班等相关制度已建立

D. 生产调度系统已正常运行

答案：A

600. 下列选项中不是投料试车方案内容的是(　　)。

A. 试车难点及对策

B. 开停车与正常操作要点、事故处理措施

C. 试车成本分析

D. 试车应具备的条件

答案：C

601. 下列选项中工艺处理设施投料试车阶段防泄漏的措施是(　　)。

A. 检查管托位移

B. 预冷过程冷紧法兰
C. 定期检测阀门、法兰可燃气体含量
D. 检查管线有无结冰
答案：B
602. 应急处置方案中主要包括事故场景建立、现场工艺处置与人员疏散、(　　)、成立应急指挥部、完成事故处置等内容。
A. 应急汇报程序　　B. 应急救援联系
C. 应急专业组就位　　D. 应急方案研究
答案：A
603. 根据中国石化建设项目生产准备与试车管理规定，装置生产考核由(　　)组织，(　　)、(　　)参加。
A. 总承包　建设单位　设计单位　　B. 建设单位　总承包　设计单位
C. 设计单位　总承包　建设单位　　D. 建设单位　设计单位　科研单位
答案：B
604. 下列选项中不是生产考核内容的是(　　)。
A. 主要工艺指标　　B. 自控仪表、联锁投用情况
C. 机电设备的运行情况　　D. 原料、燃料及动力的成本预算
答案：D
605. 根据中国石化建设项目生产准备与试车管理规定，生产考核的时间一般规定为(　　)h。
A. 24　　B. 48　　C. 72　　D. 96
答案：C
606. 下列选项不是码头卸料设施性能考核的主要内容的是(　　)。
A. 码头氮气露点　　B. 卸料臂、登船梯运行状态
C. 卸料流速　　D. 排凝罐报警、联锁投用情况
答案：A
607. 下列选项不属于工艺事故报告内容的是(　　)。
A. 事故的经过　　B. 事故的原因及性质
C. 事故的处置原则及要求　　D. 事故的防范及整改措施
答案：C
608. 5W1H 分析法中的“H”指的是(　　)。
A. 对策　　B. 措施　　C. 责任人　　D. 目标
答案：B
609. 分析问题的影响因素时应该选用(　　)。
A. 圆饼图　　B. 折线图　　C. 因果图　　D. 流程图
答案：C
610. 在关联图中，箭头只出不进的是(　　)。
A. 主因　　B. 问题　　C. 中间因素　　D. 结果
答案：A

611. 设定课题时要抓住 3 个要素：(　　)、问题、结果。

A. 特点　　B. 原因　　C. 难点　　D. 对象

答案：D

612. 下列关于压力容器使用管理的说法错误的是(　　)。

A. 应制定压力容器的操作规程，包括工艺指标、操作法、维护保养等相关内容

B. 固定式压力容器年度检查必须由具有相应资格的检验单位的压力容器检验人员进行

C. 安全阀、压力表等安全附件每年至少校验一次，压力表要划定警戒红线

D. 压力容器拟停用 1 年以上的，应采取有效保护措施，并设置停用标志

答案：B

613. 下列选项不是机泵设备完好标准的是(　　)。

A. 运转正常，无超温超压现象

B. 运转平稳无杂音，振动符合要求

C. 静密封、轴封无泄漏

D. 润滑、冷却系统畅通，液位及温度符合标准

答案：C

614. 在对槽车进行安全检查时，要求每辆槽车灭火器完好且总质量不少于(　　)。

A. 5 kg　　B. 10 kg　　C. 15 kg　　D. 20 kg

答案：B

615. 无冷量罐体是指(　　)没有装卸记录的槽车，进站充装前需要提供预冷证明。

A. 4d　　B. 5d　　C. 6d　　D. 7d

答案：C

616. 以下绝对压力值中，符合槽罐车安全检查标准要求的是(　　)。

A. 0. 10MPa　　B. 0. 15MPa　　C. 0. 2MPa　　D. 0. 4MPa

答案：D

617. 每辆槽车在罐体侧面均设有紧急切断阀，特殊情况下用以切断槽车与外界的介质流通，一般每辆槽车设有(　　)个紧急切断阀。

A. 0　　B. 1　　C. 2　　D. 3

答案：C

618. 关于触摸静电释放柱的说法，以下符合要求的是(　　)。

A. 槽车进入指定撬位后，司机在地磅处触摸静电释放柱，此处无须再次触摸静电释放柱

B. 槽车进入指定撬位后，司机和押运员均需要触摸静电释放柱

C. 除了防冻手套，其他手套可以不用取下，直接触摸静电释放柱即可

D. 静电释放是一个瞬间的过程，因此身上的任何部位轻轻碰触一下即可达到静电释放的效果

答案：B

619. 充装作业整个过程中，司押人员禁止操作的设备是(　　)。

A. 槽车放空阀　　B. 槽车上进液阀

C. 槽车气动阀　　D. 装车臂手动隔离阀

答案：D

620. 在拆臂作业时，以下做法错误的是(　　)。

A. 拆卸气相臂时需要佩戴面罩　　B. 拆卸液相臂时需要佩戴面罩

C. 拆臂过程中应先拆下面的螺母　　D. 拆臂过程中押运员将枕木收回

答案：D

621. 以下关于充装作业的说法正确的是(　　)。

A. 充装过程中撬位突然停止充装，司押人员应该立即查找原因，并重新启动撬位

B. 充装人员忙碌的时候，操作熟练的司押人员可以自行拉臂连接

C. 充装过程中压力达到 0.4MPa 时，司押人员告知充装人员后，自行打开槽车气相手动和气动阀进行返气

D. 充装结束后，气液相臂拆除没有先后顺序要求

答案：C

622. 地衡的技术参数要求过磅车辆最高时速不得大于(　　)，禁止汽车在地磅上面猛烈紧急刹车。

A. 1km/h　　B. 5km/h　　C. 10km/h　　D. 20km/h

答案：B

623. 常压下 LNG 的沸点为(　　)℃。

A. 22　　B. 122　　C. －122　　D. －162

答案：D

624. 用液氮预冷液化天然气槽罐要求的温度为(　　)。

A. ≤－170℃　　B. ≤－120℃　　C. ≤－80℃　　D. ≤－200℃

答案：A

625. 万向管道充装系统可以实现一组管道在(　　)完成指定运动。

A. 一维空间　　B. 二维空间　　C. 三维空间　　D. 四维空间

答案：C

626. 发生低温冻伤时，患者应脱掉可能阻碍冻伤部位血液循环的衣物，用(　　)左右的温水循环清洗受伤的部位。

A. 0℃　　B. 20℃　　C. 40℃　　D. 60℃

答案：C

627. 槽车充装站内有很多指示牌，其中禁止标志、警告标志、指令标志、提示标志指示牌对应的颜色分别是(　　)。

A. 红色、蓝色、黄色、绿色　　B. 黄色、蓝色、绿色、红色

C. 黄色、蓝色、红色、绿色　　D. 红色、黄色、蓝色、绿色

答案：D

628. LNG 的主要成分是甲烷，其爆炸极限是(　　)。

A. 5%～15%　　B. 1.5%～9.5%　　C. 3%～16%　　D. 0～100%

答案：A

629. 为保障充装站内人员及设备安全，槽车在充装站内车速不能超过(　　)km/h。

A. 1　　B. 5　　C. 10　　D. 20

答案：B

多选题

1. 职业道德教育的要求是(　　)。
A. 要配合党风廉政建设和反腐败斗争抓职业道德教育
B. 针对行业中当前突出的职业道德问题抓职业道德教育
C. 要首先抓职业责任心的培养
D. 领导要率先垂范
答案：A，B，C，D
2. 提高职业道德修养的方法主要有(　　)。
A. 学习的方法　　B. 自我批评的方法
C. 积善的方法　　D. 慎独的方法
答案：A，B，C，D
3. 市场经济是(　　)。
A. 高度发达的商品经济　　B. 信用经济
C. 计划经济的重要组成部分　　D. 法制经济
答案：A，B，D
4. 建立社会主义市场经济道德秩序，加强职业道德建设，协调的是(　　)。
A. 市场管理者与商户　　B. 各行各业从业人员与其服务对象
C. 职业与职工　　D. 职业与职业
答案：B，C，D
5. 企业文化的功能有(　　)。
A. 激励功能　　B. 自律功能　　C. 导向功能　　D. 整合功能
答案：A，B，C，D
6. 办事公道对企业活动的意义是(　　)。
A. 企业赢得市场、生存和发展的重要条件
B. 抵制不正之风的客观要求
C. 企业勤俭节约的重要内容
D. 企业能够正常运转的基本保证
答案：A，B，D
7. 职业道德主要通过(　　)的关系，增强企业的凝聚力。
A. 协调企业职工间　　B. 调节领导与职工
C. 协调职工与企业　　D. 调节企业与市场
答案：A，B，C
8. 下列观点你认为正确的是(　　)。
A. 职业道德有利于企业提高产品和服务质量
B. 职业道德会增加产品成本、降低劳动生产率和经济效益
C. 职业道德有利于企业摆脱困难，实现企业阶段性的发展目标
D. 职业道德有利于企业树立良好的形象、创造企业著名品牌
答案：A，C，D

9. 职业道德乃是从业人员的(　　)。

A. 立身之本　　B. 成功之源　　C. 嘴上谈资　　D. 立足职场的唯一要素

答案：A，B

10. 下列说法中，说明了加强职业道德修养有利于个人成长成才重要性的选项是(　　)。

A. 加强职业道德修养有利于从业人员尽快“社会化”

B. 加强职业道德修养有利于从业者给领导留下良好形象

C. 加强职业道德是从业者自我实现的重要保证

D. 加强职业道德能帮助从业者迅速提升职位

答案：A，C

11. 文明礼让主要表现在(　　)。

A. 仪容端庄　　B. 待人和气　　C. 举止文明　　D. 恭谦礼让

答案：A，B，C，D

12. 在日常生活中，要做到文明礼让，应该(　　)。

A. 提倡讲礼貌、重礼节、懂礼仪

B. 注意仪表端庄，举止文明得体，待人主动热情

C. 要懂得谦让，学会宽容

D. 即使别人侵犯了自己的人格，也不能表现出不满

答案：A，B，C

13. 在当前职场上，敬业精神的重要性(　　)。

A. 是从业人员在职场立足的基础

B. 是企业发展壮大的根本

C. 是从业人员事业成功的保证

D. 是从业人员之间处理个人关系的基础

答案：A，B，C

14. 敬业包含的层次是(　　)。

A. 恪尽职守　　B. 勤奋努力　　C. 享受工作　　D. 精益求精

答案：A，B，C，D

15. 属于企业诚实守信的有(　　)。

A. 遵守承诺和契约　　B. 树立客户第一的观点

C. 产品货真价实　　D. 不惜代价追求企业利益最大化

答案：A，B，C

16. 属于诚信特征的有(　　)。

A. 通识性　　B. 智慧性　　C. 正损性　　D. 资质性

答案：A，B，C，D

17. 从业人员在职业生活中，坚持办事公道，必须做到(　　)。

A. 追求真理　　B. 平等待人　　C. 公私分明　　D. 坚持原则

答案：A，B，C，D

18. 办事公道是企业经营管理过程中正确处理(　　)关系的准则。

A. 管理者之间　　B. 管理者和被管理者之间

C. 从业人员之间　　D. 部门之间

答案：A，B，C，D

19. 关于节约的理解，正确的选项是(　　)。

A. 节约只是个人生活范围内的事

B. 节约反映了一种对他人、公共财富的态度和行为

C. 节约就是吝啬、小气

D. 节约指的是当用则用，该省则省

答案：B，D

20. 现在节约观已发展到(　　)。

A. 时间的节约　　B. 空间的节约

C. 人力资源的节约　　D. 管理途径的节约

答案：A，B，C，D

21. 企业员工遵纪守法，必须做到(　　)。

A. 有法可依　　B. 服从管、卡、压

C. 有法必依　　D. 学法、知法、守法、用法

答案：A，C，D

22. 职业纪律具有的特点是(　　)。

A. 社会性　　B. 强制性　　C. 变动性　　D. 普遍适用性

答案：A，B，C，D

23. 一个善于合作的人应具体做到(　　)。

A. 端正态度，树立大局意识　　B. 善于沟通，提高协作能力

C. 律己宽人，融入团队之中　　D. 处事圆滑，和上级相处良好

答案：A，B，C

24. 在职业合作中，面对那些不愿意与自己合作的人，应该怎么做(　　)。

A. 自我检查　　B. 寻找合作点　　C. 换位思考　　D. 尊重别人

答案：A，B，C，D

25. 创新对企事业和个人发展的作用表现在(　　)。

A. 对个人发展无关紧要

B. 是企事业持续、健康发展的巨大动力

C. 是企事业竞争取胜的重要手段

D. 是个人事业获得成功的关键因素

答案：B，C，D

26. 创新的特征包括(　　)。

A. 创造性　　B. 高价值性　　C. 风险性　　D. 动态性

答案：A，B，C，D

27. 当流动为恒定均匀流时，必有(　　)等于零。

A. 当地加速度　　B. 迁移加速度

C. 水力坡度 J　　D. 测压管坡度 J_p

答案：A，B

28. 当流场中的流线与迹线重合时，此流动是(　　)。

A. 恒定均匀流　　B. 非恒定均匀流

C. 非恒定非均匀流　　D. 恒定非均匀流

答案：A，D

29. 下列关于边界层概念的说法中，正确的有(　　)。

A. 边界层是指壁面附近流体黏性不能忽略的薄层

B. 边界层是指壁面附近流速梯度很大的薄层

C. 沿程水头损失与边界层的流动特点有关

D. 局部水头损失与边界层分离现象有关

E. 边界层分离区通常为高压区

答案：A，B，C，D

30. 若同一流体流经两根长度相同但粗糙度不同的等径长直管道，当两者的雷诺数相同时，它们的沿程水头损失在(　　)是相同的。

A. 层流区　　B. 层、紊过渡区

C. 紊流光滑区　　D. 紊流过渡区

E. 阻力平方区

答案：A，B，C

31. 下列关于长管水力计算的说法中，正确的是(　　)。

A. 串联管路的总水头损失等于各支管的水头损失之和

B. 串联管路的总流量等于各支管的流量之和

C. 并联管路两节点间的总水头损失等于各支路的水头损失

D. 并联管路各支管的水头损失相等

E. 并联管路两节点间的总流量等于各支路的流量之和

答案：A，C，D，E

32. 如下图所示，并联管路的水力关系为(　　)。

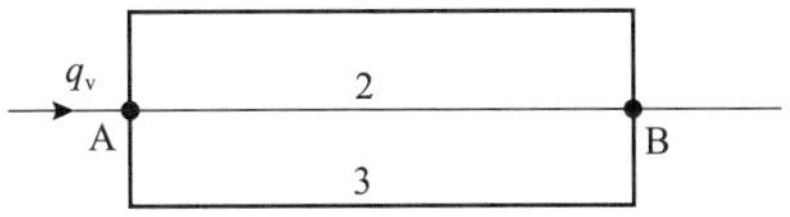

A. $h_{fAB}=h_{f1}+h_{f2}+h_{f3}$　　B. $h_{fAB}=h_{f1}=h_{f2}=h_{f3}$

C. $h_{f1}/l_1=h_{f2}/l_2=h_{f3}/l_3$　　D. $q_v=q_{v1}+q_{v2}+q_{v3}$

答案：B，D

33. 温度场可以分为两大类，分别是(　　)。

A. 稳态温度场　　B. 非稳态温度场

C. 常温温度场　　D. 非常温温度场

答案：A，B

34. 下列关于温度场的说法正确的是(　　)。

A. 一般来说，物体的温度场是坐标与时间的函数

B. 温度场中同一瞬间相同温度各点连成的面称为等温面

C. 物体中的任意一条等温线，要么形成一个封闭的曲线，要么终止在物体表面上，它不会与另一条等温线相交

D. 当等温线图上每两条相邻等温线温度间隔相等时，等温线的疏密，可直观地反映出不同区域导热热流密度的相对大小

答案：A，B，C，D

35. 下面关于热辐射的说法正确的是(　　)。

A. 热辐射是一种非接触式传热

B. 热辐射在真空中也能进行

C. 任何物体在发出辐射能的同时，也不断吸收周围物体发来的辐射能

D. 在同样的温度下，各种不同物体对相同波长的单色辐射出射度与单色吸收比之比值不相等，并等于该温度下黑体对同一波长的单色辐射出射度

答案：A，B，C

36. 下面关于基尔霍夫定律的说法正确的是(　　)。

A. 物体的辐射能力越大，吸收能力越小

B. 基尔霍夫定律表明物体的吸收率与黑度在数值上相等

C. 实际物体的辐射能的波长分布规律，随物体和温度而异

D. 任何物体的辐射能力与吸收率的比值都相同，且该比值恒等于同温度下绝对黑体的辐射能力

答案：B，C，D

37. 引用最小回流比的意义是(　　)。

A. 确定塔径　　B. 可由最小回流比选取适宜的操作回流比

C. 求理论板层数　　D. 确定实际板层数

答案：B，C

38. 下列说法正确的是(　　)。

A. 单板效率的数值有可能超过100%　　B. 数值与总板效率相等

C. 基于该板理论增浓的概念　　D. 各层的单板效率相等

答案：A，C

39. 总板效率是(　　)。

A. 其概念基于所需理论板数

B. 其数值可能大于1

C. 反映整个塔内的平均传质效果

D. 达到指定分离效果所需理论板层数与实际板层数的比值

答案：A，C，D

40. 关于离心泵流量－功率曲线，下列说法错误的是(　　)。

A. 一般来讲，轴功率是随着流量而减小，当流量 $Q=0$ 时，相应的轴功率不为零

B. 一般来讲，轴功率是随着流量而减小，当流量 $Q=0$ 时，相应的轴功率为零

C. 一般来讲，轴功率是随着流量而增加，当流量 $Q=0$ 时，相应的轴功率不为零

D. 一般来讲，轴功率是随着流量而增加，当流量 $Q=0$ 时，相应的轴功率为零

答案：A，B，D

41. 离心泵的功率与(　　)有关或不可忽略。

A. 流量　　B. 介质　　C. 扬程　　D. 温度

答案：A，B，C

42. 离心泵的总扬程包括(　　)。

A. 静扬程　　B. 吸水管水头损失

C. 压水管沿程水头损失　　D. 压水管局部水头损失

答案：A，B，C，D

43. 离心泵在拆卸前所做的准备工作包括(　　)。

A. 切断电源，确保设备不带电

B. 关闭入口阀，打开出口阀，以隔绝介质来源

C. 泵置换完全，无可燃、有毒等气体检出

D. 泵已完成交接，方案齐全，具备作业条件

答案：A，C，D

44. 压缩机试车验收过程中，发现油压波动剧烈，可能的原因是(　　)。

A. 油路中混入空气或其他杂质　　B. 油压调节阀失效

C. 油压表失效　　D. 压缩机负荷波动较大

答案：A，B，C

45. 在各种诊断方法中，利用机械设备运行中的不可避免的噪声和振动信号，识别与判断设备故障情况，应用得最为普遍，其原因是(　　)。

A. 任何机器运行时都有振动，振动本身的普遍性、破坏性决定了采用振动诊断法的广泛性

B. 振动信号具有多维性，数值的变化范围非常大，便于设备管理人员识别不同类型的故障

C. 振动的传递性强。有利于采用间接测量的方法，获取携带了故障信息的振动冲击信号

D. 振动诊断安全可以在机器设备工作状态下进行测试即在线测量

答案：A，B，C，D

46. 机械密封早期失效的原因包括(　　)。

A. 设计有缺陷　　B. 制造有缺陷　　C. 安装有缺陷　　D. 腐蚀失效

答案：A，B，C

47. 可靠性中常用的概率分布有(　　)。

A. 连续型分布　　B. 离散型分布　　C. 间隔型分布　　D. 跳跃型分布

答案：A，B

48. 对均匀腐蚀的衡量指标有(　　)。
A. 质量指标　　B. 强度指标　　C. 稳定性指标　　D. 差异性指标
答案：A，B
49. 按照腐蚀形态，下列属于局部腐蚀的是(　　)。
A. 应力腐蚀破裂　　B. 点蚀(小孔腐蚀)
C. 晶间腐蚀　　D. 电偶腐蚀
答案：A，B，C，D
50. 锅炉按用途分类，可分为(　　)。
A. 电站锅炉　　B. 工业锅炉　　C. 生活锅炉　　D. 机车锅炉
答案：A，B，C，D
51. 下列电源中，属于电力系统中的无功电源的有(　　)。
A. 电感器　　B. 调相机　　C. 电容器　　D. 同步发电机
答案：B，C，D
52. 供电系统中用于衡量供电质量的指标有(　　)。
A. 电压　　B. 频率　　C. 波形　　D. 供电可靠性
答案：A，B，C，D
53. 变电站综合自动化系统中的微机继电保护包括(　　)。
A. 输电线路保护　　B. 电力变压器保护
C. 母线保护　　D. 直流屏保护
答案：A，B，C
54. 继电保护装置信号回路的特点是(　　)。
A. 交流、直流回路分开　　B. 信号回路与控制回路分开
C. 继电保护信号不作用于跳闸　　D. 继电保护信号不能复归
答案：A，B
55. 分析和计算复杂电路的基本依据是(　　)。
A. 支路电流法　　B. 基尔霍夫定律　　C. 欧姆定律　　D. 节点电压法
答案：B，C
56. 基尔霍夫第一定律(　　)。
A. 适用于电路中的任意一个节点　　B. 适用于电路中的任意支路
C. 适用于任一假设的闭合面　　D. 适用于任意电压回路
答案：A，C
57. 发电机按其冷却方式，可分为(　　)。
A. 外冷式　　B. 内冷式
C. 强迫油循环式　　D. 油浸自冷式
答案：A，B
58. 发电机组巡回检查包括(　　)。
A. 声音正常，无放电响声　　B. 电刷不冒火，不破损
C. 空冷室无渗漏　　D. 开关刀闸无异常过热
答案：A，B，C，D

59. 下列选项中属于变频器额定输出参数的有(　　)。

A. 额定容量　　B. 额定输出电压

C. 额定输出电流　　D. 额定输出频率

答案：A，B，C，D

60. 变频器运行过程中，通过操作面板一般可以观察以下(　　)数据，以便及时发现变频器和电动机的问题。

A. 电动机转速　　B. 输出频率　　C. 输出电流　　D. 功率元件温度

答案：A，B，C

61. 控制系统的性能可以用动态过程的特性来衡量，考虑到动态过程在不同阶段的特性，工程上常从(　　)评价自动控制系统的总体性能。

A. 滞后性　　B. 快速性　　C. 准确性　　D. 稳定性

答案：B，C，D

62. 自动控制系统在阶跃干扰作用下的过渡过程有(　　)。

A. 非周期衰减过程　　B. 衰减振荡过程

C. 等幅振荡过程　　D. 发散振动过程

答案：A，B，C，D

63. 接收站装车撬某一质量流量计显示不正确，可能是由于(　　)。

A. 流量标定系数错误　　B. 零点错误

C. 接线错误　　D. 电源故障

答案：A，B，C

64. 接收站某一在运温度变送器在 DCS 系统显示异常，与相邻温度仪表指示偏差较大，可能的原因为(　　)。

A. 实际温度超过变送器量程　　B. 热电阻故障

C. 接线松动　　D. 变送器电源异常

答案：A，B，C

65. 下列选项中属于引起调节阀内漏量增大的原因是(　　)。

A. 阀芯磨损

B. 阀体有异物

C. 介质压差大，执行机构输出力不够

D. 填料压盖未压紧

答案：A，B，C

66. 下列选项中属于引起调节阀填料及连接处渗漏的原因是(　　)。

A. 阀体有异物　　B. 填料压盖未压紧

C. 填料老化变质　　D. 阀杆损坏

答案：B，C，D

67. 在比例积分控制规律中，如果过渡过程振荡比较剧烈，可以适当(　　)。

A. 减小比例度　　B. 增加比例度

C. 增加积分时间　　D. 减小积分时间

答案：B，C

68. 减小比例度，会使系统过程的稳定性变差，因此只有在对象的(　　)时，比例度可以选得小一些。

A. 滞后较小　　B. 时间常数较大

C. 放大系数较小　　D. 余差要求较小

答案：A，B，C

69. 脱甲烷塔温度控制与脱甲烷塔重沸器入口蒸汽流量构成串级控制系统，脱甲烷塔温度为主参数，蒸汽流量为副参数，采用气开阀。下列主、副调节器的“正、反”作用组合正确的是(　　)。

A. 主调节器正作用　　B. 主调节器反作用

C. 副调节器正作用　　D. 副调节器反作用

答案：B，D

70. 高压泵出口流量采用单回路控制方式，在实际运行过程中，通过控制回流阀的开度以满足高压泵最小流量要求，该回流阀是故障开阀门，请问下列描述正确的是(　　)。

A. 调节阀是气关阀　　B. 调节阀是气开阀

C. 调节器选择正作用　　D. 调节器选择反作用

答案：A，D

71. 依据《中国石化安全检查规定》，专项安全检查包括(　　)安全检查。

A. 季节性　　B. 节日前　　C. 专业性　　D. 消(气)防

答案：A，B，C

72.《中国石化危险化学品重大危险源安全管理办法》，本办法主要规范重大危险源的(　　)等相关管理内容。

A. 辨识　　B. 分级　　C. 安全评估　　D. 安全要求

答案：A，B，C，D

73. 各单位要做到安全检查(　　)。

A. 制度化　　B. 标准化　　C. 经常化　　D. 专业化

答案：A，B，C

74. 危险化学品是指具有易燃、(　　)等特性，会对人员、设施、环境造成伤害或损害的化学品。

A. 辐射　　B. 易爆　　C. 有毒　　D. 有害

答案：B，C，D

75. 在具有火灾爆炸危险场所内的临时用电需办理的许可证有(　　)。

A. 临时用电作业许可证　　B. 用火作业许可证

C. 受限空间作业许可证　　D. 特种作业许可证

答案：A，B

76. JSA 分析的基本步骤包括：识别工作任务；(　　)；评估风险；研究消除或降低风险的措施；残余风险是什么。

A. 分解工作任务到具体步骤　　B. 识别每一步骤的危害

C. 评估每一危害引发的后果　　D. 评估后果严重性及后果可能性

答案：A，B，C，D

77. 中国石化安全风险矩阵是安全风险等级量化评估工具，规定了中国石化(　　)准则以及各级风险的最低安全要求。

A. 容忍安全风险　　B. 可接受安全风险

C. 最低安全要求　　D. 不可容忍风险

答案：A，B

78. 满足(　　)风险，应列入企业层级的风险清单。

A. 较大风险　　B. 重大风险

C. 后果等级为 F、G 的风险　　D. 后果等级为 E 的风险

答案：A，B，C

79. 火灾自动报警系统由(　　)等组成。

A. 感温探测器　　B. 感烟探测器　　C. 火灾报警器　　D. 火灾控制盘

答案：A，B，D

80. 接地工程主要包括(　　)等几种方式。

A. 工作接地　　B. 保护接地

C. 过电压(内部及雷电)保护接地　　D. 防静电接地

答案：A，B，C，D

81. 对产生严重职业病危害的岗位在其醒目位置，设置(　　)。

A. 警示标识　　B. 中文警示说明

C. 英文警示说明　　D. 禁止标识

答案：A，B

82. 职业病危害因素侵入人体的途径有(　　)。

A. 呼吸道　　B. 皮肤　　C. 消化道　　D. 其他

答案：A，B，C

83. 建立完善基层义务应急队(班)，要明确义务应急队(班)组成，队(班)内应包括(　　)、操作等相关人员。

A. 工艺　　B. 安全　　C. 生产　　D. 设备

答案：A，B，D

84. 基层单位应组织岗位操作人员、有关技术人员和管理人员，组成识别小组，识别岗位风险，明确预防危险事件发生或减轻其后果的措施，并统一(　　)，形成基层岗位危险事件清单。

A. 审查　　B. 审批　　C. 审核　　D. 确认

答案：A，D

85. “三废”，主要指在试生产、生产、经营过程中形成的(　　)以及噪声等污染环境的物质。

A. 废水　　B. 废气　　C. 废渣　　D. 废泥

答案：A，B，C

86. 给排水管网的设计原则是(　　)。

A. 清污分流　　B. 清清分流　　C. 雨污分流　　D. 污污分流

答案：A，C

87. 位于火灾危险区内并用于驱动和控制电动紧急切断阀的(　　)电缆应选用符合GB/T 19666—2005标准的耐火型电缆或按其耐火要求做电缆耐火保护。

A. 电源　　B. 照明　　C. 信号　　D. 驱动

答案：A，C

88. 重大危险源紧急切断阀的(　　)、配管连接形式及等级和阀体材质应符合其所安装管道的配管材料等级规定。

A. 公称直径　　B. 压力等级　　C. 安装　　D. 规格型号

答案：A，B

89. 依据国务院安委会办公室关于实施遏制重特大事故工作指南构建双重预防机制的意见，企业进一步健全完善内部安全预防控制体系，推动建立(　　)的安全风险分级管控和隐患排查治理双重预防机制。

A. 统一　　B. 规范　　C. 高效　　D. 标准

答案：A，B，C

90. 按照国家法律法规要求建立健全中国石化安全生产应急预案体系，包括(　　)应急预案。

A. 中国石化安全生产综合　　B. 中国石化安全生产专项

C. 企业安全生产综合　　D. 企业安全生产专项

答案：A，B，C，D

91. 天然气的压缩因子与(　　)有关。

A. 压力　　B. 温度　　C. 气体组分　　D. 质量

答案：A，B，C

92. 天然气高位质量发热量计算需要的参数包括(　　)。

A. 温度　　B. 组分

C. 各种物质相对分子质量　　D. 各种物质高位质量发热量

答案：B，C，D

93. 液化天然气密度计算相关模型有(　　)。

A. 蜂房模型　　B. 修正克劳斯克－麦金利模型

C. 湍流模型　　D. 硬球模型

答案：A，B，D

94. 振动式密度计的驱动线圈的作用不包括(　　)。

A. 使振动管维持等频振荡　　B. 使振动管维持等幅振荡

C. 使振动管维持等温振荡　　D. 使振动管维持相同振荡

答案：A，C，D

95. 关于船舱计量方式叙述正确的是(　　)。

A. 船舱与立式金属罐均属于静态计量器具

B. 船舱与立式金属罐在计量方式不一样

C. 船舱与立式金属罐容积表使用方法一样

D. 船舱计量需要进行横倾、纵倾液位修正

答案：A，C，D

96. 关于船舱纵倾、横倾叙述正确的是(　　)。

A. “B/S”表示船头倾

B. “B/S”表示船尾倾

C. “Port”表示左舷倾

D. “Port”表示右舷倾

答案：B，C

97. 实验室认可的意义(　　)。

A. 提高校准和检测数据的可信度

B. 为社会各方提供满足要求的各类实验室

C. 减少不必要的校准和检测重复

D. 清除贸易技术壁垒，促进贸易发展

答案：A，B，C，D

98. 实验室的主体可以是(　　)。

A. 法律实体

B. 法律实体中被明确界定的一部分

C. 具有资质的几个人

D. 一个独立的组织

答案：A，B

99. CNAS 实验室认可，内审的依据是(　　)。

A. 法律法规要求

B. CNAS 相关认可标准

C. 质量手册

D. 程序文件

答案：A，B，C，D

100. 采用多维色谱的目的有(　　)。

A. 提高峰容量

B. 提高选择性

C. 提高工作效率

D. 提高定量精度

答案：A，B，C，D

101. 多维色谱的特点有(　　)。

A. 利用两个或更多色谱柱对复杂样品进行分离

B. 利用切换阀将经过初次分离的全部或部分组分选择性地转入另一根或多根不同类型的色谱柱中进一步分离

C. 与常规的单柱相比，更高的选择性，更大的峰容量和更好的分辨率

D. 与常规的单柱相比，更快的分析时间

答案：A，B，C

102. 大中型 LNG 船舶靠泊码头时，以下措施可有效降低船舶碰撞码头事故风险可能性的是(　　)。

A. 尽可能延长靠泊时间

B. 控制靠泊角度小于 5°

C. 利用辅助靠泊系统实时掌握靠泊速度和角度

D. 专业人员码头指泊，协助靠泊

答案：B，C，D

103. 大中型 LNG 船舶靠泊码头时，以下措施可有效降低船舶碰撞码头事故风险可能性的是(　　)。

A. 控制靠泊法向速度小于 10cm/s

B. 控制靠泊角度小于5°

C. 利用辅助靠泊系统实时掌握靠泊速度和角度

D. 专业人员码头指泊，协助靠泊

答案：A，B，C，D

104. LNG船舶系泊作业时，关于防止系缆人员出现伤亡事故的防范措施，下列选项正确的是(　　)。

A. 制定相应系缆安全作业要求，并要求作业人员正确穿戴劳保用品

B. 系缆人员作业期间，正确站位，避开缆绳断裂反弹区域

C. 不穿戴救生衣，以增强身体活动灵活性

D. 作业时，确认操作平台清爽，无障碍物

答案：A，B，D

105. LNG船舶系泊作业时，需重点防范的安全风险包括(　　)。

A. 人员坠海溺水　　　　B. 被缆绳绊倒摔伤

C. 缆绳断裂伤人　　　　D. 噪声危害

答案：A，B，C

106. 进行卸料臂与船舶汇管兼容性研究时，关于与码头卸料臂连接的船侧汇管，需要考虑的内容是(　　)。

A. 与气相臂连接的气相汇管必须正好在船中位置

B. 汇管法兰面的内外径

C. 在满载和空载条件下，在码头理论最高和最低潮位时距离码头水域海图基准面的高度

D. 汇管法兰面的厚度

答案：B，C，D

107. 进行码头卸料臂与船舶汇管兼容性研究时，需要确认的内容包括(　　)。

A. 卸料臂活动包络范围

B. LNG船舶汇管随码头水域潮汐活动范围

C. 码头护舷厚度

D. 卸料臂接头与船侧汇管(短接)法兰是否匹配

答案：A，B，C，D

108. 目前，LNG船舶与码头之间船岸通信连接包括(　　)。

A. 光纤线缆连接　　B. 电缆连接　　C. 气动连接　　D. 无线传输

答案：A，B，C

109. 船岸通信连接兼容匹配，并正常连接后，船岸之间可实现的通信方式包括(　　)。

A. 公共电话(市话)　　　　B. 内线电话

C. 无线电话　　　　D. 热线电话

答案：A，B，D

110. 进行船岸通道连接兼容性研究时，需要确认的内容包括(　　)。

A. 登船梯的活动包络范围

B. LNG船舶主甲板随码头水域潮汐活动范围

C. 船舶主甲板供登船梯放置区域是否有固定障碍物

D. 码头护舷厚度

答案：A，B，C，D

111. 进行 LNG 船/岸通道连接兼容研究时，计算登船梯活动包络范围应考虑的内容包括(　　)。

A. 码头护舷厚度　　B. 登船梯主梯和前梯的长度

C. 登船梯左右活动的角度　　D. 登船梯上下活动的角度

答案：A，B，C，D

112. 接收站进行 LNG 船舶卸货作业时，卸货管线上法兰连接处出现泄漏的可能原因包括(　　)。

A. 法兰连接螺栓超低温时出现松动　　B. 法兰密封圈故障影响密封性能

C. 管道内压力超过压力上限　　D. 未进行气密测试

答案：A，B，C

113. 卸货过程中，某液相臂突然发生泄漏，以下处理措施正确的是(　　)。

A. 发生泄漏时，首先组织抢修人员进行抢修

B. 立即通知船方降低卸货速度并切断泄漏臂的卸货流程

C. 发生泄漏的卸料臂进行排凝，随后现场判断泄漏故障能否当场抢修

D. 发生泄漏的卸料臂无法当场抢修时，立即按程序连接并投用备用臂

答案：B，C，D

114. 买卖双方制定 LNG 交付船期计划时，必须考虑的因素包括(　　)。

A. 装货港生产经营能力　　B. 接收站生产经营能力

C. 可用的运输能力　　D. 货物(LNG)的组分

答案：A，B，C

115. 属于 LNG 国际贸易执行主要的工作内容是(　　)。

A. 买卖双方签订贸易执行程序

B. 制定年度交付计划及 90d 交付计划

C. 尽职调查及船岸兼容研究

D. LNG 船舶靠港进行装卸作业

答案：A，B，C，D

116. 为使事故溢出和泄漏危及重要构筑物、设备或临近财产或进入排水沟的可能性减至最少，下列区域应予平整、排水或修拦蓄设施(　　)。

A. 工艺区

B. 汽化区

C. LNG、易燃制冷剂和易燃液体转运区

D. 紧靠易燃制冷剂和易燃液体储罐周围的区域

答案：A，B，C，D

117. 对调峰或天然气系统维修更换期间服务保障或其他短期用途，允许临时使用 LNG 移动式设备，应满足下列要求(　　)。

A. 所有 LNG 移动式设备应至少由一名有经验且经操作安全培训有资质的人员操作，其

他人员至少应培训合格

B. 在关键部位应备用制造商推荐的手提式或推车式气体灭火器，灭火器的配备应按 NFPA 10

C. 只要现场留有 LNG，应有人值守，允许公众进入

D. 应采取合理措施最大限度地减少泄漏点燃事故的可能性

答案：A，B，D

118. 通过(　　)实现储罐压力控制。

A. 通过调节 BOG 压缩机负荷，控制罐压

B. 通过补气阀门的开关，控制补气量

C. 通过安全阀来实现储罐超压保护

D. 压力低低时，储罐用真空安全阀进行保护

答案：A，B，C，D

119. 关于储罐系统检测说法正确的是(　　)。

A. 对储罐监控系统、ESD 系统、温度、压力、液位仪表、管道法兰、阀及密封泄漏、防雷系统，应定期监测、检测、校准、维护、保养

B. 应定期检测泄漏收集渠道畅通；集液泵设备正常；消防泡沫系统工作正常

C. 储罐起重机应按国家规范，由有资质的专业人员进行定期检测和维护；起重机应按设计的要求进行输送

D. 储罐电梯应按国家强制规范，由有资质的专业人员进行定期检测和维护

答案：A，B，C，D

120. 泵和压缩机的控制(　　)。

A. 泵和压缩机除就地控制外，还应设便于接近的远距离控制装置紧急切断泵和压缩机，远距离控制装置与设备间距至少 7.6m(25ft)

B. 远距离装卸区设置的槽车或船舶装卸泵和压缩机，应在装卸区及泵和压缩机的位置设停车控制

C. 在装卸区应设置信号灯，显示远离装卸区设置的泵和压缩机的启停状态

D. 在船舶上的控制装置应在装卸区及泵和压缩机的位置设停车控制

答案：A，B，C，D

121. 关于汽化设施说法正确的是(　　)。

A. 气化器紧急关断由联锁来实现，ESD 按钮位于 CCR 和现场

B. SCV 紧急停车的措施是通过关 SCV 进口和出口隔离阀来隔离装置，并且启动 SCV 停车

C. 对并联气化器，各气化器进口和出口应有隔断阀

D. SCV 运转时烟气温度或水浴温度可在一定范围变化，超过设定温度将导致 SCV 报警或停车

答案：B，C，D

122. 关于工艺管道预冷说法正确的是(　　)。

A. 液化天然气工艺管线的冷却可以通过气体和液体预冷，宜先用气体再用液体预冷

B. 预冷过程应控制冷却速度，管道变形和位移应在设计范围之内

C. 冷却后的工艺管线应有一定的循环量，保持冷态
D. 预冷过程中管壁上下温差宜小于60℃
答案：A，B，C
123. 关于工艺管道监测说法正确的是(　　)。
A. 应定期检查管道保冷设施完好，管道和阀门保冷材料无损坏、浸水
B. 管道附件，如固定、导向、限位支架和刚性吊架等应无变形松动，弹簧吊架弹簧无失效，管托、支座应合适，无变形损坏
C. 工艺管道应特别注意靠近海水金属构件的阴极涂层的保护
D. 正常操作条件下，应保证防控系统通畅。安全阀和真空阀上下游的隔离阀应锁定在开的位置，未经授权不应解锁或关闭
答案：A，B
124. 接收站控制系统应包括以下(　　)、闭路电视监视系统、广播呼叫系统等独立系统。
A. 过程控制系统　　B. 安全仪表系统
C. 火气监控系统　　D. 门禁系统
答案：A，B，C，D
125. 关于密封说法正确的是(　　)。
A. 在易燃液体系统和电气配管配线之间，应设置主密封。主密封失灵会使易燃液体通向另一部分配管或配线，为防止主密封失灵允许采取辅助密封、隔离或其他手段
B. 专职有辅助密封时，在主密封与辅助密封之间应与大气保持良好通风
C. 在设置了主密封之后，仍然要设置排液、通风或其他装置，以便检测易燃流体是否存在或是否有泄漏
D. 在可燃气体-空气混合物被点燃时，通风管道系统应尽量减少人员及设备损失的可能性
答案：A，B，C，D
126. 液化天然气船抵达前检查包括(　　)。
A. 船岸兼容
B. 码头设施检查，确保码头设施完好，停止码头所有检修工作
C. 码头控制室控制功能包括缆绳张力、船岸通信、水文气象、LNG 船舶辅助靠泊系统状态、紧急停车系统和消防系统等
D. 港口作业条件符合相关规定
答案：A，B，C，D
127. 各船 LNG 转运系统应设置紧急关断系统，应具有下列功能(　　)。
A. 封隔　　B. 排空
C. 手动激活　　D. LNG 转运系统组件顺序关断
答案：C，D
128. 关于 LNG 接收站环境保护说法正确的是(　　)。
A. 应对 ORV 和 IFV 的海水排放温度和余氯浓度进行检测，保证取水口和排水口海水温差和余氯浓度符合环境保护主管部门的要求

B. 接收站的生活污水应进行收集处理，达到当地的污水排放指标后才可进行排放
C. 接收站的化学废水应进行收集，集中交当地具有危险废弃物处理资质的公司统一处理
D. 接收站含油污水应经含油污水处理设备进行专门的处理，达到当地的污水排放指标后方可进行排放
答案：A，B，C，D
129. 关于 LNG 接收站防火防爆要求说法正确的是(　　)。
A. 对于产生明火的作业，在作业之前应确保周围没有可燃物或可燃物已被隔离，气体检测合格，监火人和消防设备到位
B. 作业前完成气体检测即可
C. 作业完成后，确保作业现场处于安全状态
D. 非防爆电气设备应经过专业电气人员检测并标识后才能在防爆危险区域内使用，在使用前和使用过程中，要进行气体检测以确保周围环境中没有可燃性气体存在
答案：A，C，D
130. 压力容器年度检查中，需要检查的项目包括(　　)。
A. 设备外表腐蚀情况　　B. 设备表面变形情况
C. 设备安全附件完好情况　　D. 设备年检情况
答案：A，B，C，D
131. 压力管道年度检查中，需要检查的项目包括(　　)。
A. 管道安全管理检查，查看相关制度及规程是否齐全有效
B. 管道运行状况检查，查看管道腐蚀变形等情况
C. 管道壁厚测量，查看管道减薄程度
D. 电阻值测量，抽查，接地电阻不大于 500Ω
答案：A，B，C
132. 根据《劳动法》的规定，下列劳动争议的处理程序中，正确的是(　　)。
A. 当事人可以向本单位劳动争议调解委员会申请调解
B. 调解不成，当事人一方要求仲裁的，可以向劳动争议仲裁委员会申请仲裁
C. 当事人可以不经过仲裁直接向人民法院提起诉讼
D. 当事人对仲裁裁决不服的，可以向人民法院提起诉讼
答案：A，B，D
133. 根据《劳动法》的规定，以下属于确定和调整最低工资标准应当综合参考的因素是(　　)。
A. 劳动者本人及平均赡养人口的最低生活费用
B. 社会平均工资水平
C. 劳动生产率
D. 资源利用率
答案：A，B，C
134. 根据《劳动合同法》的规定，以下对用人单位与劳动者签订培训协议约定服务期的表述，符合《劳动合同法》规定的是(　　)。

A. 劳动者违反服务期约定的，应当按照约定向用人单位支付违约金
B. 违约金的数额不得超过用人单位提供的培训费用
C. 用人单位要求劳动者支付的违约金不得超过服务期尚未履行部分所应分摊的培训费用
D. 用人单位与劳动者约定服务期的，劳动者在服务期期间的劳动报酬不因用人单位正常的工资调整机制而变化
答案：A，B，C

135. 用人单位有下列哪些情形的，由劳动行政部门责令限期支付劳动报酬、加班费或者经济补偿；劳动报酬低于当地最低工资标准的，应当支付其差额部分；逾期不支付的，责令用人单位按应付金额百分之五十以上百分之一百以下的标准向劳动者加付赔偿金？(　　)
A. 未按照劳动合同的约定或者国家规定及时足额支付劳动者劳动报酬的
B. 低于当地最低工资标准支付劳动者工资的
C. 安排加班不支付加班费的
D. 解除或者终止劳动合同，未依照本法规定向劳动者支付经济补偿的
答案：A，B，C，D

136. LNG 接收站开工试运前应完成(　　)。
A. 确认接收站的施工和设施符合设计规范
B. 安全、操作、维护程序已准备
C. 工艺危害分析已完成，应急预案已准备，整改措施已落实
D. 参加开车工作人员的培训已完成
答案：A，B，C，D

137. 试运行应特别注意的事项包括(　　)。
A. 回路测试、仪表功能检查、报警和跳车检查、系统干燥、气密测试、技术要求检查、氮气置换
B. 火气及消防系统的测试
C. 开车前尾项分类整改
D. 管线、储罐、设备的冷却；机泵的初始载荷运行
答案：A，B，C，D

138. Word 中的表格处理，具有(　　)功能。
A. 自动计算　　B. 排序　　C. 记录筛选　　D. 与文本互相转化
答案：A，B，D

139. 对 Word 软件，“格式”菜单的“段落”命令中可实现的操作有(　　)。
A. 设置段落间距　　B. 设置字符间距
C. 设置首字下沉　　D. 设置制表位
答案：A，D

140. Word 中当选中了文本后，使用(　　)命令可以使剪贴板内容与选中的文本一致。
A. 粘贴　　B. 剪切　　C. 复制　　D. 删除
答案：B，C

141. 使用者输入到 Excel 工作表单元格内的数据可以分为(　　)两大类。
A. 正文　　B. 数字　　C. 图形　　D. 附注
答案：A，D
142. 下列选项中是 Excel 表格的函数的是(　　)。
A. SUM　　B. AVERAGE　　C. MIN　　D. COUNTIF
答案：A，B，C，D
143. 在 Excel 中，单元地址的引用方式有(　　)。
A. 相对引用　　B. 绝对引用　　C. 混合引用　　D. 三维引用
答案：A，B，C
144. 防病毒产品可部署在网络中的(　　)。
A. 防火墙　　B. 服务器　　C. 桌面　　D. 互联网
答案：B，C
145. 对病毒未来趋势描述正确的是(　　)。
A. 通过多种机制传播，感染计算机系统
B. 单机病毒爆发
C. 垃圾邮件病毒持续爆发
D. 病毒危害越来越低
答案：A，C
146. 下列选项中属于中病毒的一般症状的是(　　)。
A. 文件大小莫名奇妙地增加了　　B. 计算机运行速度极为缓慢
C. 出现不寻常的对话框或信息　　D. 出现磁盘碎片
答案：A，B，C
147. 关于 PPT 的自定义动画，以下说法正确的是(　　)。
A. 可以带声音　　B. 可以添加效果　　C. 可以调整顺序　　D. 不可带声音
答案：A，B，C
148. PPT 中自定义动画的效果中，动画和声音驶入的方向有(　　)。
A. 左侧　　B. 右侧　　C. 上部　　D. 底部
答案：A，B，C，D
149. PPT 幻灯片中，图表的类型有(　　)。
A. 柱状图　　B. 条形图　　C. 折线图　　D. 饼图
答案：A，B，C，D
150. 计算机开机后，长鸣报警，应该(　　)。
A. 断电后重新插拔内存条　　B. 拍打计算机外壳
C. 断电后更换内存条　　D. 关机，等待一会重试
答案：A，C
151. 计算机无法联网的处理方式有(　　)。
A. 查看网线是否插好　　B. 查看网卡是否正常运行
C. 查看 IP 地址配置是否正确　　D. 查看显示器是否正常工作
答案：A，B，C

152. 下列选项中属于计算机软件故障的是(　　)。

A. 计算机开机后无法进入 win 操作系统

B. 计算机开机后无法进入桌面

C. 计算机无法关机

D. 计算机死机

答案：B，C

153. 以下选项中，非法的 IP 地址是(　　)。

A. 192. 168. 211. 56　　B. 10. 14. 52. 259

C. 202. 17. 0. 122　　D. 17. 13. 12. 115

答案：B，C

154. 以下关于 IP 地址说法正确的是(　　)。

A. IP 地址是 TCP/IP 协议的内容之一

B. 当入因特网的用户拨号上网时，ISP 会给用户静态地分配一个地址

C. IP 地址一共有 32 位，由 4 个 8 位组成

D. IP 地址一共有 12 位，由 4 个 3 位组成

答案：A，C

155. 新浪网域名为 www. sina. com. cn，假设其 IP 地址为 202. 205. 3. 142，以下描述正确的是(　　)。

A. 新浪网域名为中国境内某商业机构所拥有

B. 新浪网内部局域网中有一台计算机名字为 com. cn

C. 新浪网的域名后缀 com. cn 对应着 IP 地址的 3. 142

D. 新浪网的 IP 地址是 C 类地址

答案：A，D

156. 信息安全面临的威胁主要有(　　)。

A. 黑客的恶意攻击　　B. 网络自身缺陷

C. 软件漏洞　　D. 恶意网站

答案：A，B，C，D

157. 网络黑客的攻击方式主要有(　　)。

A. 利用软件漏洞　　B. 使用钓鱼邮件

C. 利用破解软件　　D. 使用榔头攻击

答案：A，B，C

158. 使用盗版软件的危害有(　　)。

A. 可能包含病毒或木马　　B. 影响身体健康

C. 电脑的账号密码更容易被窃取　　D. 无法得到售后服务

答案：A，C，D

159. 防御木马的办法主要有(　　)。

A. 安装杀毒软件　　B. 不使用破解软件

C. 不使用电脑　　D. 不使用未知来源的 U 盘

答案：A，B，D

160. 防止木马盗取账号密码的方法有(　　)。
A. 安装靠谱的杀毒软件　　B. 使用软键盘
C. 不输入用户名和密码　　D. 不开电脑
答案：A，B
161. 常见的木马种类有(　　)。
A. 关机型木马　　B. 密码发送型木马
C. 远程访问型木马　　D. 破坏型木马
答案：B，C，D
162. 盲板的材质和厚度的选择由(　　)决定。
A. 介质的性质　　B. 介质的压力　　C. 介质的温度　　D. 安装的位置
答案：A，B，C
163. 二期工程预留口盲板拆除前注意事项有(　　)。
A. 通过预留口压力表查看阀门有无内漏
B. 如阀门内漏通过放空阀放空泄压
C. 如阀门内漏严重需穿戴防冻服直接拆开盲板
D. 如阀门内漏严重可将预留口管段泄压、排凝，并注氮吹扫预留口
答案：A，B，D
164. 各工艺系统干燥置换的先后顺序主要考虑的因素有(　　)。
A. 干燥置换的难易程度　　B. 投产的先后顺序
C. 设备、管线的介质　　D. 干燥置换的工期
答案：A，B，D
165. 结合各工艺系统、设备干燥置换的工期及投料顺序，需在 BOG 回收系统前开始干燥的是(　　)。
A. 燃料气系统　　B. LNG 储罐
C. 火炬系统　　D. 码头卸料系统
答案：B，D
166. 根据中国石化建设项目生产准备与试车管理规定，投料试车前必须要具备的条件包括(　　)。
A. 联动试车已完成
B. 投料试车各种方案已落实
C. 水、电、氮气、仪表风等公用系统已正常运行
D. 安全、消防、急救系统已完善
答案：A，B，C，D
167. 投料试车前岗位人员培训，达到的要求有(　　)。
A. 同类装置培训、实习已完成
B. 操作规程、试车文件等完成培训
C. 专业调度人员已配齐并熟悉试车调度工作内容
D. 国内外同类装置事故案例已学习
答案：A，B，D

168. 在 LNG 接收站装置区、罐区及其他存在潜在危险需要经常观测处应设置(　　)。
A. 火焰探测报警装置
B. 连续检测有毒气体的探测报警装置
C. 连续检测可燃气体浓度的探测报警装置
D. 连续检测液化天然气泄漏的低温检测报警装置
答案：A，C，D
169. 关于接收站手提式干粉灭火器选型及配置的说法正确的是(　　)。
A. 扑救可燃气体可选用钠盐干粉灭火器
B. 储罐顶部平台处灭火器的最大保护距离不宜超过 5m
C. 每一灭火器配置点灭火器数量不应少于 2 个
D. 多层架构时最上层设置灭火器配置点
答案：A，C
170. 下列设备中需在 ORV 试车前完成试车的是(　　)。
A. 罐内泵　　B. 高压泵　　C. BOG 压缩机　　D. 海水泵
答案：A，B，D
171. 下列关于 BOG 压缩机试车的说法正确的是(　　)。
A. 在有 BOG 低压外输系统情况下 BOG 压缩机需在气化器投用后才可试车
B. 在有 BOG 低压外输系统情况下 BOG 压缩机可在高压泵投用前试车
C. 在有 BOG 低压外输系统情况下 BOG 压缩机可在卸料总管预冷时进行试车
D. 在无 BOG 低压或高压外输系统情况下 BOG 压缩机需在高压外输系统投用后试车
答案：B，D
172. 日蒸发率测试时如采用液位差法需测试及记录的主要参数有(　　)。
A. 测试开始时储罐液位
B. 测试结束时储罐液位
C. 测试开始时及结束时 LNG 密度
D. 测试开始时及结束时 LNG 平均温度
答案：A，B，C
173. 日蒸发率测试前的主要准备工作有(　　)。
A. 完成储罐液相管线隔离及进料立管排凝
B. 稳定储罐液位
C. 稳定储罐压力
D. 测量大气温度
答案：A，B，C
174. 下列因素可能影响日蒸发率测试结果准确性的是(　　)。
A. 外罐壁温度测量不准
B. 测试开始及结束时储罐压力变化较大
C. LNG 温度采用平均温度
D. 用 LNG 温度代替气相空间温度
答案：A，B，D

175. 下列关于测试工况下日蒸发率换算为设计工况日蒸发率的说法正确的是(　　)。

A. 测试工况组分比设计工况偏重、密度偏大时，测试蒸发率换算为设计蒸发率后数值变大

B. 测试工况组分比设计工况偏重、密度偏大时，测试蒸发率换算为设计蒸发率后数值变小

C. 测试工况环境温度小于设计工况时，测试蒸发率换算为设计蒸发率后数值变大

D. 测试工况环境温度小于设计工况时，测试蒸发率换算为设计蒸发率后数值变小

答案：A，C

176. 下列选项中(　　)情况会直接造成仪表空气露点升高。

A. 微热再生干燥器止逆阀存在内漏

B. 微热再生干燥器入口过滤器附着有油滴

C. 微热再生干燥器内活性氧化铝失效

D. 仪表空压机一、二段冷却器存在内漏现象

答案：A，C，D

177. 下列选项中(　　)是导致螺杆式仪表空压机出口温度过热的原因。

A. 环境温度高　　B. 冷却气不足

C. 压缩机润滑油过多　　D. 冷却器基体堵塞

答案：A，B，D

178. 下列选项中会导致 PSA 产品氮气纯度过低的是(　　)。

A. 进口压力低　　B. 氧分析仪失灵

C. 程控阀故障　　D. 入口过滤器堵塞

答案：A，B，C，D

179. PSA 启动后出口氧含量一直大于 2%，应进行检查(　　)。

A. 入口过滤器　　B. 程控阀

C. 自动排水装置　　D. 氧含量分析仪

答案：A，B，C，D

180. 下列对电解制氯系统进口海水流量偏低现象可能的原因描述正确的是(　　)。

A. 海水升压泵出口阀故障　　B. 海水电解氯系统进口过滤器堵塞

C. 海水流量计故障　　D. 海水电解氯系统 ESD

答案：A，B，C

181. 下列选项中会联锁停电解制氯装置的是(　　)。

A. 次氯酸钠储罐液位高于高高报值　　B. 电解槽出口药液温度高于高报值

C. 电解槽入口流量低于低报值　　D. 电解槽入口压力高于高报值

答案：A，B，C，D

182. 采用各类管理手段节能降耗，要建立一个系统的管理体系，它包括(　　)。

A. 落实组织和管理体系　　B. 加强节能宣传和培训

C. 建立能源消耗的计划和考核制度　　D. 采用技术改造

答案：A，B，C

183. 为达到节能降耗的目的，蒸汽凝结水可重复用于(　　)。
A. SCV 水浴池补水　　B. 采暖水补水
C. 循环水补水　　D. 生活水补水
答案：A，B，C
184. LNG 船货舱中低温泵根据作用不同分为(　　)。
A. 卸货泵　　B. 高压泵　　C. 喷淋泵　　D. 循环泵
答案：A，C
185. LNG 船喷淋泵主要用于(　　)。
A. 卸料前预冷船方液相总管　　B. 预冷岸侧卸料臂
C. 为 LNG 船燃料增压　　D. 舱内液位较低主卸货泵停泵后扫舱
答案：A，B，D
186. 下列关于卸船作业过程的重要流程说法正确的有(　　)。
A. 船舶靠妥进行卸料臂连接时应先连接气相臂，再连接液相臂
B. 卸料臂预冷主要通过船上集管旁路及岸方高点放空阀进行控制
C. 卸货泵停止后，中控室根据卸料总管温度决定恢复码头保冷循环时间
D. 排凝结束后进行卸料臂吹扫置换，直至检测集管导淋处 CH_4 含量合格
答案：A，B，D
187. 进行卸船作业时，为确保船舶按时离泊，下列说法不正确的是(　　)。
A. 船舶靠港前应及时组织进行卸船前联合检查，确保所有设施可靠
B. 接船作业依靠内操、外操及船方配合，因此其他各部门无须通知相关进程
C. 码头经理负责总体作业协调指挥，各单位人员应配合响应
D. 由于卸料臂预冷完成后进行冷态 ESD 测试，为节省时间，可不做测试内容相同的热态 ESD 测试
答案：B，D
188. 以下作业流程需要船岸双方配合开展的包括(　　)。
A. 系缆作业　　B. ESD 测试　　C. 卸料臂预冷　　D. 排凝吹扫
答案：A，B，C，D
189. 卸前、卸后会议中船岸双方讨论的问题不包括(　　)。
A. 船舶下次到港时间　　B. 作业中出现的问题
C. 需要连接的卸料臂　　D. 卸船期间船方的人员安排
答案：A，D
190. 卸船作业中遇到的恶劣天气主要包括(　　)。
A. 台风天气　　B. 雷暴天气　　C. 强涌浪　　D. 降温
答案：A，B，C
191. 下列关于卸船作业中遇到恶劣天气的说法正确的是(　　)。
A. 短时间内卸货即将完成时遇到恶劣天气不应中断卸货
B. 遇到台风天气时应停止卸货并将卸料臂收回，船舶无须离港
C. 雷暴天气应停止卸货，防止雷电击中卸料臂

D. 如遇雷暴天气应以保供为主继续卸料，避免空罐及外输中断风险

答案：B，C

192. 卸船期间组分相差较大的 LNG 混掺作业可能出现的风险包括(　　)。

A. 储罐压力上升过快

B. 罐内 LNG 产生分层

C. 再冷凝器液位控制困难

D. BOG 温度偏低，BOG 压缩机入口过滤器压差可能增大

答案：A，B，D

193. 卸船期间组分相差较大的 LNG 混掺作业时，可以采取(　　)措施避免罐内 LNG 分层。

A. 根据船舱及储罐内 LNG 密度合理选择进液方式

B. 提前增大外输流量，尽量保证储罐较低的液位混掺

C. 混掺时提高混掺速率，以使不同密度货物尽快充分混合

D. 混掺过程中通过液位计密切监测罐内 LNG 密度情况

答案：A，B

194. 下列情况容易出现水击现象的是(　　)。

A. 管线级间泵联锁停车　　B. 阀门快速关断

C. 液相管线上排气阀排气　　D. 蒸汽管线突然进水

答案：A，B，D

195. 从改变流速变化过程的角度考虑，水击控制及保护措施主要有(　　)。

A. 增加泄压装置　　B. 设计合理的调节阀执行程序

C. 增加气体缓冲罐　　D. 弯头处增加支撑

答案：B，C

196. 下列储罐管线可能会产生间歇泉现象的是(　　)。

A. 储罐进料立管　　B. 零输出循环管线

C. 罐内泵出口回流线　　D. BOG 管线

答案：A，B

197. 下列措施可以消除储罐进料管线间歇泉现象的是(　　)。

A. 保持管道内 LNG 为流通状态　　B. 降低储罐压力

C. 将进料竖管内 LNG 排空　　D. 提高进料管线压力

答案：A，C

198. 冬季海水温度在 5℃左右时，ORV 运行说法正确的是(　　)。

A. ORV 必须降负荷才允许运行　　B. 出口 NG 温度不低于 0℃

C. 可适当增加海水量　　D. 可采取 SCV 与 ORV 同时运行措施

答案：A，B，C，D

199. 以下属于运行 SCV 产生的资源消耗的是(　　)。

A. 燃烧燃料气消耗　　B. 运行期间水池溢水造成的水损耗

C. 装置酸的消耗　　D. 循环水泵用电

答案：A，D

200. 以下关于停止所有高压 LNG 气化器，叙述正确的是(　　)。
A. 轻烃装置必须停运　　B. 可以通过 BOG 高压增压机处理 BOG
C. BOG 再冷凝系统必须停运　　D. 可以继续 C_2 装车作业
答案：A，B，C
201. 以下关于高压汽化外输启停，叙述不正确的是(　　)。
A. 在启动汽化外输时，要逐步停止各保冷循环流程
B. 高压汽化外输停止后，禁止接卸 LNG 船
C. 高压汽化外输停止后，禁止 LNG 装车外运
D. 启动汽化外输前，可用外输气为高压外输泵出口汇管充压
答案：A，B，C，D
202. 以下选项中，可作为判断高压外输泵运行状态依据的是(　　)。
A. 高压外输泵的振动值　　B. 现场听高压外输泵运行声音
C. 高压外输泵的出口流量　　D. 高压外输泵出口压力
答案：A，B，C，D
203. 一般高压外输泵设有两个振动探头，当通过 DCS 监控到其中一个振动值增大，分析其可能的原因有(　　)。
A. 该振动探头处轴承工作异常　　B. 该振动信号传输部件损坏
C. 该振动接线箱接线松动　　D. 高压外输泵入口压力不稳
答案：A，B，C
204. 高压外输泵紧急停车的触发因素包括(　　)。
A. 高压外输泵出口压力高高　　B. 高压外输泵出口流量低低
C. 高压外输泵入口压力低低　　D. 高压外输泵入口手动阀门关闭
答案：A，C，D
205. 下列选项中，可以造成高压外输泵振动的是(　　)。
A. 汽蚀　　B. 提高高压外输泵入口压力
C. 轴承与轴的配合间隙不适宜　　D. 叶轮未经平衡试验
答案：A，C，D
206. SCV 在稳定运行过程中，发现烟气中检测的 NO_x 含量超标，该工况下可能的原因是(　　)。
A. 循环冷却水供应量较少　　B. 风机鼓风量较少
C. 烟气含量检测仪故障　　D. 燃料气温度高
答案：A，B，C
207. SCV 在运行过程中，发现烟气中检测的 CO 含量超标，该工况下可能的原因是(　　)。
A. 循环冷却水供应量较少　　B. 风机鼓风量较少
C. 烟气含量检测仪故障　　D. 燃料气温度高
答案：B，C
208. SCV 在运行过程中，出口温度在设定值附近波动大，可能的原因是(　　)。
A. 燃料气压力不稳定

B. 入口 LNG 的流量不稳定

C. 入口 LNG 的温度发生较大变化

D. 操作员在调节 LNG 进量时幅度太大

答案：A，B，C，D

209. 对于 SCV，当环境温度低于冰点时，或者气化器停机后管道内漏造成水浴池内的水发生局部结冰现象时，可采用开启水浴池内的(　　)对水浴池进行辅助加热。

A. 电加热器　　B. 风扇　　C. 鼓风机　　D. 循环水泵

答案：A，D

210. 如果 IFV 气化器 LNG 流量提高会造成(　　)。

A. 出口温度降低　　B. 高压外输泵外输量提升

C. 罐内泵流量提升　　D. 排放海水温差变大

答案：A，B，C，D

211. 关于 IFV 气化器，下列说法错误的是(　　)。

A. 海水换热分两个部分，一是丙烷壳程内海水直接与液相丙烷换热，二是在二次换热管段海水与一次换热段来的 NG 气体换热确保 IFV 出口 NG 气体温度满足工艺外输要求

B. IFV 海水管线出口温度不做要求

C. 当 IFV 海水管线出入口温差大于 5℃时将联锁 IFV 停车

D. 当 IFV 丙烷壳程中 LNG 与丙烷气相一次换热后的 NG 气体温度低低时也会触发 IFV 联锁停车

答案：B，C

212. 关于 IFV 气化器，LNG 流量提高后会造成(　　)。

A. 丙烷气相温度下降　　B. 丙烷液相温度上升

C. 丙烷液位下降　　D. 丙烷液相温度下降

答案：A，B，C

213. 计量撬多路并联运行，但各支路相互之间的瞬时流量都有所差别，可能的原因是(　　)。

A. 存在正常的测量误差　　B. 各支路上下游流通路径有区别

C. 流量计测量量程不同　　D. 流量计前后的直管段设计不同

答案：A，B

214. 在计算接收站库存时，主要考虑(　　)。

A. LNG 装车计划　　B. 汽化外输计划

C. 卸船计划及卸船量　　D. BOG 外输计划

答案：A，B，C

215. 在降低接收站的库存量时，会限制库存降低速度的是(　　)。

A. 高压外输泵额定流量小　　B. 生产计划少

C. 罐内泵故障　　D. 再冷凝系统故障

答案：A，B，C

216. 再冷凝器隔离置换，需要关闭(　　)。

A. LNG 进料流程　　B. 高压泵放空至再冷凝器流程

C. BOG 进料流程　　D. 再冷凝器高压补气流程

答案：A，B，C，D

217. 以下属于再冷凝器隔离后排凝操作的是(　　)。

A. 通过出口管线将液位降至零，不需要排凝

B. 通过出口处排凝线排液

C. LNG 入口管线排凝

D. 再冷凝器罐体排凝线排液

答案：B，C

218. 再冷凝系统的投用包括(　　)。

A. 启动 BOG 压缩机　　B. BOG 减温器投用

C. BOG 冷换器投用　　D. 再冷凝器建立液位

答案：A，B，C，D

219. 再冷凝系统的投用过程中，BOG 压缩机首次启动其入口温度太高无法并进再冷凝器，可用以下措施进行降温(　　)。

A. 导通 BOG 压缩机回流至火炬流程

B. 提前投用 BOG 减温器

C. 提前投用 BOG 冷换器

D. 临时接液氮给 BOG 压缩机入口 BOG 降温

答案：A，B，D

220. 关于 BOG 压缩机冷却水温度控制的逻辑，描述正确的是(　　)。

A. 当温度低于设定值时，开启加热器，冷却水经过加热器后进入压缩机冷却部位

B. 当温度高于设定值时，停止加热器；温度达到开启冷却风机的条件时，冷却水经过空气冷却器后进入压缩机冷却部位，风机启动

C. 当温度持续升高并达到启动第二台风机的值时，开启第二台冷却风机

D. 冷却风机和加热器两套设备始终有一套是开启的

答案：A，B，C

221. 下列关于 BOG 压缩机轴瓦润滑的作用，描述正确的是(　　)。

A. 降低摩擦　　B. 冷却摩擦表面

C. 冲洗磨损下来的碎屑　　D. 传递动力

答案：A，B，C

222. 高压汽化外输量非常小时，BOG 系统压力较高，为减少 BOG 直接放空损失，以下 BOG 处理措施可行的是(　　)。

A. 增加 BOG 再冷凝量　　B. 启动高压 BOG 增压机

C. 可设法增加 BOG 外输量　　D. 增大 BOG 压缩机回流

答案：B，C

223. 卸船过程中，船方返回 BOG 的量较少，岸方应该(　　)。
A. 增加 BOG 压缩机的负荷　　B. 严密监控储罐压力
C. 协调船方降低卸料速度　　D. 做好排放火炬的准备
答案：A，B，C，D
224. 下列选项中，是燃料气系统隔离置换要做的工作(　　)。
A. 停止 BOG 压缩机，为置换作业提供安全环境
B. SCV 燃料气供应管线 CH_4含量监测
C. 火炬用燃料切换至 LPG 钢瓶
D. 制定工艺处置方案
答案：B，C，D
225. 以下燃料气使用点，可用 LPG 替代燃料气(CH_4)的是(　　)。
A. 厨房　　B. SCV　　C. 火炬长明灯　　D. 锅炉
答案：A，C
226. 轻烃回收装置预冷过程中，需严格关注的参数有(　　)。
A. 闪蒸罐出料线表面温度指示　　B. 塔顶凝液罐出料线表面温度指示
C. BOG 表面温度指示　　D. 进装置压力指示
答案：A，B，C，D
227. 轻烃回收装置预冷过快，可能造成的后果有(　　)。
A. 冷量浪费　　B. 管托发生位移
C. BOG 系统带液　　D. 预冷不充分
答案：A，B，C，D
228. 轻烃回收装置开车前应具备的条件，包括但不限于以下(　　)。
A. 所有自动阀门校验合格　　B. 系统联锁测试合格
C. 系统无盲板隔离　　D. BOG 系统运行正常
答案：A，B，C，D
229. 以下不属于轻烃回收装置开车前应具备的条件是(　　)。
A. 火炬系统正常投用　　B. 闪蒸罐压力达操作压力
C. BOG 系统正常投用　　D. 脱甲烷塔压力达操作压力
答案：B，D
230. 轻烃回收装置停车完成，要进行的操作包括(　　)。
A. 投用升压泵跨泵保冷循环　　B. SIS 系统联锁打旁路
C. 低温泵出口压力检查、泄压　　D. 脱甲烷塔重沸器壳程倒空
答案：A，B，C，D
231. 轻烃回收装置停车完成，有关蒸汽系统流程叙述，正确的是(　　)。
A. 重沸器蒸汽入口阀关闭　　B. 重沸器管程凝液倒空
C. 疏水器导淋阀打开　　D. 蒸汽进装置界区阀关闭
答案：A，B，C，D

232. 轻烃回收装置晃电处理，目的是(　　)。

A. 防止设备超温超压　　B. 防止 BOG、火炬罐大量带液

C. 避免 PSV 安全阀起跳　　D. 避免事故扩大、装置大面积联锁跳车

答案：A，B，C，D

233. 轻烃回收装置晃电后的应急处理步骤，包括(　　)。

A. 立即查明原因　　B. 做好现场泄压准备

C. 快速准备备用泵启动流程　　D. 紧急调整，避免事故扩大

答案：A，B，C，D

234. 轻烃回收装置蒸汽供应突然中断，应急调整措施包括(　　)。

A. 快速减小重沸器进料　　B. 快速降低装置负荷

C. 快速降低脱甲烷塔顶回流　　D. 做好紧急停车准备

答案：A，B，C，D

235. 轻烃回收装置脱甲烷塔重沸器管程冻堵，可能的原因包括(　　)。

A. 蒸汽供应突然中断

B. 脱甲烷塔下部进料阀突然全开

C. 重沸器入口蒸汽流量阀故障关闭

D. 蒸汽温度大幅下降

答案：A，B，C，D

236. 轻烃回收装置开车时，脱甲烷塔重沸器进料后，蒸汽调节不及时，可能造成的后果有(　　)。

A. 脱甲烷塔压力高　　B. 脱乙烷塔进料不合格

C. 重沸器气相线温度低　　D. 脱甲烷塔下部物料低温

答案：B，C，D

237. 轻烃回收装置开车，若脱乙烷塔压力高，可行的操作是(　　)。

A. 及时启动脱甲烷塔级间回流泵

B. 降低脱乙烷塔釜蒸汽量

C. 及时启动脱乙烷塔底空冷器

D. 及时启动脱乙烷塔回流泵

答案：A，B，D

238. 轻烃回收装置停车操作中闪蒸罐液位下降过快的原因可能是(　　)。

A. 装置进料流量过大　　B. 脱甲烷塔进料流量太小

C. 脱甲烷塔进料流量过大　　D. 装置进料流量太小

答案：C，D

239. 轻烃回收装置停车时，装置进料流量太小，可能造成(　　)。

A. 闪蒸罐压力高　　B. 闪蒸罐压力低

C. 闪蒸罐液位低　　D. 闪蒸罐液位高

答案：A，C

240. 以下关于卸料臂更换液压油时注意事项的说法中，正确的是(　　)。
A. 液压油品牌、型号应相同　　B. 油箱排净后可直接加油
C. 加注新油时使用过滤装置　　D. 加油前清洗过滤器
答案：A，C，D
241. 以下关于卸料臂的说法，正确的是(　　)。
A. 为保证旋转接头润滑良好，应定期向旋转接头加注耐低温润滑脂
B. 旋转接头连接螺栓力矩越大，防泄漏效果越好
C. 卸料臂动作到位情况靠接近开关(位置开关)监测
D. 北方冬季低温环境下，可能发生双球阀关闭迟缓情况
答案：C，D
242. 下列选项中关于登船梯液压软管更换的标准，说法正确的是(　　)。
A. 外罩硬化、炭化或焦化　　B. 外罩脱落、软化或松动
C. 软管连接明显松动或脱落　　D. 软管弯折、断裂或压扁
答案：A，B，C，D
243. 下列选项中关于登船梯维护说法正确的是(　　)。
A. 应定期除去铰销、活塞杆等部件上的过量盐分沉积
B. 在极端条件下，应对润滑计划中建议的润滑间隔进行调整，以满足当地环境的要求
C. 首次运行 2160 小时后，必须更换液压油，并更换滤芯
D. 所有液压油电磁阀的螺栓涂抹润滑脂，防止海边气候环境下腐蚀生锈
答案：A，B，C，D
244. 导致 BOG 压缩机排气量偏小的原因可能为(　　)。
A. 介质温度升高　　B. 介质温度降低
C. 活塞窜气　　D. 气阀故障
答案：A，C，D
245. 关于 BOG 压缩机维护保养的说法，错误的是(　　)。
A. 润滑油压力过高会导致 BOG 压缩机轴承温度过高
B. BOG 压缩机主轴承为滑动轴承，每运行 8000h 需要更换
C. 造成 BOG 压缩机阀片弹簧折断的可能原因是升程过大
D. 导致 BOG 压缩机排气量偏小的可能原因是介质温度过低
答案：A，B，D
246. 下列选项属于 SCV 顶部甲板检查内容及程序的是(　　)。
A. 检查每块甲板的腐蚀情况，确认安全
B. 检查甲板框架无明显变形
C. 检查甲板紧固件维护状态良好
D. 甲板密封水汽及废气，确认密封情况较好，无空隙存在
答案：A，B，C，D
247. SCV 水浴需定期进行排水检查，下列属于水浴池内部检查内容的是(　　)。
A. 检查由于腐蚀造成的梯子腐蚀
B. 检查池内固体杂物，清除杂物并弄清杂物来源

C. 检查甲板底面腐蚀情况，如有需要进行涂漆工作

D. 检查盘管丝堵、换热管是否有漏点

答案：A，B，C，D

248. 下列选项属于螺杆压缩机8000h保养需更换的是(　　)。

A. 油滤　　B. 空滤

C. 驱动模块过滤器　　D. 止回阀

答案：A，B，C，D

249. 下列选项关于螺杆压缩机维护说法正确的是(　　)。

A. 使用一块干净的干布擦去电机外壳表面的灰尘，并确保所有通风孔没有残留任何障碍物

B. 启动螺杆压缩机后，通过油窥镜观察到当前油位满油位的1/2时，需停螺杆压缩机进行加油

C. 要换机油和机油过滤器，应在油尚热时操作以便顺利排出机油

D. 每隔2000小时检测一次主机和管道系统(包括所有接头)的外表面上是否有撞击破坏、过度腐蚀和磨损的痕迹

答案：A，B，C，D

250. 对ORV管束板进行检查时，不属于阶段性维护工作的是(　　)。

A. 检查各管束连接处无泄漏现象发生

B. 检查管束结冰高度

C. 检查海水分布情况

D. 检查管束涂层及LNG汇管顶部涂层厚度

答案：A，B，C

251. 下列属于ORV日常检查内容的是(　　)。

A. 管束板结冰高度　　B. 海水分布情况

C. 设备目视检查　　D. 进口海水蝶阀是否能正常动作

答案：A，B，C

252. 某企业正在考虑某设备的技术改造问题，该设备的原始价值$K=16000$元，每年低劣化增加值$\lambda=1000$元，更新时无残值。请根据以上资料，回答下列问题：对该设备进行技术改造时应遵循的原则是(　　)。

A. 依据技术改造规划逐年进行

B. 考虑实际情况，寻找适用的技术

C. 必须以技术进步为前提

D. 要做到宏观经济效益与微观经济效益并重

答案：B，C，D

253. 确定设备最佳更新期的方法主要有(　　)。

A. 低劣化数值法　　B. 最少费用法

C. 费用累积法　　D. 面值法

答案：A，D

254. 下列满足设备润滑要求的是(　　)。
A. 按时、按质按量加油和换油，保持油标醒目
B. 设备防护装置及零件齐全完整、各种标牌完整、清晰
C. 油箱、油池应清洁，无铁屑杂物
D. 油泵压力正常，油路畅通，各部位轴承润滑良好
答案：A，C，D
255. 作业人员应做到“四懂三会”，以下属于“四懂三会”内容的是(　　)。
A. 懂原理　　B. 懂维护　　C. 懂结构　　D. 懂用途
答案：A，C，D
256. 下列关于(　　)是防止储罐产生分层的措施。
A. 选择不同的充注方式　　B. 罐内泵进行循环
C. 加大 BOG 压缩机的负荷　　D. 进行 LNG 倒罐
答案：A，B，D
257. 以下做法能够防止分层的是(　　)。
A. 储罐进料时，当进料的 LNG 密度小于罐内 LNG 密度时，从底部进料
B. 储罐进料时，当进料的 LNG 密度大于罐内 LNG 密度时，从顶部进料
C. 控制灌入储罐 LNG 组成成分的密度变化范围，尽可能减小组分的密度差
D. 充分搅拌所有灌入储罐的 LNG，消除密度差
答案：A，B，C，D
258. 根据需要装载的 LNG 与货舱内原有的 LNG 密度有差异，正确选择充注方法，可有效防止分层，以下充注原则正确的是(　　)。
A. 将密度小的 LNG 充注到密度大的 LNG 货舱中时，应该采用底部充注的办法
B. 将密度大的 LNG 充注到密度小的 LNG 货舱中时，应该采用顶部充注的办法
C. 采用多孔管充注，多孔管即在充液管上开有一定数目的小孔，使用多孔管充注可使充注的新 LNG 和原有的 LNG 充分混合，从而避免分层
D. 密度相近时，一般底部充注
答案：A，B，C，D
259. 关于 LNG 分层时的现象，说法正确的是(　　)。
A. 密度较大的 LNG 积聚在储罐底部
B. 密度较小的 LNG 积聚在储罐顶部
C. 分层会使罐内压力异常增大
D. 当下层的 LNG 密度大于上层 LNG 的密度时，会导致 LNG 翻滚
答案：A，B
260. 板翅式换热器内漏的可能原因有(　　)。
A. 相邻翅片板高度差超过设计标准，安装时部分翅片没有钎牢
B. 安装时隔板有裂纹或其他损伤
C. 焊接时温度超过钎料熔点
D. 法兰螺栓未按规定施拧
答案：A，B，C

261. 板翅式换热器常见泄漏检测方法有(　　)。
A. 肥皂泡法　B. 真空验漏法　C. 氦检测法　D. 水浸法
答案：A，C，D
262. 下列可能会造成高压泵泵筒液位出现异常的原因是(　　)。
A. 干燥过程中液位计引压管存有水气
B. 仪表故障
C. 泵检修完成后液位计手阀未复位
D. 泵筒排凝阀未全关
答案：A，B，C
263. 可能造成再冷凝器液位高的原因(　　)。
A. BOG 压缩机异常跳车　B. BOG 外输量突然增大
C. 高压泵异常跳车　D. 罐内泵异常跳车
答案：A，B，C
264. 再冷凝器设置液位高报，高高联锁的目的(　　)。
A. 防止 LNG 进入气相管线
B. 防止淹没鲍尔环而造成换热效率下降
C. 防止高压泵泵筒液位波动
D. 防止再冷凝器超压
答案：A，B，C
265. LNG 接收站全厂停车的判断说法不正确的是(　　)。
A. 某台罐内泵突然停车
B. 某台高压泵突然停车
C. 某台 ORV 突然停车
D. 全厂所有动设备停车，ESDV 全部关闭
答案：A，B，C
266. LNG 接收站全厂停车会影响的是(　　)。
A. 码头卸料区域　B. 轻烃区域　C. 槽车装车区域　D. 工艺区
答案：A，B，C，D
267. BOG 压缩机出口管线超温的原因不包括(　　)。
A. 回流阀未关闭　B. 热机启动强制关闭回流阀
C. 冷却系统出现故障　D. 润滑油故障停车
答案：A，C，D
268. 卧式 BOG 压缩机出口温度高，会造成(　　)损坏。
A. 活塞环　B. 十字头　C. 支撑环　D. 小头瓦
答案：A，C
269. SCV 点火失败，可通过(　　)现象进行判断。
A. 燃料气自动切断阀关闭　B. 水浴温度下降
C. 火检仪无信号并报警　D. 现场燃烧器视镜观察不到火焰
答案：A，C，D

270. 以下关于 SCV 点火失败的可能原因是(　　)。

A. 燃料气温度低　　B. 点火变压器故障

C. 火检仪故障　　D. 风机出口阀门卡涩

答案：B，C，D

271. 下列关于热膨胀安全阀内漏处置方法说法正确的是(　　)。

A. 关闭安全阀上下游阀门，将安全阀隔离

B. 安全阀隔离后通过安全阀上下游导淋阀泄压

C. 安全阀隔离期间为避免超压可将安全阀旁路打开一定开度

D. 切出期间关注安全阀所在管线压力情况，确认该管线其他安全阀正常投用

答案：A，B，D

272. 阀门无法完全关闭的原因有(　　)。

A. 阀杆扭曲　　B. 阀门有异物卡塞

C. 阀门动力源不足　　D. 执行器行程不足

答案：A，B，C，D

273. 切断阀内漏的危害有(　　)。

A. 低压管线压力低，切断阀内漏不会对生产产生影响

B. 切断阀内漏将对设备、管线隔离、吹扫置换等造成影响

C. 切断阀内漏不会造成可燃介质进入大气，因此不会影响生产安全

D. 切断阀内漏可能会造成 LNG 进入 BOG 管线

答案：B，D

274. 下列关于全厂联锁停车后槽车装车单元处置方法正确的是(　　)。

A. 查看装车单元阀门联锁关闭的情况及管线压力

B. 为避免装车臂超压，将装车臂排凝、吹扫

C. 为避免装车臂超压，通过槽车放空线将超压气体放空至大气

D. 打开装车总管、槽车保冷循环管线紧急切断阀旁路，防止管段超压

答案：A，B，D

275. 下列全厂联锁停车应急处置方法正确的是(　　)。

A. 查看设备联锁停车情况及阀门联锁关闭情况

B. 尽快复位设备、阀门，恢复汽化外输，同时排查联锁原因

C. 可通过紧急切断阀旁路或强制打开阀门避免管线超压

D. 现场检查法兰有无泄漏情况，有无安全阀起跳情况

答案：A，C，D

276. 某台储罐 ESD 按钮按下后对生产的影响为(　　)。

A. 低压总管压力迅速降低可能造成再冷凝器液位低低联锁

B. 低压总管压力迅速降低可能造成高压泵入口压力低低或饱和蒸汽压差低低联锁

C. 低压总管压力迅速降低再冷凝器液位高高联锁

D. 其他储罐罐内泵出口压力低低联锁停泵

答案：A，B

277. 下列可能造成储罐进料管线切断阀联锁关闭的是(　　)。

A. 储罐 ESD 按钮触发　　B. 储罐液位高高联锁

C. 储罐压力高高联锁　　D. 码头卸料单元 ESD 按钮触发

答案：A，B，C

278. 因岸方原因码头卸料系统紧急停车后，操作人员应该(　　)。

A. 及时按程序汇报　　B. 及时查找原因

C. 及时通知船方　　D. 及时观察登船梯

答案：A，B，C

279. 下列关于码头卸料单元联锁停车应急处置描述正确的是(　　)。

A. 迅速查清触发 ESD 的原因

B. 监控卸料臂压力、温度

C. 查看阀门联锁动作情况，监控卸料总管压力

D. 迅速复位 ESD 信号恢复卸料，再查找 ESD 原因

答案：A，B，C

280. 卸料臂 ESD2 联锁后，下列关于卸料臂联锁动作的说法正确的是(　　)。

A. 卸料臂双球阀关闭　　B. 卸料臂 ERS 脱离

C. 卸料臂自动收回　　D. QC/DC 自动打开

答案：A，B，C

281. 卸料臂 ESD2 联锁停车后，下列应急处置措施描述正确的是(　　)。

A. 查看卸料臂 ERS 脱离及卸料臂收回情况

B. 查看登船梯状态及缆绳张力情况

C. 查看各管段有无超压情况

D. 查找联锁停车原因

答案：A，B，C，D

282. 高压外输系统 ESD 的结果描述正确的是(　　)。

A. 高压泵联锁停车

B. 高压泵出口切断阀、回流线切断阀、入口切断阀联锁关闭

C. 气化器联锁停车，入口切断阀联锁关闭，出口紧急切断阀延迟关闭

D. 计量外输单元紧急切断阀联锁关闭

答案：A，C，D

283. 高压外输系统停车后，下列应急处置措施得当的是(　　)。

A. 查看有无超压管段，现场检查有无安全阀起跳、有无泄漏等

B. 切出再冷凝器，停 BOG 压缩机

C. 查找停车原因，处理后复位 ESD 信号

D. 为避免低压总管超压，停所有运行的罐内泵

答案：A，B，C

284. BOG 处理系统停车后应重点监控(　　)。

A. LNG 储罐的压力　　B. 再冷凝器压力

C. LNG 储罐液位　　D. 再冷凝器的液位

答案：A，B，D

285. 下列选项中，会导致 BOG 压缩机紧急停车的是(　　)。

A. LNG 外输系统联锁停车　　B. BOG 压缩机入口缓冲罐液位高高

C. 再冷凝器压力低低　　D. 再冷凝器压力高高

答案：A，B，C，D

286. 浸没燃烧式气化器运行过程中 pH 值指示无变化，可能的原因是(　　)。

A. pH 计变送器故障　　B. 加碱阀门故障

C. pH 计未投用　　D. 碱罐碱液泄漏

答案：A，C

287. 下列影响浸没燃烧式气化器水浴 pH 值的是(　　)。

A. 气化器运行负荷　　B. pH 计测量元件是否正常

C. 加碱系统是否正常　　D. 循环水泵流量

答案：A，B，C

288. 浸没燃烧式气化器冷却水压力异常降低原因的排查方法正确的是(　　)。

A. 检查压力表是否正常

B. 检查冷却水泵及管线有无泄漏

C. 切换泵入口过滤器

D. 检查冷却水进燃烧器夹套的管线是否堵塞

答案：A，B，C

289. 下列冷却水指标会造成浸没燃烧式气化器停车的是(　　)。

A. 冷却水泵压力低低　　B. 至燃烧器冷却水流量低低

C. 冷却水温度高高　　D. 冷却水压力高高

答案：A，B

290. 浸没燃烧式气化器在燃烧器点火阶段点火失败时应排查(　　)。

A. 燃料气管线阀门验漏是否合格　　B. 点火电极是否正常点火

C. 点火过程风机风量是否正常　　D. 水浴温度是否正常

答案：A，B，C

291. 浸没燃烧式气化器点火失败的处理方法是(　　)。

A. 检查浸没燃烧式气化器有无联锁信号未复位

B. 检查风机出口管线、燃料气管线阀门动作是否正常

C. 检查燃料气压力及手阀设置有无异常

D. 检查软化水管网压力是否正常

答案：A，B，C

292. 下列 LNG 泄漏应急处置原则说法正确的是(　　)。

A. 检查、确认泄漏位置及泄漏量

B. 发现泄漏后立即使用高倍数泡沫覆盖泄漏位置

C. 切断泄漏点上下游阀门进行隔离

D. 泄漏管段排凝、泄压

答案：A，C，D

293. 开架式海水气化器(ORV)入口管线泄漏应急处置措施得当的是(　　)。

A. 停止泄漏点附近作业并疏散人员

B. 根据泄漏情况按下泄漏 ORV 紧急停车按钮

C. 立即关闭泄漏 ORV 的海水切断阀

D. ORV 入口泄漏管段泄压、排凝

答案：A，B，D

294. 燃料气系统泄漏应急处置过程中可能涉及的其他设备操作为(　　)。

A. 火炬燃料气切换为 LPG　　B. SCV 停机

C. BOG 压缩机停车　　D. 再冷凝器停车

答案：A，B

295. 下列容易发生天然气泄漏的是(　　)。

A. BOG 压缩机气缸盖　　B. 卸料总管直管段

C. 气化器出口法兰　　D. 外输计量撬法兰

答案：A，C，D

296. 卸船作业期间，船侧发生火情的处置措施正确的是(　　)。

A. 根据火情立即停止 LNG 卸料

B. 启动消防炮对着火点进行灭火

C. 消拖两用船协助船方灭火

D. 启动码头卸料平台水喷淋系统隔离船岸生产设施

答案：A，C，D

297. 下列 LNG 火灾应急处置措施正确的是(　　)。

A. 切断着火点上下游阀门　　B. 使用干粉炮灭火

C. 使用高倍数泡沫灭火　　D. 消防水喷淋着火点附近设备降温

答案：A，B，D

298. 事故原因分析时，下列选项可划分为直接原因的是(　　)。

A. 人的不安全行为　　B. 管理上的漏洞

C. 物的不安全状态　　D. 环境因素

答案：A，C

299. 设备联锁停车原因可能有(　　)。

A. 联锁仪表故障误触发　　B. 设备紧急停车按钮按下触发

C. 区域联锁信号联锁　　D. 设备运行参数在报警值范围内

答案：A，B，C

300. BOG 压缩机入口温度过高的原因可能是(　　)。

A. 压缩机回流阀故障打开　　B. 罐内泵打回流

C. 外输气进入 BOG 总管　　D. 减温器投用

答案：A，C

301. BOG 压缩机入口温度过低对压缩机运行可能造成的影响(　　)。
A. 压缩机出口温度降低　　B. 压缩机入口过滤器压差可能增大
C. 压缩机效率增大　　D. 压缩机出口压力降低
答案：A，B，C
302. 燃料气电加热器出口温度过低的原因可能是(　　)。
A. 电加热器功率过大　　B. 电加热器故障未启动
C. 燃料气流量过大　　D. 燃料气流量过小
答案：B，C
303. 燃料气电加热器出口温度波动较大的处置措施正确的是(　　)。
A. 检查电加热器出口温度计是否正常　　B. 检查燃料气流量是否大幅波动
C. 停用燃料气电加热器　　D. 增大燃料气电加热器的功率
答案：A，B
304. LNG 储罐分层后处置方法正确的是(　　)。
A. 罐内泵打回流回下进液　　B. 罐内泵打回流回上进液
C. 将罐内 LNG 尽快外输　　D. 提高储罐操作压力
答案：B，C
305. 防止储罐 LNG 分层的措施有(　　)。
A. 船上密度大的 LNG 通过上进液管线进料
B. 船上密度大的 LNG 通过下进液管线进料
C. 通过 LTD 监控罐内 LNG 温度差及密度差
D. 避免罐内 LNG 长时间静置储存
答案：A，C，D
306. 根据《液化天然气接收站能力核定方法》(SY/T 7434)规定，汽化设施每小时处理能力为(　　)最小值。
A. 低压输送泵的额定处理能力　　B. 高压输送泵的额定处理能力
C. 储罐的周转能力　　D. 气化器的处理能力
答案：A，B，D
307. 根据《液化天然气接收站能力核定方法》(SY/T 7434)规定，液态装车设施每小时处理能力取决于(　　)。
A. 装车撬的处理能力
B. 液态装车相关管线的输送能力
C. 可用于装车的低压输送泵的额定能力
D. 罐内所有低压外输泵的额定能力
答案：A，B，C
308. 下列因素可能导致每吨 LNG 汽化外输能耗增加的是(　　)。
A. 高压泵打回流运行
B. 海水温度低 ORV 与 SCV 共同运行
C. 海水温度低 ORV 处理能力下降但未增加 ORV 运行数量

D. 罐内泵回流运行

答案：A，B，D

309. 下列因素影响 LNG 装车外运能耗的是(　　)。

A. 装车用罐内泵打回流　　B. 槽车装车过程返气量增大

C. 装车总管压力偏高　　D. 储罐压力升高

答案：A，B，C

310. 在压焓图上，两条饱和曲线是指(　　)。

A. 饱和液体线　　B. 饱和气体线　　C. 压力曲线　　D. 焓值曲线

答案：A，B

311. 下列选项中属于压焓图六组等参数线的是(　　)。

A. 等压线　　B. 等温线　　C. 等焓线　　D. 等干度线

答案：A，B，C，D

312. 下列可降低再冷凝器 LNG 流量的是(　　)。

A. BOG 进入再冷凝器前与 LNG 换热降低温度

B. BOG 进入再冷凝器前增加空浴式换热器

C. 增大再冷凝器运行压力

D. 降低再冷凝器运行压力

答案：A，C

313. 计算再冷凝器气液比所需参数是(　　)。

A. BOG 温度　　B. 再冷凝器压力

C. 再冷凝器液位　　D. BOG 组分

答案：A，B，D

314. 下列关于管道保冷层冷损失量的说法正确的是(　　)。

A. 保冷层厚度增大，冷损失量绝对值减小

B. 与管道表面、环境的温度差成反比

C. 保冷材料导热系数增大，冷损失量绝对值增大

D. 冷损失量计算只需计算热传导，无须计算对流换热

答案：A，C

315. 下列关于管道不同材料双层保冷结构冷损失量的说法正确的是(　　)。

A. 外保冷层厚度减小，内层保冷层厚度增大时，冷损失量绝对值减小

B. 管道温度不变，当环境温度下降时冷损失量绝对值减小

C. 内层保冷材料导热系数增大，外层保冷材料导热系数不变，冷损失量绝对值增大

D. 只要两种保冷材料总厚度不变，各层厚度变化不影响冷损失量绝对值

答案：B，C

316. 管道双层保冷层内外界面温度计算时需用到的参数有(　　)。

A. 内、外层保冷层厚度　　B. 内层保冷材料导热系数

C. 外层保冷材料导热系数　　D. 冷损失量

答案：A，B，C

317. 当冷损失量一定时，下列关于管道保冷层外表面温度计算的说法正确的是(　　)。
A. 环境温度越低，保冷层外表面温度越低
B. 环境温度越低，保冷层外表面温度越高
C. 保冷层外表面与周围空气的换热系数越大，保冷层外表面温度越高
D. 保冷层外表面与周围空气的换热系数越大，保冷层外表面温度越低
答案：A，C
318. 培训项目即将实施之前需做好的准备工作包括(　　)。
A. 通知学员　　B. 后勤准备　　C. 确认时间　　D. 准备教材
答案：A，B，C，D
319. 生产管理或计划部门对培训组织实施的(　　)是否得当具有发言权。
A. 培训时机的选择　　B. 培训目标的确定
C. 培训计划设计　　D. 培训过程控制
答案：A，B
320. 在评估培训效果时，行为层面的评估包括(　　)等内容。
A. 投资回报率　　B. 客户的评价
C. 同事的评价　　D. 主管的评价
答案：B，C，D
321. 培训评估的作用有(　　)等几个方面。
A. 提高员工的绩效和有利于实现组织的目标
B. 保证培训活动按照计划进行
C. 有利于提高员工的专业技能
D. 培训执行情况的反馈和培训计划的调整
答案：B，D
322. 精益生产方式是围绕着最大限度利用公司的职工、协作厂商与资产的固有能力的综合哲学体系，其特征表现为(　　)。
A. 品质——寻找、纠正和解决问题
B. 效率——提高生产率、减少浪费
C. 适应性——标准尺寸总成、协调合作
D. 学习——不断改善
答案：A，B，C，D
323. 投料试车方案的主要内容有(　　)。
A. 试车组织与指挥系统　　B. 试车程序与试车进度及控制点
C. 工艺技术指标、联锁值、报警值　　D. 生产考核内容
答案：A，B，C
324. 下列选项(　　)是 LNG 接收站投料试车容易出现的问题，需要分析相应的对策。
A. 储罐氮气置换复杂，置换难度大　　B. 部分管线、设备预冷速度过快
C. BOG 总管进液　　D. LNG 泄漏
答案：B，C，D

325. 现场处置方案中应急处置的内容主要包括(　　)。

A. 事故应急处置的程序　　B. 现场应急处置措施

C. 现场自救和互救　　D. 上级管理部门联络方式

答案：A，B，D

326. 装置生产考核除考核工艺、设备运行指标外，还需要考核如下(　　)等安全、环保相关内容。

A. “三废”排放达标情况　　B. 环境噪声强度

C. 压力管道、压力容器检定情况　　D. 紧急切断系统投用情况

答案：A，B，D

327. 装置、设备性能考核的条件有(　　)。

A. 设备运行正常，备用设备处于良好状态

B. 自动控制仪表、联锁已投入使用

C. 公用工程能满足生产考核参数要求

D. 下游装置可满足低负荷运行要求

答案：A，B，C

328. 下列选项是事故报告编制时所需收集的相关资料的是(　　)。

A. 工艺参数历史记录　　B. 事故发生前后视频监控记录

C. 操作规程、交接班记录　　D. 现场作业人员面谈说明

答案：A，B，C，D

329. 事故防范及整改措施应重点考虑(　　)内容。

A. 管理制度改进　　B. 操作人员技能操作提升

C. 仪表控制改进　　D. 处罚事故责任人

答案：A，B，C

330. 亲和图法主要用于(　　)。

A. 措施实施，建立方法　　B. 归纳想法，整理见解

C. 统一思想，促进协调　　D. 梳理逻辑，找出主因

答案：B，C

331. 因果图又被称为(　　)。

A. 鱼骨图　　B. 石川图　　C. 直方图　　D. 特性要因图

答案：A，B，D

332. 为确保备用机泵处于完好状态可以随时启动，需做好(　　)。

A. 备用机泵日常巡检，发现问题及时处理

B. 备用机泵每日盘车

C. 备用机泵定期测试、切换

D. 为确保备用设备安全，应断电并倒空置换

答案：A，B，C

333. 大型机组运行管理主要工作包括(　　)。

A. 严格按操作规程操作，避免超温、超压、超负荷

B. 工艺、机、电、仪各专业做好巡回检查
C. 做好机组运行状态监控及评估
D. 做好备用机组定期维护保养及运行测试工作
答案：A，B，C，D
334. 每辆入场充装的 LNG 槽车必须配备的工具有(　　)。
A. 防爆工具　　B. 防爆 F 扳手　　C. 防冻手套　　D. 防爆螺母
答案：A，C，D
335. 以下情况不符合槽车安全检查要求的是(　　)。
A. 槽车启用一个安全阀　　B. 槽车灭火器指针在绿色区域
C. 槽车内侧轮胎漏钢丝　　D. 槽车气相放空阀常开
答案：A，C，D
336. 槽车返气时，司押人员应该打开气相槽车(　　)。
A. 气相放空阀　　B. 气相手动阀
C. 气相气动阀　　D. 气相安全阀
答案：B，C
337. 以下情况不符合槽车充装作业要求的是(　　)。
A. 槽车结束前将气相臂拆除
B. 槽车压力达到 0.4MPa 时打开槽车放空阀进行泄压
C. 槽车没有进行返气，拆臂时同样需要进行吹扫操作
D. 当日充装作业结束后，充装人员将气液相臂归位，并对撬位及周边设备设施状态确认正常后方可离开
答案：A，B
338. 以下选项中符合进入槽车充装站要求的是(　　)。
A. 穿防静电工装　　B. 穿防扎防穿刺防静电工鞋
C. 佩戴防护镜和安全帽　　D. 携带非防爆电子产品
答案：A，B，C
339. 槽车臂旋转接头长时间使用(　　)会造成接头异常。
A. 氮气吹扫压力过高　　B. 导槽磨损
C. 接头密封磨损　　D. 滚珠磨损
答案：B，C，D
340. LNG 泄漏可能会造成的伤害有(　　)。
A. 高处坠落　　B. 冻伤　　C. 窒息　　D. 中毒
答案：B，C
341. 发生 LNG 泄漏引发火灾时，以下消防器材可以选用的是(　　)。
A. 移动式干粉灭火器　　B. 二氧化碳灭火器
C. 消防水　　D. 干粉炮
答案：A，B，D

判断题

1. 职业道德是指从事一定职业的人们在长期的职业活动中所形成的技能操作。
答案：×
正确答案：职业道德是指从事一定职业的人们在长期的职业活动中所形成的行为规范。
2. 职业道德具有自愿性的特点。
答案：×
正确答案：职业道德是一种非强制性的约束机制。
3. 职业道德不倡导人们的牟利最大化的观念。
答案：×
正确答案：职业道德不是牟利，是一般的职业规范。
4. 在市场经济条件下，克服利益导向是职业道德社会功能的表现。
答案：×
正确答案：在市场经济条件下，克服利益导向不是职业道德社会功能的表现。
5. 企业文化所具有的功能包括娱乐功能。
答案：×
正确答案：企业文化的功能不包括娱乐功能。
6. 企业文化对企业具有整合的功能。
答案：√
7. 职业道德对企业起到增强竞争力的作用。
答案：√
8. 如果向企业员工灌输太多的职业道德，则容易使企业员工产生谨小慎微的观念。
答案：×
正确答案：向企业员工灌输太多的职业道德，不会使企业员工产生谨小慎微的观念。
9. 职业道德是人生的事业成功的重要条件。
答案：√
10. 事业成功的人往往具有较高的职业道德。
答案：√
11. 员工在职业交往活动中，应尽力在服饰上突出个性是符合仪表端庄具体的要求。
答案：×
正确答案：员工在职业交往活动中，服饰上应符合仪表端庄具体的要求。
12. 员工在职业道德活动中，做到表情冷漠、严肃待客符合职业道德规范的要求。
答案：×
正确答案：员工在职业道德活动中，表情冷漠、严肃待客不符合职业道德规范的要求。
13. 爱岗敬业作为职业道德的内在要求，指的是员工要热爱自己喜欢的工作岗位。
答案：×
正确答案：爱岗敬业作为职业道德的内在要求，员工要强化职业责任。
14. 在市场经济条件下，应该树立多转行、多学知识、多长本领的择业观念。
答案：×

正确答案：在市场经济条件下，多转行不是正确的择业观念。

15. 在市场经济条件下，根据服务对象来决定是否遵守承诺并不违反职业道德规范中关于诚实守信的要求。

答案：×

正确答案：在市场经济条件下，根据服务对象来决定是否遵守承诺违反了职业道德规范中关于诚实守信的要求。

16. 如果在职业活动中，一贯地坚持诚实守信会损害企业的利益。

答案：×

正确答案：在职业活动中，坚持诚实守信不会损害企业的利益。

17. 要做到办事公道，则在处理公私关系时，要做到公私不分。

答案：×

正确答案：要做到办事公道，在处理公私关系时，要做到公平公正。

18. 办事公道是指从业人员在进行职业活动时，要做到助人为乐和有求必应。

答案：×

正确答案：办事公道是指从业人员在进行职业活动时，要做到追求真理、平等待人、公私分明、坚持原则。

19. 勤劳节俭虽然有利于节省资源，但是并不能促进企业的发展。

答案：×

正确答案：勤劳节俭是促进经济和社会发展的重要手段。

20. 在市场经济时代，勤劳是需要的，而节俭则不宜提倡。

答案：×

正确答案：在市场经济时代，勤劳节俭是提倡的。

21. 职业纪律是企业的行为规范，其具有随意性强的特点。

答案：×

正确答案：职业纪律是企业的行为规范，其具有明确的规定性的特点。

22. 职业纪律中包括群众纪律。

答案：√

23. 在企业活动中，师徒之间要做到平等和互相尊重。

答案：√

24. 在日常接待工作中，当对待不同的服务对象时，应做到一视同仁的服务态度。

答案：√

25. 创新既不能墨守成规，也不能标新立异。

答案：×

正确答案：创新是企业发展的动力，应鼓励员工大胆地试大胆地闯，敢于提出新问题。

26. 服务也需要创新。

答案：√

27. 同一流线上各点的单位质量流体的总比能不是常数。

答案：×

正确答案：同一流线上各点的单位质量流体的总比能为一常数。

28. 稳定流动是指流场中任一点上的流速、压力及密度等物理参数都不随时间而变，只与空间位置有关的流动。

答案：√

29. 连续性方程适用于稳定流动与不稳定流动、理想流体与实际流体、可压缩流体与不可压缩流体、牛顿流体与非牛顿流体。

答案：√

30. 对管路本身来说，不同流量通过时，流速不同，水头损失相同。

答案：×

正确答案：对管路本身来说，不同流量通过时，流速不同，水头损失不同。

31. 输送流体所需的能量用于提供总势能和克服阻力，因此总势能或者阻力的变化均会影响管路的特性曲线。

答案：√

32. 流体密度的变化不会改变管路的特性曲线。

答案：×

正确答案：密度的变化会引起总势能变化，进而改变管路的特性曲线。

33. 对输油管路，常把不同流态下的水头损失公式综合成一个公式表示。

答案：√

34. 在圆管流中，层流的断面流速分布不符合抛物线规律。

答案：×

正确答案：在圆管流中，层流的断面流速分布符合抛物线规律。

35. 圆管层流，实测管轴线上流速为4m/s，则断面平均流速为2m/s。

答案：√

36. 根据具体的情况，高温线不可以闭合并终止于物体的边界。

答案：×

正确答案：根据具体的情况，高温线可以闭合并终止于物体的边界。

37. 导温系数是物质的热物性参数，又称热扩散系数，它说明物体被加热或冷却时，物体内部和各部分温度趋向于一致的能力。

答案：√

38. 物体的导温系数愈小，则在同样的外部加热或冷却条件下，物体内部各处的温度差就愈小，反之，则温度差愈大。

答案：×

正确答案：物体的导温系数愈大，则在同样的外部加热或冷却条件下，物体内部各处的温度差就愈小，反之，则温度差愈大。

39. 一切温度高于绝对零度的物体都能产生热辐射，温度愈高，辐射出的总能量就愈大，短波成分也愈多。

答案：√

40. 不直接接触的两物体之间不可以传递辐射能。

答案：×

正确答案：不直接接触的两物体之间可以传递辐射能。

41. 热辐射其实是红外线辐射，也是一种电磁波，可以在真空中传播。

答案：√

42. 易挥发组分在精馏段的气相中浓度不断减小。

答案：×

正确答案：易挥发组分在精馏段的气相中浓度不断增大。

43. 精馏塔内的回流是精馏的必要条件之一。

答案：√

44. 精馏操作过程中回流比越小，分离效果越好。

答案：×

正确答案：精馏操作过程中回流比大，分离效果越好。

45. 关于泵的性能曲线，一般地说，当流量小时，扬程就高，随着流量的增加扬程就逐渐下降。

答案：√

46. 离心泵功率是随着流量增加而增加的，当流量 $Q=0$ 时，相应的轴功率并不等于零。

答案：√

47. 离心泵性能曲线图中，功率 – 流量曲线与效率 – 流量曲线起点相同，都为坐标原点。

答案：×

正确答案：离心泵性能曲线图中，功率 – 流量曲线与效率 – 流量曲线起点不同。

48. 离心泵轴功率是离心泵的固有属性，与流量变化无关。

答案：×

正确答案：离心泵轴功率与流量变化有关。

49. 离心泵的轴功率是离心泵的固有属性，与输送的介质无关。

答案：×

正确答案：离心泵的轴功率与介质有关，密度不同，轴功率不同。

50. 离心泵的电机输入功率与离心泵的轴功率的比值为电机效率。

答案：×

正确答案：离心泵的电机输入功率与离心泵的轴功率的比值为电机效率的倒数。

51. 离心泵的总扬程在数值上等于单位重量的液体提升的高度。

答案：×

正确答案：离心泵的总扬程在数值上等于单位重量的液体提升的高度加上管路的水头损失。

52. 离心泵的出口压力仅与离心泵的扬程有关。

答案：×

正确答案：离心泵的出口压力不仅仅与离心泵的扬程有关，还与管路水头损失等有关。

53. 同等条件下，管路水头损失越小，则该离心泵的扬程越小。

答案：×

正确答案：离心泵的扬程为离心泵的固有属性，与管路水头损失无关。

54. LNG 罐内泵需要检修时，可从储罐内吊出后直接开展解体工作。

答案：×

正确答案：LNG 罐内泵需要检修时，不可以从储罐内吊出后直接开展解体工作，还应进行自然升温或机械通风升温等操作。

55. LNG 高压泵过盈连接零部件一般采用常温压力安装方式。

答案：×

正确答案：LNG 高压泵过盈连接零部件一般采用冷装方式。

56. LNG 低温泵的球轴承游隙较常温泵要大。

答案：√

57. 压缩机验收时如油管不通畅，会造成轴承温度升高。

答案：√

58. 压缩机试车验收过程中，发现轴承温度升高过快，可能的原因为冷油器管路选型过大，水量过大。

答案：×

正确答案：压缩机试车验收过程中，发现轴承温度升高过快，可能的原因为冷油器管路选型过小，水量过小。

59. 压缩机润滑系统的验收时应保证油视镜全部充盈润滑油。

答案：×

正确答案：压缩机润滑系统的验收时应保证油视镜中油位位于 1/2 至 2/3 处。

60. 故障诊断一般分为两个层次，其中采用比较简单的仪器测取有关参数，直接或间接地分析设备故障的诊断称为精密诊断。

答案：×

正确答案：故障诊断一般分为两个层次，其中采用比较简单的仪器测取有关参数，直接或间接地分析设备故障的诊断称为简易诊断。

61. 在各种诊断方法中，利用机械设备运行中的不可避免的噪声和振动信号，识别与判断设备故障情况，应用得最为普遍。

答案：√

62. 通过振动频谱分析软件，可以将时域振动数据信号转变为频域振动数据信号，更便于发现问题的根源。

答案：√

63. 机械密封失效的主要类型是损耗失效。

答案：√

64. 腐蚀失效属于机械密封的偶然失效。

答案：×

正确答案：腐蚀失效属于机械密封的损耗失效。

65. 摩擦失效属于机械密封的损耗失效。

答案：√

66. 在机械可靠性设计中，强度会随着时间的增长而增强。
答案：×
正确答案：在机械可靠性设计中，强度会随着时间的增长而减弱。
67. 应用最广泛并且也是一种基本的概率分布的是正态分布。
答案：√
68. 可靠性工程包括了设备全生命周期内除生产制造的全部技术环节。
答案：×
正确答案：可靠性工程包括了设备全生命周期内的全部技术环节。
69. 对均匀腐蚀的衡量有质量指标和强度指标。
答案：√
70. 根据受腐蚀材料分类，腐蚀可分为金属腐蚀和非金属腐蚀。
答案：√
71. 依据腐蚀机理分类，腐蚀可分为化学腐蚀和电化学腐蚀。
答案：√
72. 金属腐蚀是金属与周围环境之间发生化学或电化学反应而导致的破坏性侵蚀。
答案：√
73. 根据腐蚀形态腐蚀可分为普遍性腐蚀和局部腐蚀，晶间腐蚀属于普遍性腐蚀。
答案：×
正确答案：根据腐蚀形态腐蚀可分为普遍性腐蚀和局部腐蚀，晶间腐蚀属于局部腐蚀。
74. 腐蚀现象根据环境介质可分为自然环境和工业环境。
答案：√
75. 设计工作压力为150MPa的压力容器属于高压容器。
答案：×
正确答案：设计工作压力为150MPa的压力容器属于超高压容器。
76. 某压力管道设计工作压力为1.8MPa，则该管道属于高压管道。
答案：×
正确答案：某压力管道设计工作压力为1.8MPa，则该管道属于中压管道。
77. 速度大于2.5m/s，小于或等于6m/s的电梯属于中速电梯。
答案：×
正确答案：速度大于2.5m/s，小于或等于6m/s的电梯属于高速电梯。
78. 变电站是变换电压和交换电能的场所。
答案：√
79. 操作人员执行完成操作任务后，须在操作票上加盖“已终结”的章以示操作终结。
答案：×
正确答案：操作人员执行完成操作任务后，须在操作票上加盖“已执行”的章以示操作终结。
80. 电力系统通常由发电厂、变配电装置组成。
答案：×

正确答案：电力系统通常由发电厂、变配电装置、电力线路和用户组成。

81. 变压器瓦斯保护不是变压器本体的主保护。

答案：×

正确答案：变压器的主保护包括差动保护和瓦斯保护。

82. 继电保护装置必须满足选择性、快速性、灵敏性和可靠性四个基本要求。

答案：√

83. 保护装置应具有速动性，即为防止故障扩大，减轻其危害程度，系统发生故障时，保护装置应尽快动作，切除故障。

答案：√

84. 在一个电路中，既有电阻的串联，又有电阻的并联，这种连接方式称为电阻的混联。

答案：√

85. 在串联电路中，流过每个电阻的电流大小都不相等。

答案：×

正确答案：在串联电路中，流过所有串联电阻的电流都相等。

86. RLC 并联电路发生并联谐振，则其 $B=B_L-B_C=0$，电路表现为感性。

答案：×

正确答案：RLC 并联电路发生并联谐振，则其 $B=B_L-B_C=0$，电路表现为纯电阻性。

87. 发电机是可以长期过负荷运行的。

答案：×

正确答案：发电机不允许长期过负荷运行。

88. 发电机在运行时，转子转动时的鼓风损耗、励磁损耗和轴承摩擦损耗，将产生大量的热能，为了保证发电机在允许温度内正常运行，必须设置发电机的冷却设备。

答案：√

89. 同步电动机与异步电动机的区别是同步机的转速恒定不变和负载大小成反比的关系。

答案：×

正确答案：同步机的转速恒定不变和负载大小没有关系。

90. 变频器 U/f 控制实质上改变频率的同时也改变电压，使 $U/f=$ 常数。

答案：√

91. 通用变频器的基本结构由功率主电路、控制电路及操作显示 3 部分组成。

答案：√

92. 变频器可以应用于震动较大的场合。

答案：×

正确答案：装有变频器的控制柜受到机械振动和冲击时，会引起电气接触不良，引发故障。因此，变频器不能应用于震动较大的场合。

93. 稳定是控制系统能够运行的首要条件，因此只有当动态过程收敛时，研究系统的动态性能才有意义。

答案：√

94. 若最大偏差越大，说明系统离开规定的工艺参数指定指标就越远，对稳定正常的生产越不利。

答案：√

95. 振荡频率在一定程度上也可作为衡量控制系统稳定性的指标。

答案：×

正确答案：振荡频率在一定程度上也可作为衡量控制系统快速性的指标。

96. 某一超声波液位计指示不准，检查液位计未发现任何问题，有可能是由于液位计安装与被测介质不垂直导致的。

答案：√

97. 电磁流量计无流量时有指示，或有流量时指示不准有可能与电磁流量计零点漂移有关。

答案：√

98. 涡街流量计测量误差较大与直管段长度无关。

答案：×

正确答案：涡街流量计测量对直管段有要求。

99. 某接收站海水系统采用电动调节阀，在投用时发现阀门调节机构不动作，一定是由于阀门控制电路故障引起的。

答案：×

正确答案：某接收站海水系统采用电动调节阀，在投用时发现阀门调节机构不动作，不一定由于阀门控制电路故障引起的，也可能是机械部分故障。

100. 一台正在运行的气动薄膜调节阀，如果阀芯与阀杆脱节，有可能导致阀门起不到控制作用，阀杆动作，但流经调节阀流量不变。

答案：√

101. 根据工艺需要调节阀可长时间小开度工作。

答案：×

正确答案：调节阀避免在小开度工作，是为了提高阀的使用寿命、稳定性、正常调节等工作性能。

102. 临界比例度法考虑的实质是通过现场试验找到等幅振荡的过渡过程，得到临界比例度和等幅振荡周期。

答案：√

103. 临界比例度法是在纯比例运行下，通过使系统产生衰减振荡，得到衰减比例度和衰减周期，然后根据经验总结出来的关系求出调节器各参数值。

答案：×

正确答案：衰减曲线法是在纯比例运行下，通过使系统产生衰减振荡，得到衰减比例度和衰减周期，然后根据经验总结出来的关系求出调节器各参数值。

104. 流量控制系统仅采用 PI 调节器，不采用 PID 调节器。

答案：×

正确答案：流量控制系统不仅采用 PI 调节器，也会采用 PID 调节器。

105. 串级控制系统对主变量要求较高，一般不允许有余差，所以主调节器一般选择比例积分控制规律。

答案：√

106. 对于串级控制系统，当主、副变量增加时，如果要求调节阀的动作方向是一致的，则主调节器应选“正”作用。

答案：×

正确答案：对于串级控制系统，当主、副变量增加时，如果要求调节阀的动作方向是一致的，则主调节器应选“反”作用。

107. 串级控制系统中主调节器作用方向的选择完全由工艺情况确定，与执行器的气开、气关形式及副调节器的作用方向无关。

答案：√

108. 政府安全监督管理部门是重大危险源管理责任主体，负责重大危险源辨识、分级和安全评估、制定和落实管控措施、完善技术档案、建立重大危险源台账等工作。

答案：×

正确答案：企业是重大危险源管理责任主体，负责重大危险源辨识、分级和安全评估、制定和落实管控措施、完善技术档案、建立重大危险源台账等工作。

109. 企业所生产的危险化学品应该出具安全技术说明书，说明书的内容和形式应当符合国家相关标准的要求。

答案：√

110. 企业应当建立、健全危险化学品的安全操作规程，相关操作人员和管理人员可直接上岗。

答案：×

正确答案：企业应当建立、健全危险化学品的安全操作规程，相关操作人员和管理人员需培训合格后方可上岗。

111. 可燃气体与空气的混合物，在遇明火发生爆炸时，可燃气体在混合气体中的最高浓度称为爆炸下限。

答案：×

正确答案：可燃气体与空气的混合物，在遇明火发生爆炸时，可燃气体在混合气体中的最高浓度称为爆炸上限。

112. 不含硫化氢的天然气，也能引起人中毒，是因为天然气中的主要成分甲烷具有一定毒性。

答案：×

正确答案：不含硫化氢的天然气不会引起人中毒。

113. 如遇上可燃气体泄漏燃烧，应立即关闭该泄漏管道的阀门，再将火扑灭。

答案：√

114. 施工用火作业涉及其他管辖区域时，由施工单位领导审查会签，双方单位共同落实安全措施，各派 1 名用火监护人，按用火级别进行审批后，方可用火。

答案：√

115. 当可燃气体爆炸下限大于4%时，分析检测数据小于0.2%为合格。

答案：×

正确答案：当可燃气体爆炸下限小于4%时，分析检测数据小于0.2%为合格。

116. 高处作业在同一坠落方向上，不得进行上下交叉作业，如需进行交叉作业，中间应设置安全防护层，坠落高度超过30米的交叉作业，应设双层安全防护。

答案：√

117. 企业应把JSA正确作为安全管理的一项重要内容，针对JSA正确培训、危害识别内容、风险控制措施等方面进行检查监督。

答案：√

118. 未制定实施生产安全事故隐患排查治理制度或者排查不全面、治理不彻底的，不是集团公司重大生产安全事故隐患。

答案：×

正确答案：未制定实施生产安全事故隐患排查治理制度或者排查不全面、治理不彻底的，是集团公司重大生产安全事故隐患。

119. 生产装置未按国家标准要求设置双重电源供电，自动化控制系统未设置不间断电源的，不属于集团公司重大生产安全事故隐患。

答案：×

正确答案：生产装置未按国家标准要求设置双重电源供电，自动化控制系统未设置不间断电源的，属于集团公司重大生产安全事故隐患。

120. 接收站在各个LNG收集池均设置了高倍数泡沫灭火系统，它的主要作用是控制泄漏到收集池内的液化天然气的挥发。

答案：√

121. 美国消防协会(NFPA)制定的LNG生产、储存及操作标准NFPA 59A，在国际上应用广泛，具有较高的权威性，我国颁布的GB/T 23608—2006就等同于2001版本的NFPA 59A。

答案：√

122. 灭火器按灭火剂种类可分为干粉类灭火器、二氧化碳灭火器和泡沫型灭火器三类。

答案：×

正确答案：灭火器按灭火剂种类可分为：泡沫、干粉、卤代烷、二氧化碳、酸碱、清水、水雾等。

123. 劳动者离开用人单位时，有权索取本人职业健康监护档案复印件，用人单位可有偿提供，在所提供的复印件上签章。

答案：×

正确答案：劳动者离开用人单位时，有权索取本人职业健康监护档案复印件，用人单位应当如实、无偿提供，并在所提供的复印件上签章。

124. 电焊工人只需注意眼睛防护。

答案：×

正确答案：电焊工人除应注意眼睛防护外，还应防止焊尘、焊烟对人体的危害。

125. 一旦发现有人晕倒在有限或密闭容器内，最适合的急救方法是佩戴防毒面具或空气呼吸器，在有人监护的情况下施救。

答案：√

126. 重要工艺操作的过程监管，应由基层单位操作人员作为监管责任人。

答案：×

正确答案：重要工艺操作的过程监管，应由基层单位负责人或技术干部作为监管责任人。

127. 企业安全绩效评价要素中过程性指标只包括过程关键指标。

答案：×

正确答案：企业安全绩效评价要素中过程性指标包括过程关键指标和过程管理指标。

128. 建立安全生产长效机制，要建成以 HSSE 管理体系为统领、专项管理规定为主线、安全管理和安全技术标准为基础的安全监管制度、标准体系。

答案：√

129. 公司可以将污水处理场产生三泥进行填埋处理。

答案：×

正确答案：公司应将污水处理场产生三泥委托有资质的单位处理。

130. 接收站内做好集液池、事故池等储存设施的防渗、防漏工作。

答案：√

131. 公司要加强废水污染防治过程自控与在线监测设备的维护和定期校正，确保准确检测。

答案：√

132. 燃烧可能产生毒性物质的危险货物着火时，应佩戴防毒面具，站在上风口进行扑救。

答案：√

133. 大部分易燃易爆液体货物运输时会在罐内晃动、与罐体内壁接触面积增大，极易产生静电，应及时排除。因此，其运输车辆必须将导静电拖地带拖地，但空车时可以不接导静电拖地带。

答案：×

正确答案：空车时也要接导静电拖地带。

134. 泡沫灭火器可用于扑救带电设备和轻金属引起的火灾。

答案：×

正确答案：泡沫灭火器不可用于扑救带电设备和轻金属引起的火灾。

135. 企业在应急预案启动后，应根据情况成立现场指挥部。

答案：×

正确答案：企业在应急预案启动后，应立即成立现场指挥部。

136. 事发单位的现场班组长在遇到危及人身安全的险情时，有权在第一时间下达停产撤人命令。

答案：√

137. 企业必须建立专职应急救援队伍。

答案：×

正确答案：企业应建立兼职应急救援队伍。

138. 1 MMBTU = 1. 055GJ。

答案：√

139. 天然气的相对分子质量是一个固定的数值，与天然气的组成无关。

答案：×

正确答案：天然气的相对分子质量是一个固定的数值，与天然气的组成有关。

140. 低发热量是指规定量的气体在空气中完全燃烧时所释放出的热量。在燃烧反应发生时，压力 p_1 保持恒定，所有燃烧产物的温度降至与规定的反应物温度 t_1 相同的温度，除燃烧中生成的水在温度 t_1 下全部冷凝为液态外，其余所有燃烧产物均为气态。

答案：×

正确答案：低发热量是指规定量的气体在空气中完全燃烧时所释放出的热量。在燃烧反应发生时，压力 p_1 保持恒定，所有燃烧产物的温度降至与指定的反应物温度 t_1 相同的温度，所有的燃烧产物均为气态。

141. 通常所说的天然气的相对密度是天然气在标准状态下的相对密度。

答案：√

142. 利用密度与某些物理关系测定物质密度的方法称为直接测量法。

答案：×

正确答案：利用密度与某些物理关系测定物质密度的方法称为间接测量法。

143. 振动式密度计的传感线圈作用是检测出振动管振荡幅值大小，求得被测液体的密度。

答案：×

正确答案：振动式密度计的传感线圈作用是检测出振动管振荡周期，求得被测液体的密度。

144. 纵倾表中“B/H”表示船尾倾。

答案：×

正确答案：纵倾表中“B/H”表示船头倾。

145. 横倾表中“Stbd”表示左舷倾。

答案：×

正确答案：横倾表中“Stbd”表示右舷倾。

146. LNG 船为球形舱时，需要对液位进行横倾、纵倾、温度修正。

答案：√

147. 实验室获得 CNAS 认可，标志着它已建立了符合国际标准的质量管理体系。

答案：√

148. 符合 ISO/IEC 17025 的实验室通常也是依据 ISO9001 的原则来运作的。

答案：√

149. 认证标志是指 CNAS 发给认可实验室的图形标志，允许在规定范围外使用，以表明认可实验室有资格获得 CNAS 认证。

答案：×

正确答案：认证标志是指 CNAS 发给认可实验室的图形标志，允许在规定范围内使用，以表明认可实验室有资格获得 CNAS 认证。

150. 能力验证是实验室借用外部措施来弥补其内部质量控制的有效方法。

答案：√

151. 多维色谱技术是指利用多根色谱柱和多个检测器联用，采用切换的方法进行的组合，从而达到设计目的的实验方法。

答案：√

152. 当二维完全正交时，二维体系的峰容量等于各个维峰容量的乘积，此时体系具有最大的峰容量。

答案：√

153. 色谱 – 毛细管电泳联用不属于多维色谱。

答案：×

正确答案：色谱 – 毛细管电泳联用属于多维色谱。

154. 多维气相色谱分析系统分为有阀切换和无阀(压力平衡)切换两种，这两种切换系统都需安装在色谱柱箱中。

答案：×

正确答案：多维气相色谱分析系统分为有阀切换和无阀(压力平衡)切换两种，有阀切换系统需将阀安装在色谱柱箱中。

155. 为尽可能降低 LNG 船舶靠泊风险，除了控制船舶靠泊速度和角度外，还应根据 LNG 船舶船型大小配备充足马力的辅助作业船舶。

答案：√

156. 控制 LNG 船舶靠泊速度可有效减小船舶碰撞码头风险，通常大中型 LNG 船舶靠泊法向速度应小于 10cm/s。

答案：√

157. LNG 船舶靠泊时，当靠泊角度过大时可能损坏码头局部护舷，通常大中型 LNG 船舶靠泊角度应小于 5°。

答案：√

158. 只要系缆作业人员按要求穿戴好救生衣，就能管控好人员落水风险。

答案：×

正确答案：系缆人员穿戴救生衣，可有效降低人员不慎坠海后发生溺水风险。

159. 为尽可能降低系缆人员作业时出现伤亡风险，应制定相应的系缆作业安全规定和操作程序。

答案：√

160. 为降低操作人员作业风险，解缆作业时首选远程脱钩解缆。

答案：×

正确答案：为降低操作人员作业风险，解缆作业时除正常劳保着装还必须穿戴救生衣，且首选现场脱钩。

161. 进行码头卸料臂与船舶汇管兼容性研究时，关于船侧短接(SDP)法兰面，除了确认短接法兰面的内外径，还必须确认法兰面的厚度。

答案：√

162. 进行码头卸料臂与船舶汇管兼容性研究时，必须确认接收站码头卸料臂间距与船舶对应汇管间距大小一致。

答案：×

正确答案：目前，国内外行业中，码头卸料臂间距通常为 4 米，船舶汇管间距为 3 米。

163. 接收站码头安装的卸料臂若是快速接头(QCDC)连接，则对船舶与之连接的法兰面厚度没有特定要求。

答案：×

正确答案：接收站码头安装的卸料臂若是快速接头(QCDC)连接，对船舶与之连接的法兰面厚度有具体要求。

164. 船岸通信兼容研究的内容包括确认船岸之间能否进行正常电话通信和船岸之间紧急停车(ESD)信号能否正常传输。

答案：√

165. 船岸通信连接兼容匹配，即要求船舶和码头安装的船岸通信系统来自同一个厂家。

答案：×

正确答案：船岸通信连接兼容匹配，不要求船舶和码头安装的船岸通信系统来自同一个厂家，通信系统兼容即可。

166. 进行船岸通信连接兼容研究时，只需要确认船岸通信系统兼容即可，不需要确认船岸连接线缆盒的安装位置。

答案：×

正确答案：进行船岸通信连接兼容研究时，除需要确认船岸通信系统兼容，需要确认船岸连接线缆盒的安装位置。

167. 登船梯是船岸之间唯一的通行通道。

答案：×

正确答案：登船梯并非船岸之间唯一的通行方式，必要时还可通过辅助船舶经船舶舷梯通行。

168. 进行船岸通道连接兼容研究时，不需要考虑登船梯的安装位置。

答案：×

正确答案：进行船岸通道连接兼容研究时，需要考虑登船梯的安装位置。

169. 进行船岸通道连接兼容研究时，需同时考虑码头的潮汐活动情况。

答案：√

170. LNG 船舶卸货作业前，经卸料臂气密测试合格，可有效降低卸货作业过程中出现泄漏风险。

答案：√

171. LNG船舶卸货作业前，只要卸料臂气密测试合格，作业过程中就不会有发生泄漏的风险。

答案：×

正确答案：LNG船舶卸货作业前，卸料臂气密测试合格，作业过程中也可能会有发生泄漏的风险。

172. 全速卸货过程中，为尽可能提高卸货效率，应按船方可达到的最大卸货速度进行全速卸货。

答案：×

正确答案：全速卸货过程中，为保证作业安全，卸货速度不能超过所有连接使用的卸料臂允许的最大卸货速度。

173. LNG贸易交接静态计量是依靠船上的船载货物计量系统(CTMS系统)自动记录船舱液位继而换算成船舱体积，通过船舱横、纵倾等其他修正自动核算体积。

答案：√

174. LNG贸易交接进行体积计量时，通常依靠接收站码头的货物计量系统(CTMS系统)进行。

答案：×

正确答案：LNG贸易交接进行体积计量时，通常依靠船上安装的货物计量系统(CTMS系统)进行。

175. 买卖双方进行贸易结算时，主要是以独立第三方计量单位出具的计量报告为依据。

答案：√

176. 所有LNG移动式设备应至少由一名有经验且经操作安全培训有资质的人员操作，其他人员至少应培训合格。

答案：√

177. 汽化区、工艺区或LNG转运区的拦蓄区，最小容积应等于任一事故泄漏源，在15min内火灾主管部门认可的证明监视和停车规定的更短时间内，可能排放到拦蓄区的LNG、易燃制冷剂和易燃液体的最大体积。

答案：×

正确答案：汽化区、工艺区或LNG转运区的拦蓄区，最小容积应等于任一事故泄漏源，在10min内火灾主管部门认可的证明监视和停车规定的更短时间内，可能排放到拦蓄区的LNG、易燃制冷剂和易燃液体的最大体积。

178. LNG储罐拦蓄区的位置应选择在当拦蓄区着火时，其热流量不应引起任何有碍LNG船航行的主要结构损坏。

答案：√

179. 通过每个储罐在CCR中的紧急停车按钮或自动联锁的触发，可以触发储罐紧急关断，低压泵、BOG压缩机关停。

答案：√

180. 在储罐内液化天然气发生分层报警时，应对翻滚风险进行评估，启动低压泵使液化天然气从顶部抽到底部混合。

答案：×

正确答案：在储罐内液化天然气发生分层报警时，应对翻滚风险进行评估，启动低压泵使液化天然气从底部抽到顶部混合。

181. 液化天然气储罐应配备两套独立的液位计，操作员能实时监控储罐液位，还应配备独立的液位高检测。

答案：×

正确答案：液化天然气储罐应配备两套独立的液位计，操作员能实时监控储罐液位，还应配备独立的液位高高检测。

182. BOG 压缩机开启的数量和各自的负荷应由接收站的运行模式和液化天然气的处理状况决定。

答案：√

183. 在气化器上应配备温度指示器，检测 LNG、汽化气的进、出口温度，以确保传热面的效率。

答案：×

正确答案：在气化器上应配备温度指示器，检测 LNG、汽化气及热媒流体的进、出口温度，以确保传热面的效率。

184. 在首船气试车或日常运行期间因无汽化外输或汽化外输量烧到接收站再冷凝器不足处理储罐内的 BOG 时，根据下游低压用户需求，启动运行 BOG 低压外输。

答案：√

185. 在储存液化天然气或低温气体的系统中应安装可以就地和远距离控制的阀门。

答案：√

186. 安装安全阀时放空口朝向不做要求。

答案：×

正确答案：安装安全阀时应注意其放空口朝向人员和其他装备危险最小的方向，同时尽量减小可燃气体云与火源接触的可能。

187. 随机检查管道保冷设施完好，管道和阀门保冷材料无损坏、浸水。

答案：×

正确答案：应定期检查管道保冷设施完好，管道和阀门保冷材料无损坏、浸水。

188. 应定期进行仪表控制系统数据库的维护和数据备份，宜设置数据库的实时在线备份功能。当有系统组态数据变动时，应进行数据备份。

答案：√

189. 应制定详细的防爆电气设备的检查和维护计划，确定检查和维护的内容、周期和等级，做好检查的实施和记录工作。

答案：√

190. 安全仪表系统的现场数据采集单元可兼容于过程控制系统。

答案：×

正确答案：安全仪表系统的现场数据采集单元应独立于过程控制系统。

191. 在转运过程中，装卸区不允许出现任何火源，如焊接、明火及非标电气设备。

答案：√

192. 岸上人员应在码头控制室内使用辅助靠泊系统对缆绳张力进行远程监视，出现缆绳报警情况时，立刻实施远程脱钩。

答案：×

正确答案：岸上人员应在码头控制室内使用辅助靠泊系统对缆绳张力进行远程监视，出现缆绳报警情况时，应通知船方调整缆绳长度。在紧急情况下实施远程脱钩。

193. 装卸汇管上可不设隔离阀及液体和气体回流管线用排放口接头。

答案：×

正确答案：装卸汇管上应设隔离阀及液体和气体回流管线用排放口接头，以便软管和装卸臂断开连接之前能封隔、排空、泵出和泄压。

194. 应急预案不需向企业的上级和当地的政府安全生产监督管理部门和有关主管部门进行备案。

答案：×

正确答案：应急响应应按 GB/T 29639 规定的要求编制应急预案。应急预案还应向企业的上级和当地的政府安全生产监督管理部门和有关主管部门进行备案。

195. 应编制专项应急预案。接收站的专项应急预案应包括天然气泄漏、火灾、爆炸、台风、恶劣天气、雷暴、地震、海啸、恐怖袭击等。对于专项预案应定期进行演练和更新。

答案：√

196. 应编制与生产有关的专项应急处置方案，包括停电、外输中断、停仪表风、DCS 故障、仪表故障、通信故障等事故。制定生产应急处置方案，并定期演练。

答案：√

197.《特种设备安全监察条例》规定，特种设备检验检测机构，应当接受特种设备使用单位进行的特种设备安全监察。

答案：×

正确答案：《特种设备安全监察条例》规定，特种设备检验检测机构，应当接受特种设备安全监督管理部门依法进行的特种设备安全监察。

198.《特种设备安全监察条例》规定，特种设备检验检测机构所从事的特种设备检验检测工作应当符合安全技术规范的要求。

答案：√

199. 电梯使用单位可以自行对电梯进行维护保养。

答案：√

200.《劳动法》中关于延长劳动工作时间的规定，因特殊原因需要延长工作时间的，在保障劳动者身体健康的条件下延长工作时间每日不得超过三小时，但是每月不得超过三十六小时。

答案：√

201. 根据《劳动法》的规定，地方劳动监察部门可以根据用人单位的生产经营特点和经济效益，确定用人单位的工资分配方式和工资水平。

答案：×

正确答案：《劳动法》第47条规定：用人单位根据本单位的生产经营特点和经济效益，依法自主确定本单位的工资分配方式和工资水平。

202.《劳动法》规定，社会保险水平应当与社会经济发展水平和社会保险基金承受能力相适应。

答案：×

正确答案：《劳动法》规定，社会保险水平应当与社会经济发展水平和社会承受能力相适应。

203. 根据《劳动合同法》的有关规定，用人单位违章指挥、强令冒险作业危及劳动者人身安全的，劳动者可以立即解除劳动合同，不需事先告知用人单位。

答案：√

204. 根据《劳动合同法》的有关规定，需要裁减人员二十人以上或者裁减不足二十人但占企业职工总数百分之五以上的，用人单位提前三十日向工会或者全体职工说明情况，听取工会或者职工的意见后，裁减人员方案经向劳动行政部门报告，可以裁减人员。

答案：×

正确答案：根据《劳动合同法》的有关规定，需要裁减人员二十人以上或者裁减不足二十人但占企业职工总数百分之十以上的，用人单位提前三十日向工会或者全体职工说明情况，听取工会或者职工的意见后，裁减人员方案经向劳动行政部门报告，可以裁减人员。

205. 根据《劳动合同法》的有关规定，劳务派遣单位应当与被派遣劳动者订立三年以上的固定期限劳动合同，按月支付劳动报酬；被派遣劳动者在无工作期间，劳务派遣单位应当按照所在地人民政府规定的最低工资标准，向其按月支付报酬。

答案：×

正确答案：根据《劳动合同法》的有关规定，劳务派遣单位应当与被派遣劳动者订立二年以上的固定期限劳动合同，按月支付劳动报酬；被派遣劳动者在无工作期间，劳务派遣单位应当按照所在地人民政府规定的最低工资标准，向其按月支付报酬。

206. 预冷前应标记主管线上管托的原始位置，紧固T接支管线上影响其移动的U形管托。

答案：×

正确答案：预冷前应标记主管线上管托的原始位置，拆除T接支管线上影响其移动的U形管托。

207. 干燥与置换宜同时进行；同时进行时，介质应采用氮气，气源压力一般不应低于0.5MPa。氮气纯度不应低于98%，水露点不应高于-60℃。

答案：√

208. 干燥与置换合格后系统应保持负压状态。

答案：×

正确答案：干燥与置换合格后系统应保持正压状态。

209. 将 Word 文档中某种格式的文本全部变成另一种格式的文本，可以用替换操作。

答案：√

210. 艺术字可以像图片一样加图文框，放到 Word 文档的任意位置。

答案：√

211. 在 Excel 中输入数据时，单元格中显示"#DIV/0!"，是统计函数命令。

答案：×

正确答案：这是除数为零的出错提示。

212. 在 Excel 中，拆分可分为 3 种：水平拆分、垂直拆分、水平和垂直同时拆分。

答案：√

213. 一旦计算机感染病毒，硬盘资料遭受破坏，应马上将硬盘格式化。

答案：×

正确答案：应该安装杀毒软件全盘扫描杀毒。

214. 遇到可疑的邮件应立即删除。但如果是熟人发来的邮件，就可以信任。

答案：×

正确答案：由于很多病毒邮件的发件人也是伪装的，所以用户有可能看到的是熟悉的人发来的邮件，但并不能保证邮件安全可靠。

215. 要将一个设计模板应用于所有幻灯片，需要先在"幻灯片"选项卡上选择所有幻灯片缩略图，然后应用该模板。

答案：√

216. 按 F7 键可进入幻灯片放映视图并始终从第一张幻灯片开始放映。

答案：×

正确答案：按 F5 键可进入幻灯片放映视图并始终从第一张幻灯片开始放映。

217. 查看打印机和传真的操作依次是：点"开始"按钮→设置→打印机和传真。

答案：√

218. 查看最近使用的文档的操作是：点"开始"按钮→文档。

答案：√

219. 同一局域网内的两台计算机可以使用相同的 IP 地址。

答案：×

正确答案：不可使用相同的 IP 地址。

220. IP 地址和物理地址指的是一回事。

答案：×

正确答案：IP 地址是逻辑地址，物理地址是网卡固定地址。

221. 随着网络技术日益发达，未来网络安全防护工作将变得越来越简单。

答案：×

正确答案：网络越发达，其涉及的面越宽广，需要防护的点越多，防护所需的技术也越来越复杂。

222. 网络安全防护的主要技术包括：物理安全措施、数据传输安全技术、内外网隔离技术、入侵检测技术、访问控制技术、审计技术、安全性检测技术、防病毒技术、备份技术、终端安全技术等。

答案：√

223. 木马病毒是单机型病毒。

答案：×

正确答案：是客户－服务端病毒。

224. 杀毒软件既可杀毒也可以清除木马及其他黑客程序。

答案：√

225. 盲板拆除更换垫环时应检查确认垫环的材质、磅级。

答案：√

226. 所有盲板均应在干燥置换前更换为垫环。

答案：×

正确答案：作为隔离等用途的盲板干燥置换前不需更换为垫环。

227. 开车前应按方案进行盲板拆除及加装，并做好盲板标识及台账记录。

答案：√

228. 接收站管线、设备数量众多，结合施工进度、干燥置换工期、投产顺序等将接收站划分为多个干燥包，进行干燥置换。

答案：√

229. 接收站 BOG 系统管线较多，且与其他所有工艺系统连通，因此只能在其他系统干燥合格后进行该系统干燥置换。

答案：×

正确答案：其他系统干燥置换气体可在进 BOG 总管前排放，因此 BOG 系统可与其他系统同步干燥置换；且 BOG 系统管线较多，置换工期长，不宜在其他系统干燥完成后进行。

230. 燃料气系统因投料相对其他系统较晚，管线分支较少，因此可在其他系统干燥置换结束或干燥后期进行干燥置换。

答案：√

231. 投料试车前环保管理制度已发布、“三废”预处理设施已建成投用、环境监测所需仪器等已备齐。

答案：√

232. 投料试车前氮气、仪表风系统需完成试车工作，试车结束后停用；待装置开始投料时再启动运行。

答案：×

正确答案：投料试车前氮气、仪表风等系统应完成试车并平稳运行，压力、流量、露点等参数合格。

233. 投料试车前盲板有专人负责，进行动态管理，建立台账，现场挂牌。

答案：√

234. 消防验收主要根据建设工程消防验收评定规则、石油天然气工程设计防火规范等国家有关技术规范的要求，审查资料及现场检查测试。

答案：√

235. 根据液化天然气接收站工程设计规范，码头应配置不少于4台固定式远控高架消防水炮，逃生通道应设置水喷雾冷却水系统。

答案：×

正确答案：码头应配置不少于2台固定式远控高架消防水炮，逃生通道应设置水喷雾冷却水系统。

236. 根据液化天然气接收站工程设计规范，工艺设施及液化天然气储罐四周道路路边应设置手动火灾报警按钮，其间距不宜大于50m。

答案：×

正确答案：其间距不宜大于100m。

237. 投料试车前必须进行投料试车条件检查，投料条件不具备不开车、程序不清楚不开车、试车方案编制人不在场不开车、出现问题不解决不开车。

答案：×

正确答案：投料试车前必须进行投料试车条件检查，投料条件不具备不开车、程序不清楚不开车、指挥不在场不开车、出现问题不解决不开车。

238. SCV试车前燃料气系统应完成调试，并能稳定供应SCV所需燃料气。

答案：√

239. 首船调试船在港期间必须完成卸料总管、LNG储罐、低压总管、高压总管预冷及填充，并建立零输出循环。

答案：×

正确答案：首船调试船在港期间必须完成卸料总管、LNG储罐、低压总管、码头保冷循环的预冷，高压总管、高压泵等可在调试船离泊后进行预冷、调试。

240. 根据国标GB51156液化天然气接收站工程设计规范，全容罐及薄膜罐日蒸发率要求不同，全容罐日蒸发率不宜大于0.05%，薄膜罐日蒸发率不宜大于0.08%。

答案：×

正确答案：全容罐日蒸发率不宜大于0.08%，薄膜罐日蒸发率不宜大于0.1%。

241. 通过表面温度法测试储罐蒸发率时，需准确测量外罐壁、外罐底、外罐顶、内罐壁、内罐底、气相空间等温度，风速及天气情况影响不大，可不考虑。

答案：×

正确答案：风速及天气情况会影响换热系数的计算，因此需要记录。

242. 储罐日蒸发率是对储罐保冷系统性能的考核，日蒸发率越大BOG产生量越大，接收站运行成本越高。

答案：√

243. 采用表面温度法测试日蒸发率时可在任何天气下进行测试，不影响测试结果。

答案：×

正确答案：采用表面温度法测试日蒸发率时需在相对正常的天气下进行，恶劣天气会影响表面温度及对流换热等，影响测试结果的准确性。

244. 日蒸发率测试前储罐的液位、压力等应处于稳定状态。

答案：√

245. 当测温仪故障导致测量的大气温度和储罐外表面温度偏低时，测算出的日蒸发率偏大。

答案：×

正确答案：测算出的日蒸发率偏小。

246. 微热再生干燥器入口气体温度不得高于40℃，温度越高，输出气体越干燥，露点越低。

答案：×

正确答案：微热再生干燥器入口气体温度不得高于40℃，温度越低，输出气体越干燥，露点越低。

247. 微热再生干燥器入口气体温度每升高5℃，饱和含水量增加30%左右，成品气露点升高8～10℃。

答案：√

248. 微热再生干燥器入口气体压力越高，干燥器负荷就越高，输出气体品质越差。

答案：×

正确答案：微热再生干燥器入口气体压力越低，干燥器负荷就越高，输出气体品质越差。

249. PSA启动后出口氧含量分析仪一直检测不合格，应首先联系仪表维修人员检查氧含量分析仪是否故障。

答案：√

250. PSA入口过滤器失效不会导致产品氮气浓度过低。

答案：×

正确答案：PSA入口过滤器失效有可能导致产品氮气浓度过低。

251. 氧含量分析仪失灵后应检查氧传感器是否正常，无须用标准气重新标定。

答案：×

正确答案：氧含量分析仪失灵后应用标准气重新标定，或检查氧传感器是否正常。

252. 启动电解制氯装置过程中无法启动整流器应检查电解槽入口海水压力和流量。

答案：√

253. 一台海水泵跳车肯定会联锁停电解制氯装置。

答案：×

正确答案：一台海水泵跳车不会联锁停电解制氯装置。

254. 电解制氯装置运行过程中发现次氯酸钠储罐液位持续上升，应检查冲击加药泵是否故障。

答案：×

正确答案：电解制氯装置运行过程中发现次氯酸钠储罐液位达到液位高报值后仍持续上升，应检查冲击加药泵是否故障。

255. 通过各种管理手段，提高能源的有效利用率，促进节能降耗，提高经济效益是用能单位能源管理的目的。

答案：√

256. 正常工况下可适当调高液氮出口压力，尽量使用 PSA 制取的氮气。

答案：×

正确答案：正常工况下可适当调低液氮出口压力，尽量使用 PSA 制取的氮气。

257. 用技术革新、科技进步、时代发展的手段更新淘汰旧的、高耗能的设备，可达到节能的目的。

答案：√

258. LNG 船舶靠泊作业期间，船岸安全检查需要在靠泊后开展一次，卸料过程中需要定期进行复查。

答案：√

259. 为节省作业时间，理论上 LNG 船舶靠泊速度越快越好。

答案：×

正确答案：LNG 船舶靠泊速度不能过快，且靠泊角度不能大，避免对船岸设施产生碰撞损坏。

260. LNG 船舶产生的 BOG 气体只能通过燃烧处理保证货舱压力。

答案：×

正确答案：可以作为燃料燃烧，也可以进行再液化回收。

261. 卸料过程中要控制 BOG 总管压力，压力越低越有利于卸料。

答案：×

正确答案：压力过低影响向船方返气，影响卸料速率。

262. 卸后计量安排在船侧排凝后，岸侧排凝对计量无影响。

答案：√

263. 卸船过程中的冷态测试需要记录卸料臂卸料管线切断阀关闭时间，关闭时间过长应及时报告。

答案：√

264. 卸料臂预冷由船方提供 LNG 进行，因此预冷速度完全由船方自主决定。

答案：×

正确答案：预冷速度在卸前会议提前约定，并由码头经理确定合适速度。

265. 冷态测试时船岸双方均需要记录阀门关闭时间，关闭时间过长应及时报告。

答案：√

266. 码头经理对卸料过程无须全程跟踪，只需关注重要节点即可。

答案：×

正确答案：需全程跟踪关注，并保证作业时间。

267. LNG 船舶在港作业期间，如出现恶劣天气，船方应增加值守力量，岸方主要关注卸料系统各参数是否正常。

答案：×

正确答案：船岸双方均应增加值守力量，并增大对码头的巡检频率。

268. 遇大风天气导致 LNG 船舶可能发生偏移时应适当增加系泊缆绳，并通知值守拖轮做好辅助准备。

答案：√

269. 不同组分 LNG 混掺会造成外输、槽车装车组分的变化，但全速后流量稳定，外输及装车 LNG 组分也就不会再发生变化。

答案：×

正确答案：全速后流量稳定，但储罐内 LNG 持续混掺，外输及装车 LNG 组分持续发生变化。

270. 不同组分 LNG 混掺作业，船方密度大时混掺的风险比船方密度小时混掺的风险小。

答案：×

正确答案：船方密度大时混掺的风险比船方密度小时混掺的风险大。

271. 为降低不同组分 LNG 混掺作业期间储罐超压及分层的风险，混掺作业开始前应尽量降低储罐液位。

答案：√

272. 水击分为直接水击和间接水击，其中间接水击的压力大。

答案：×

正确答案：水击分为直接水击和间接水击，其中直接水击的压力大。

273. 两相流形成水击所引发的激振力，其频率不可以预测，为避免此类管道水击，主要从管道布置和工艺操作两方面进行。

答案：√

274. 水击现象是一种纯物理现象，不可避免，因此由其产生的水击也只能限制，而不能彻底避免。

答案：√

275. 储罐进料管线发生间歇泉现象后管道压力大幅变化而温度不变。

答案：×

正确答案：储罐进料管线发生间歇泉现象后管道压力大幅变化，温度随间歇泉喷发周期变化。

276. SCV 中水与换热管束之间的传热系数远高于烟气与换热管束之间的传热系数。

答案：√

277. 冬季海水温度较低时，可以降低 ORV 出口温度的要求，保证 ORV 在额定流量下运行。

答案：×

正确答案：冬季海水温度较低时，可以降低 ORV 的 LNG 流量，不可以降低 ORV 出口温度的要求。

278. ORV 和 SCV 都在额定流量下运行时，SCV 的运行成本相当于 ORV 的 10 倍左右。

答案：√

279. 在 LNG 浸没燃烧式气化器实际运行高于临界压力的操作参数范围内，流体温度沿管程单调上升，局部对流传热系数沿流动方向总体呈现不变的趋势。

答案：×

正确答案：对流传热系数会有变化。

280. IFV 及 SCV 主要靠淡水进行换热，ORV 主要采用海水换热。

答案：×

正确答案：IFV 是靠海水换热

281. 汽化外输停止之后，燃料气系统也将无法使用。

答案：×

正确答案：燃料气系统可通过外输气管存或返输使用

282. 汽化外输无法正常运行时，接收站 BOG 外输系统也将无法运行。

答案：×

正确答案：BOG 外输系统只要满足压缩机的运行要求就可以运行。

283. 接收站停止高压 NG 外输后，可启动 ORV 汽化产生低压的 NG 气体供燃料气系统使用。

答案：√

284. 高压汽化外输启动前，要将所有零输出流程停止。

答案：×

正确答案：部分零输出流程不需要停止。

285. 高压外输泵入口过滤器堵塞不会造成泵的声音异常。

答案：×

正确答案：高压外输泵入口过滤器堵塞严重时会造成泵的声音异常。

286. 高压外输泵性能下降会导致流量降低。

答案：√

287. 合理的设计高压外输泵的入口管道可以减少高压外输泵振动。

答案：√

288. 汽蚀、电机和泵的联轴节未找正、叶轮不平衡和轴承与轴的间隙过大是造成 LNG 高压外输泵产生振动的原因。

答案：×

正确答案：高压外输泵无联轴节。

289. 高压外输泵在试车的时候，泵启动后出口压力远低于正常压力，可能是回流线阀门开度太大。

答案：×

正确答案：可能是电机相序接反。

290. 如果高压外输泵泵筒液位计下引压管内的液态无法汽化，会导致液位一直显示较低。

答案：√

291. SCV 在运行过程中，由于风机鼓风量大会将水池内水从溢流口吹走，所以要及时给水池补水。

答案：×

正确答案：SCV 在运行过程中会产生水，不需要及时给水池补水

292. SCV 在运行过程中，发现烟气中检测的 NO_x 含量超标，可能是火焰的温度过高。

答案：√

293. SCV 在运行过程中，如果烟气中检测的 CO 含量一直较高，水池内有可能发生积炭的情况。

答案：√

294. SCV 出口温度一直低于设定温度，很可能是 LNG 的进料量太大。

答案：√

295. IFV 气化器 LNG 流量低低不会造成停车。

答案：√

296. 丙烷温度下降不需要关注，因为不会导致 IFV 停车。

答案：×

正确答案：丙烷腔温度和压力直接挂钩，温度下降会导致压力下降，温度下降过多还可能是 LNG 泄漏进丙烷腔。

297. 丙烷装置例行维护期间需要更换丙烷。

答案：×

正确答案：不需要更换。

298. 如果将正在运行的计量撬参与计量的压力变送器隔离泄压，流量计读数会迅速降低。

答案：√

299. 在计算未来几天接收站库存变化时，如果外输量够大，可以不考虑再冷凝系统的 BOG 处理量。

答案：√

300. 在计算接收站库存量时，要考虑 LNG 和 BOG 量的总和。

答案：√

301. 再冷凝器隔离后就不能冷凝 BOG 了，因此再冷凝器的检修最好安排在非卸船期。

答案：√

302. 再冷凝器内部检修作业前，要对再冷凝器彻底进行氮气置换，并在每一个物料进出接口处加装盲板。

答案：√

303. 再冷凝器内部检修作业时，其底部出口关闭两道隔离阀并设有单向阀，所以出口接口处可以不用加盲板。

答案：×

正确答案：每个接口必须加盲板。

304. 再冷凝器冷却前必须检测氧含量和露点，再冷凝器的露点低于 -60℃。

答案：√

305. 再冷凝器由耐低温材料制造，其在工艺投用时可以不冷却。

答案：×

正确答案：再冷凝器由耐低温材料制造，但其在工艺投用时必须冷却，防止温差过大损坏设备。

306. BOG 压缩机入口压力不断减低，说明 BOG 管网压力在不断减低。

答案：×

正确答案：可能是入口过滤器堵塞。

307. 当 BOG 压缩机出口温度不断降低时，操作员要及时检查 BOG 管网各处温度是否正常。

答案：√

308. BOG 外输投用后，可以减少接收站汽化外输量较少时 BOG 放火炬的排放量。

答案：√

309. BOG 经过再冷凝后并入汽化外输系统与 BOG 经高压压缩机升压直接外输相比，前者更节能。

答案：√

310. 燃料气系统置换作业时，要对燃料气系统的每一个用气点都要进行 CH_4含量检测。

答案：√

311. 燃料气系统隔离停用后，SCV 可通过燃烧 LPG 维持运行。

答案：×

正确答案：SCV 不可通过燃烧 LPG 维持运行。

312. 为加快轻烃回收装置预冷速度，采用先液相预冷、后气相预冷对装置预冷。

答案：×

正确答案：先气相预冷、后液相预冷。

313. 轻烃回收装置预冷过程中必须加强现场巡检，检查法兰有无泄漏、管托有无位移等。

答案：√

314. 轻烃回收装置预冷过程中，排放点选择上应尽量靠近流程末端，使系统预冷全面，同时节省冷量。

答案：√

315. 轻烃回收装置必须在系统预冷合格，系统压力达到正常工况下的操作压力后才能允许开车。

答案：×

正确答案：开车前系统压力与正常不同。

316. 轻烃回收装置检修完成、准备恢复开车前必须确认系统无盲板隔离。

答案：√

317. 长期停车后，安全仪表系统(SIS)调试合格前，轻烃回收装置不能开车。

答案：√

318. 轻烃回收装置停车后，脱甲烷塔底去脱乙烷塔的阀门应关闭，主要是防止脱甲烷塔釜液位过低。

答案：×

正确答案：防止脱甲烷塔低温物料进入脱乙烷塔。

319. 轻烃回收装置停车后，脱甲烷塔重沸器只要倒空管程凝液即可，壳程 LNG 可以不用倒空。

答案：×

正确答案：壳程也要倒空，防止管程冻堵。

320. 轻烃回收装置停车后，应将各塔、罐的低液位联锁打旁路状态，防止联锁阀门误动作。

答案：√

321. 轻烃回收装置机泵晃电后应立即再启动，越快越好，对装置的影响最小。

答案：×

正确答案：机泵晃电原因消除前不能启动，应启动备用泵。

322. 轻烃回收装置晃电以防止设备超温超压、防止 BOG 及火炬罐大量带液、避免 PSV 安全阀起跳、避免装置大面积联锁跳车为处理原则。

答案：√

323. 轻烃回收装置脱甲烷塔级间回流泵晃电后，应立即降低脱甲烷塔釜加热，防止塔压上升过快，脱乙烷塔可以不用调整。

答案：×

正确答案：脱乙烷塔同样要大幅调整。

324. 轻烃回收装置蒸汽供应故障，蒸汽流量、压力快速下降，应立即组织装置停车。

答案：×

正确答案：先大幅降低装置负荷，尽可能维持低负荷运行。

325. 轻烃回收装置蒸汽供应故障，应立即查明原因，根据故障时间按相应应急处理预案进行操作。

答案：√

326. 轻烃回收装置蒸汽品质下降，带水明显时，只会造成脱甲烷塔重沸器加热不良，调整不及时，重沸器气相线温度下降，对其他设备、管线无影响。

答案：×

正确答案：可能造成蒸汽管线“水锤”。

327. 轻烃回收装置开车，先脱甲烷系统开车，塔釜物料合格后，再脱乙烷系统开车。

答案：√

328. 轻烃回收装置开车，需匹配好脱甲烷塔进料和塔釜蒸汽加热量，防止塔压上升过高，系统超压。

答案：√

329. 轻烃回收装置开车，若安全阀起跳后不回座，应立即关闭安全阀上游阀，避免 BOG 系统带液。

答案：×

正确答案：系统降压后，再检查安全阀；若仍起跳，再切除处理。

330. 轻烃回收装置停车过程中，发现脱甲烷塔重沸器气相线温度下降，为防止重沸器发生联锁，可以临时旁路重沸器气相线温度低低联锁。

答案：×

正确答案：联锁不能随意旁路。

331. 轻烃回收装置脱甲烷塔停车过程中，需匹配好塔进料和塔釜蒸汽加热量，防止塔压过高，系统超压。

答案：√

332. 轻烃回收装置停车时，密切关注在线色谱乙烷产品组分变化，若变化大，产品罐区应及时改罐，防止合格产品罐被污染。

答案：√

333. 卸料臂应定期在整个工作范围内移动各臂。

答案：√

334. 卸料臂结构球轴承最迟应在臂安装后 6 个月内开展注脂润滑。

答案：√

335. 卸料臂绝缘法兰电阻值应定期测量，应在工作环境下，臂满载的状态下，进行测量。

答案：×

正确答案：卸料臂绝缘法兰电阻值应定期测量，应在环境温度下，臂空载的状态下，进行测量。

336. 为了避免危及安全操作，应定期检查登船梯状态。磨损或破损的部件应立刻用原装零部件更换。

答案：√

337. 登船梯启动油泵之前，必须在贮液器内填充液压油，高于最低液位（玻璃液位面计）。

答案：×

正确答案：登船梯启动油泵之前，必须在贮液器内填充液压油，低于最高液位（玻璃液位面计）。

338. 电磁阀属于易损件，经常需要更换，因此所有液压油电磁阀的螺栓涂抹润滑脂，应对海边气候环境条件差。

答案：√

339. 一般情况下，立式压缩机气缸上止点间隙通常要比下止点间隙大一点。

答案：√

340. BOG 压缩机主轴承为滑动轴承，每运行 25000h 需要更换。

答案：×

正确答案：正常情况下主轴承无须更换，只要定期换油，轴承只会发生轻微磨损，定期检查轴承和曲轴颈之间的间隙符合要求即可。

341. 润滑油压力过高会导致 BOG 压缩机轴承温度过高。

答案：×

正确答案：润滑油压力过低会导致 BOG 压缩机轴承温度过高。

342. 加碱系统管线及碱储罐应确保固定件和管线完好，无严重腐蚀破损，无泄漏情况。

答案：√

343. SCV 维护检修工作涉及 SCV 基础结构、鼓风系统、冷却水系统、燃料气系统、LNG 系统、循环水系统、仪表风系统、加碱系统等内容。

答案：√

344. 冬季启动 SCV 成功后需将小火和级间燃料气管线手阀关闭，防止水汽进入造成冻堵，导致 SCV 无法正常启动。

答案：√

345. 每天都应检查油位。油窥镜位于油池上。机器带负载运行时，油窥镜中的油应始终可见。正常位置应处于满油位的1/2至3/4处。

答案：√

346. 检查螺杆压缩机冷却器芯的外部，通常可能只需使用湿毛巾除去油泥、灰尘等。

答案：×

正确答案：直观检查冷却器芯的外围部分，以确定是否需要对冷却器进行充分清洁。通常可能只需使用真空吸尘器除去油泥、灰尘或其他外来物质，以解决该问题。

347. 确保螺杆压缩机停机15min后对水分离器及冷凝水排放阀和集水器进行检查维护。

答案：√

348. ORV表面涂层主要作用是防止海生物附着生长。

答案：×

正确答案：ORV涂层主要作用是防止ORV管束海水腐蚀。

349. 根据ORV运行经验，每年春季海水槽中海生物较多，需要加大清理频次。

答案：×

正确答案：根据ORV运行经验，每年夏季海水槽中海生物较多，需要加大清理频次。

350. ORV海水槽与两侧管束之间的水平间隙应一致，管束纵向前后间隙误差不应超过3mm。

答案：√

351. 技术改造的过程中竣工验收时应以基础设计为依据。

答案：×

正确答案：技术改造的过程中竣工验收的依据是批准的项目建议书、可行性研究报告、基础设计(初步设计)、有关修改文件及专业验收确认的文件。

352. 一般设备的改造由使用部门提出申请，重大设备改造由各有关职能部门开会商定后提出申请。

答案：√

353. 技术改造项目正式验收后要按照对技术经济指标进行考核标定，编写运行标定报告。

答案：×

正确答案：技术改造项目正式验收前要按照对技术经济指标进行考核标定，编写运行标定报告。

354. 操作人员上岗要做到“四懂三会”。

答案：√

355. 一般设备完好率要求达100%。

答案：×

正确答案：一般设备完好率要求达98%以上。

356. 设备检修完毕后，操作人员即可将设备投入正常使用。

答案：×

正确答案：设备检修完毕后，按标准检查试运，不合格者严禁投入使用。

357. 储罐的进料方式应进行顶、底部选择，可有效防止储罐产生分层。

答案：√

358. 当 LNG 储罐持续一段时间未注入或者输出 LNG 液体时，由于 LNG 储罐与外界的缓慢热交换，导致 BOG 的形成，使罐内 LNG 质量发生改变，从而导致分层。

答案：×

正确答案：当 LNG 储罐持续一段时间未注入或者输出 LNG 液体时，由于 LNG 储罐与外界的缓慢热交换，导致 BOG 的形成，使罐内 LNG 密度发生改变，从而导致分层。

359. 分别储存是防止分层的较好方法，即将密度不同的 LNG 储存于不同的储罐中。

答案：√

360. 控制 LNG 分层，就可以控制翻滚。

答案：√

361. 储罐内的 LNG 分层时，BOG 的产生量会明显上升。

答案：×

正确答案：储罐内的 LNG 分层时，BOG 的产生量不一定上升。

362. 换热器内漏不会造成介质扩散到外界，一般不会导致严重危害。

答案：×

正确答案：换热器内漏不会造成介质扩散到外界，但依然会导致严重危害。

363. 发现浮头式换热器内漏后，可以向管程注水打压，检查小浮头侧的胀口和垫片有无泄漏。

答案：√

364. 换热器内漏可能造成换热器管线内介质的组分、压力、温度等参数偏离正常控制值。

答案：√

365. 高压泵液位计显示异常，但高压泵并无异常振动及响声，则可能是仪表故障或液位计出现堵塞。

答案：√

366. 高压泵泵筒液位异常，不仅会造成振动、流量不足等问题，还会造成泵润滑不良。

答案：√

367. 入口 BOG 温度过低会造成再冷凝器液位出现过低。

答案：×

正确答案：入口 BOG 温度过低会造成再冷凝器液位升高。

368. 再冷凝器液位升高，可增加压缩机负荷使其液位降低。

答案：√

369. 再冷凝器在正常操作时，液位不需要控制在一定范围，但是不应没过需要进行热交换的填料。

答案：×

正确答案：再冷凝器在正常操作时，液位需要控制在一定范围。

370. 接收站停电后，所有动设备停运，应急发电机在规定时间内启动。

答案：√

371. 接收站全厂停车后，BOG 系统压力会立即涨至高高报。

答案：×

正确答案：接收站全厂停车后，BOG 系统压力会逐渐增加，不会立即涨至高高报。

372. 应急发电机启动后可投用挂在应急段的螺杆压缩机、循环水泵、消防稳压泵和低压泵。

答案：√

373. 为防止 BOG 压缩机出口管线超温，可参考入口温度来决定是否关闭回流阀门。

答案：√

374. 因为背压的存在，预冷时 BOG 压缩机打回流是为了减小 BOG 压缩机做功，防止其出口管线超温。

答案：√

375. BOG 压缩机出口设置温度高报是为了再冷凝器的冷凝效果。

答案：×

正确答案：BOG 压缩机出口设置温度高报是为了保护压缩机。

376. SCV 点火失败会同时联锁 SCV 鼓风机电机停机。

答案：×

正确答案：SCV 点火失败不会同时联锁 SCV 鼓风机电机停机。

377. SCV 点火失败后，会因为 SCV 入口 LNG 切断阀不能及时关闭而造成 SCV 出口温度降低。

答案：×

正确答案：SCV 点火成功前，入口 LNG 切断阀不能打开。

378. 正常情况下，SCV 出现允许 LNG 进料信号正常后，SCV 点火已经成功。

答案：√

379. 热膨胀安全阀内漏后主要会造成 BOG 量略微增加，能耗略微增大，不会造成其他安全风险，因此在工作任务较多时可暂不处理。

答案：×

正确答案：热膨胀安全阀内漏后可能造成 LNG 进入 BOG 管线，造成 BOG 温度过低，影响 BOG 回收系统安全运行，甚至造成火炬气带液等危险后果。

380. 热膨胀安全阀拆除检修内漏问题时，需用盲法兰将法兰口封住，并监控安全阀所在管线压力情况，确认该管线其他安全阀正常投用。

答案：√

381. 设备进出口切断阀内漏严重时会造成设备无法隔离，影响设备检修。

答案：√

382. 阀门在施工运输过程中受到外力冲击，造成阀杆弯曲、阀体损伤、密封件松动，不是造成阀门内漏的原因。

答案：×

正确答案：阀门在施工运输过程中受到外力冲击，造成阀杆弯曲、阀体损伤、密封件松动，是阀门内漏的原因之一。

383. 全厂联锁停车不会造成仪表风、氮气等系统停车，但需关注仪表风、氮气系统运行情况，发现异常及时处置。

答案：√

384. 全厂联锁停车后应重点监控设备、管线有无超压情况，待原因排查并处理后方可复位恢复运行。

答案：√

385. 全厂联锁停车不会造成火炬停车，因此不影响火炬的运行。

答案：×

正确答案：全厂联锁停车会造成燃料气系统停车，影响火炬长明灯燃烧。

386. 储罐液位低低联锁停车后复位罐内泵汇管至低压总管紧急切断阀，恢复罐内泵保冷循环，旁路低液位联锁后恢复罐内泵运行。

答案：×

正确答案：储罐液位低低联锁停车后复位罐内泵汇管至低压总管紧急切断阀，恢复罐内泵保冷循环，待液位满足要求后恢复罐内泵运行。

387. 储罐 LNG 发生分层不会触发储罐联锁停车。

答案：√

388. LNG 储罐压力高高联锁罐内泵停车，低压总管压力迅速下降可能造成再冷凝器停车。

答案：×

正确答案：储罐压力高高不会联锁罐内泵停车。

389. 船方、岸方原因均可能造成码头卸料单元紧急停车。

答案：√

390. 如因风速过大造成码头卸料单元联锁停车，操作人员除观察各管段压力情况外，应重点监控卸料臂、登船梯的状态，监控缆绳张力，并及时与卸料主管沟通。

答案：√

391. 码头卸料单元联锁停车后，立即屏蔽船岸通讯 ESD 信号，复位并打开联锁关闭的阀门继续卸料。

答案：×

正确答案：应查找停车原因，关注各管段有无憋压，待问题排除后复位，恢复卸料。

392. 卸料臂 ESD2 联锁触发后，操作人员应及时按程序汇报，找到联锁原因后打开双球阀继续卸料。

答案：×

正确答案：码头 ESD2 联锁卸料臂 ERS 脱开，需将 ERS 回装后才能恢复卸料流程。

393. 卸料臂 ESD2 联锁后，操作人员除应查看卸料臂 ERS 脱开情况外，还应关注各管段有无超压情况。

答案：√

394. 如因风速过大船舶位移造成卸料臂 ESD2 卸料臂 ERS 脱离，应先将 LNG 船调整至合适位置、卸料臂排凝吹扫后恢复卸料臂 ERS。

答案：√

395. 高压外输系统联锁停车对 BOG 压缩机无影响。

答案：×

正确答案：高压泵、气化器联锁停车，再冷凝器底部压力升高可能联锁 BOG 压缩机停车，且再冷凝器无法回收 BOG。

396. 高压外输系统联锁停车后，BOG 无法回收处理，储罐压力不断升高，此时应关注燃料气系统情况，确保火炬长明灯正常燃烧。

答案：√

397. 高压外输系统联锁停车后，低压总管压力迅速上升，需重点查看低压总管压力及罐内泵回流阀的开度，根据情况调节码头保冷循环阀门开度，需要时停部分罐内泵。

答案：√

398. BOG 压缩机全部联锁停车后，应立即将再冷凝器切出，保持液位稳定。

答案：√

399. BOG 压缩机联锁停车后高压泵入口压力无影响。

答案：×

正确答案：BOG 压缩机联锁停车后再冷凝器底部压力下降，高压泵入口压力会下降。

400. BOG 压缩机联锁停车后除需立即稳定高压泵入口压力外，还需关注 LNG 储罐压力。

答案：√

401. pH 计测量值比实际值偏低会造成碱液加注偏少，因此需定期校验 pH 计是否正常。

答案：×

正确答案：pH 计测量值比实际值偏低会造成碱液加注偏多。

402. 浸没燃烧式气化器运行时，如加碱阀门异常动作，应首先排查 pH 计是否故障，因 pH 计联锁值会联锁加碱阀门开关动作。

答案：√

403. 浸没燃烧式气化器长时间不使用时，应将所有 pH 计下线，并拆卸电极将其放置蒸馏水中浸泡保养。

答案：√

404. 浸没燃烧式气化器冷却水压力偏高可通过清理过滤器进行处理。

答案：×

正确答案：压力偏高可先检查压力表是否正常，如压力表正常需切换备用气化器，该气化器停机后检查出口管路有无堵塞。

405. 浸没燃烧式气化器冷却水压力偏低可直接清理入口过滤器。

答案：×

正确答案：直接清理会造成冷却水压力低低联锁停气化器，应先切至备用过滤器后再清理。

406. 浸没燃烧式气化器冷却水压力异常时先确认压力表有无异常，如压力表示数正确时根据压力情况排查泵入口或出口有无异常。

答案：√

407. 浸没燃烧式气化器启动前，首先应检查水浴液位，水池液位低则需补软化水，使得液位达到正常液位值。冬季停机时，还需要检查冷却水泵及管线电伴热是否投用，防止温度低造成管道冻堵。

答案：√

408. 浸没燃烧式气化器在调试阶段已将空气和燃料气的比例调好，因此点火失败不可能是空燃比的问题。

答案：×

正确答案：点火期间风机调节阀故障导致风量变化，空燃比发生变化，可能造成点火失败。

409. 浸没燃烧式气化器点火时燃料气压力过高或过低都可能导致点火失败。

答案：√

410. LNG 泄漏后吸热汽化为天然气，天然气密度小于空气不易积聚，因此在 LNG 卸料过程中如卸料臂泄漏量不大时可不做处置，待卸料结束后再进行维修。

答案：×

正确答案：卸料过程中卸料臂漏量不大时暂停该臂卸料，并进行泄压、排凝，根据情况紧急维修或使用备用臂卸料。

411. 当高压泵出口管线流量计法兰出现轻微泄漏时，可尽快调整气化器、罐内泵及再冷凝器底部压力，然后停车，避免造成再冷凝器液位、压力大幅波动甚至造成设备联锁停车。

答案：√

412. 开架式海水气化器(ORV)入口管线泄漏后，只需关闭泄漏点上游阀门切断 LNG 进料即可。

答案：×

正确答案：需关闭泄漏点上游阀门及下游阀门，切断进料管线 LNG 及出口管线天然气，防止 LNG 及天然气通过泄漏点泄漏至大气。

413. BOG 压缩机气缸盖泄漏可能的原因是温度较低，法兰连接螺栓松动。

答案：√

414. 燃料气系统泄漏后需停 BOG 压缩机才可处理。

答案：×

正确答案：燃料气系统是 BOG 压缩机其中一个用户，泄漏后可通过阀门等对泄漏点进行隔离，BOG 压缩机出口气仍可进行再冷凝回收。

415. 设备附近安装有在线可燃气体检测仪，如泄漏量较小可燃气体检测仪未报警则可暂不处理，加强监控即可。

答案：×

正确答案：在线可燃气体检测仪主要用于检测较大泄漏，如发现天然气泄漏需及时处置，避免泄漏扩大，消除安全隐患。

416. 接收站发生火灾后根据火灾危害程度确定事故等级并启动相应等级的应急预案，不能扩大应急相应等级。

答案：×

正确答案：当火灾事故可能演变为更高一级火灾事故时，现场指挥向上级部门申请启动高一级应急行动。

417. LNG 火灾无法用消防水扑灭，因此 LNG 火灾情况下消防水没有作用。

答案：×

正确答案：LNG 火灾无法用消防水扑灭，消防水主要用于周围设备及通道降温、隔离等。

418. 进入 LNG 火灾区域，必须穿戴专用防火隔热服装。

答案：√

419. 设备联锁停车后在查明原因前不可再次启动。

答案：√

420. 静电导除装置失效、设备带病运转、开车前未检查确认工艺流程等物的不安全状态均是造成生产事故的常见原因。

答案：×

正确答案：开车前未检查确认工艺流程是人的不安全行为。

421. BOG 压缩机入口温度过高或过低都会对 BOG 压缩机运行造成较大影响。

答案：√

422. BOG 压缩机入口温度过高只能通过投用减温器喷入 LNG 降低温度确保压缩机运行平稳。

答案：×

正确答案：查找温度过高的原因，关闭高温气来源使 BOG 压缩机入口温度恢复正常；排查原因过程中临时可通过减温器降温确保 BOG 压缩机运行稳定。

423. BOG 压缩机入口温度降低时压缩机效率增大，因此 BOG 温度越低越好。

答案：×

正确答案：BOG 温度过低可能带液堵塞入口过滤器。

424. 燃料气电加热器出口温度波动较大可能的原因是燃料气流量波动较大。

答案：√

425. 由于 LNG 是混合物，温度和组分的变化会引起密度的变化，罐内 LNG 长期静置将形成两个稳定的液相层，产生分层现象。

答案：√

426. 接卸组分相近的 LNG 比接卸组分相差大的 LNG 容易出现分层。

答案：×

正确答案：接卸组分相近的 LNG 相比接卸组分相差大的 LNG 不容易出现分层。

427. 当储罐内 LNG 发生分层报警时，应启动罐内泵打回流，回流进上、下进液均可。

答案：×

正确答案：罐内泵回流回上进液。

428. 零件图是用视图、辅助视图及其他视图，正确、完整、清晰地将零件各部分的结构和形状表达出来的一组视图。

答案：√

429. 技术要求中一般填写有零件的名称、材料数量和比例等内容。

答案：×

正确答案：标题栏中一般填写有零件的名称、材料数量和比例等内容。

430. 零件图的作用是用于表达零件的结构形状和技术要求。

答案：×

正确答案：零件图的作用是用于表达零件的结构形状、尺寸和技术要求。

431. 画零件图时必须选择一个较好的表达方案，它包括视图的数量和表达方式的选择。

答案：×

正确答案：画零件图时必须选择一个较好的表达方案，它包括主视图的选择、视图的数量和表达方式的选择。

432. 当尺寸链注成封闭时，会给加工带来方便。

答案：×

正确答案：当尺寸链注成封闭时，会给加工带来困难。

433. 零件图上应注出加工完成和检验零件是否合格所需的全部尺寸。

答案：√

434. PID 图中，装置内所有操作、开停工及事故处理等管道及其阀门均应予以表示，并用箭头表示管内物料的流向。

答案：√

435. PID 图中主要操作管道用粗实线表示，备用管道、开停工及事故处理管道、其他辅助管道均用细实线表示。

答案：√

436. PID 图中管道的公称直径以 cm 表示，例如 50 即表示 50cm。

答案：×

正确答案：PID 图中管道的公称直径以 mm 表示，例如 50 即表示 50mm。

437. 根据《液化天然气接收站能力核定方法》(SY/T 7434)规定，当汽化外输设施、液态装车设施或其他外输设施共用低压外输泵、高压外输泵等设备或低压总管、高压总管等管道时，应以被共用设备的小时能力作为以上任一种外输设施小时能力的上限。

答案：×

正确答案：应以被共用设备或管道的小时能力作为以上不同类型外输设施小时能力的上限。

438. 根据《液化天然气接收站能力核定方法》(SY/T 7434)规定，当泊位具备装船能力时，码头接收能力应考虑装船的影响。

答案：√

439. 根据《液化天然气接收站能力核定方法》(SY/T 7434)规定，液态装车设施能力核算时，单辆槽车装车有效容积、日最大装车台数、装车设施操作天数相同时，装车 LNG 密度越小装车设施能力越大。

答案：×

正确答案：装车 LNG 密度越小装车设施能力越小。

440. 装置综合能耗是消耗的各类能源折算成标准煤的和与装置处理量的比值。

答案：×

正确答案：装置综合能耗是消耗的各类能源折算成标准煤的和。

441. 在 BOG 压缩机能耗计算时，除电量消耗外，还需计算氮气等辅助原料的消耗。

答案：√

442. 单位处理量的综合能耗与装置或设备的负荷有关。

答案：√

443. 压焓图是指压力与焓值的曲线图，压焓图以绝对压力为纵坐标，以焓值为横坐标。压焓图是分析蒸气压缩式制冷循环的重要工具，常用于制冷循环设计、计算和分析。

答案：√

444. 压焓图中等焓线与横坐标轴平行。

答案：×

正确答案：等焓线与横坐标轴垂直。

445. 蒸发器的热负荷减少，随着蒸发温度的降低，冷凝温度也会随之下降。

答案：√

446. 再冷凝系统的气液比的值即是在高压 BOG 与低压总管内 LNG 混合成冷凝液时，两种物料与混合后 LNG 比焓差的比例，这一比例通常在气液比(1：6)～(1：10)之间。

答案：√

447. 再冷凝系统的气液比主要受 LNG 温度、再冷凝器压力、再冷凝器液位等影响，与 BOG 温度关系不大。

答案：×

正确答案：气液比随 BOG 温度变化而变化，BOG 温度越低，气液比越大。

448. BOG 组分变化也会影响再冷凝器气液比。

答案：√

449. 圆筒型保冷结构与平板型保冷结构冷损失的计算公式不同，平板型保冷结构无须考虑外表面对流换热。

答案：×

正确答案：圆筒型保冷结构与平板型保冷结构冷损失的计算公式不同，但都需考虑外表面对流换热。

450. 圆筒型不同材料双层保冷结构冷损失下计算保冷厚度时，内层保冷材料厚度一定时，内层保冷材料导热系数变大时，计算总保冷厚度变大。

答案：√

451. 管道保冷层冷损失量越大时，保冷层外表面温度越低。

答案：√

452. 当冷损失量一定时，环境温度越低，保冷层外表面温度越高。

答案：×

正确答案：当冷损失量一定时，环境温度越低，保冷层外表面温度越低。

453. 对培训实施过程进行控制和纠偏，可以由培训员根据培训效果进行。

答案：×

正确答案：对培训实施过程进行控制和纠偏，必须以培训计划为依据。

454. 进行培训后跟进，采取的方法有访谈、召开座谈会和问卷调查。

答案：×

正确答案：进行培训后跟进，采取的方法有访谈、召开座谈会、问卷调查、填写调查跟踪表和跟踪观察学员工作情况。

455.“跟进”是培训完成之后的善后工作，其作用是增强培训效果以及为下次培训提供参考。

答案：√

456. 培训评估做完一次之后就结束了。

答案：×

正确答案：培训评估是一个长期的、连续的过程。

457. 培训评估包括事前评估与事后评估。

答案：√

458. 培训效果评估就是收集培训成果以衡量培训是否有效。

答案：√

459. PDCA 循环的含义是将质量管理分为 4 个阶段，即 Plan（计划）、Do（执行）、Check（检查）和 Action（处理）。

答案：√

460. 投料试车方案需包含试车程序与控制点、试车负荷与原料平衡、试车保运体系、试车难点及对策、生产考核各项指标等相关内容。

答案：×

正确答案：生产考核各项指标不是投料试车方案需包含的内容，是性能考核方案的内容。

461. 在寒冷地区投料试车应避开严冬季节，确需在冬季投料试车要制定冬季试车特殊方案，落实防冻、防凝措施。

答案：√

462. LNG 接收站投料试车主要的原料、燃料消耗为 LNG、LPG、自来水、液氮、柴油、汽油、酸、碱等。

答案：×

正确答案：不需汽油。

463. 应急预案的体系框架可以分为综合应急预案、专项应急预案及现场处置方案。

答案：√

464. 专项应急预案是针对具体的事故类别（如煤矿瓦斯爆炸、危险化学品泄漏等事故）、危险源和应急保障而制定的计划或方案，是综合应急预案的组成部分，应按照应急预案的程序和要求组织制定，并作为综合应急预案的附件。专项应急预案应制定明确的救援程序和具体的应急救援措施。

答案：√

465. 现场处置方案是指在现场发生事故时现场人员的处置流程，方案应涵盖面广，较笼统，尽可能做到处置办法能覆盖类似事故。

答案：×

正确答案：现场处置方案是针对具体的装置、场所或设施、岗位所制定的应急处置措施。现场处置方案应具体、简单、针对性强。现场处置方案应根据风险评估及危险性控制措施逐一编制，做到事故相关人员应知应会，熟练掌握，并通过应急演练，做到迅速反应、正确处置。

466. 生产考核是指投料试车产出合格产品后，对装置进行生产能力、工艺指标、环保指标、产品质量、设备性能、自控水平、消耗定额等是否达到设计要求的全面考核。

答案：√

467. 生产考核结束后，总承包单位应对生产考核的原始记录进行整理、归纳、分析，撰写生产考核总结。

答案：×

正确答案：建设单位应对生产考核的原始记录进行整理、归纳、分析，撰写生产考核总结。

468. 装置投料试车完成后即可进行生产考核，考核前需落实上游物料。

答案：×

正确答案：生产考核应在装置满负荷或高负荷持续稳定运行一段时间后进行，考核前需落实上、下游装置的物料衔接。

469. 工艺事故报告应包含事故发生的时间、事故发生的过程及损失、事故发生的原因、事故防范及改进措施等主要内容。

答案：√

470. 事故报告中事故发生的时间、发生过程等内容需包括事故发生前后主要操作内容，但无须详尽到具体操作人员。

答案：×

正确答案：事故报告中事故发生的时间、发生过程等内容需包括事故发生前后主要操作内容，需详尽到具体操作人员。

471. 事故报告根据事故直接原因及间接原因的分析给出防范和整改措施。

答案：√

472. 对策表是针对发生质量问题的主要原因制定应采取哪些相应措施的计划表，可用定量化数据表示，无法量化时可采用抽象化语言作为目标。

答案：×

正确答案：无法量化时也应以肯定、准确的定性语言描述，避免使用抽象化语言作为目标。

473. 现状调查的目的是为制定目标提供依据。

答案：√

474. QC 小组活动分为现场型、优化型、攻关型、管理型和创新型 5 种类型。

答案：×

正确答案：QC 小组活动分为现场型、服务型、攻关型、管理型和创新型 5 种类型。

475. 如认为压力容器安全阀整定压力或安全联锁装置设定值不合理，使用单位的技术人员在进行风险分析后可改动定压值或设定值。

答案：×

正确答案：使用单位需履行公司变更管理相关手续，必要时先由压力容器设计单位或具有相应资质的设计单位校核。

476. 为加强机泵的日常管理，机泵维护保养实行专机专职制或包机制，并在设备现场悬挂包机牌。

答案：√

477. 设备操作人员应达到“四懂”“三会”，即懂原理、懂结构、懂性能、懂用途，会使用、会维护保养、会排除故障。

答案：√

478. 每辆槽车均设置有两个安全阀，只要保障其中有一个常开且好用即可。

答案：×

正确答案：槽车安全检查时要求槽车的两个安全阀都呈现打开的状态且在有效期内。

479. 槽车自用气罐安全阀不属于槽车进站充装前的安全检查范围。

答案：×

正确答案：槽车自用气罐也属于槽车的一部分，属于槽车安全检查的范围。

480. 司押人员佩戴的安全帽有效期为 30 个月，一旦超过有效期，即使外表完好也不符合安全检查要求。

答案：√

481. 空车过磅称重时，司机下车无须触摸静电释放柱。

答案：×

正确答案：槽车过磅称重时，司机下车并触摸静电释放柱，站在指定区域等待下磅通知。

482. 为了加快装车速度，可以在返气操作结束后提前将气相臂拆下。

答案：×

正确答案：在充装过程中禁止进行拆臂操作，充装结束后应该先拆液相臂再拆气相臂。

483. 在进行 LNG 充装过程中，槽车压力达到 0.4MPa 时需要立即进行返气防止槽车超压。

答案：√

484. 在进行 LNG 槽车充装操作前，必须对液相管线进行氮气吹扫，而气相管线无必须吹扫的要求。

答案：×

正确答案：在进行充装前，气液相管线都需要进行氮气吹扫。

485. LNG 槽车的液位计是监测充装量的标志，如果排气阀堵塞或者不畅，将使液位无法监控。

答案：√

486. 预制量为1. 最大毛重 - 皮重；2. 挂车核定载质量；3. 司机要求预制量三者取最小值。

答案：√

487. 槽车待装区没有充装作业，所以可以打开槽车放空阀进行泄压。

答案：×

正确答案：槽车充装站任何区域未经许可不允许进行压力泄放。

488. 司押人员充装LNG必须佩戴防护面罩，原因是充装介质具有剧毒性。

答案：×

正确答案：LNG本身无毒，佩戴面罩主要为防止LNG溅到面部造成冻伤。

489. 槽车加装阻火罩的原因是因为充装区域内含有大量易燃易爆介质，一旦泄漏遇明火会有爆炸风险。

答案：√

简答题

1. 什么是层流？

答：当流体在管中流动时，若其质点始终沿着与管轴平行的方向做直线运动，质点之间互不混合(50%)。因此，充满整个管的流体就如一层一层的同心圆筒在平行地流动。这种流动状态称为层流或滞流(50%)。

2. 什么是湍流？

答：当流体在管路中流动时，若指示剂与水迅速混合，则表明流体质点除了沿着管路向前流动外，各质点的运动速度大小和方向都随时发生变化，质点间相互碰撞，相互混合。这种流动状态称为湍流或紊流(100%)。

3. 什么是温度场？

答：某一瞬间，物质系统内各个点上温度的集合称为温度场(30%)。它是时间和空间坐标的函数，反映了温度在空间和时间上的分布。温度 T 这个变量通常是空间坐标(x，y，z)和时间变量 t 的函数，即 $T=T(x, y, z, t)$。温度场可分为：稳定温度场和不稳定温度场(70%)。

4. 请叙述精馏相平衡的基本概念。

答：根据相平衡的概念，在精馏塔的每一块塔板上，高温的气相和低温的液相接触时，要进行传热传质交换，其结果使高温气体部分冷凝，低温液体部分液化，使气相中的轻组分浓度增加，液相中重组分浓度增加，当两相浓度达到不再变化的某一极限时，塔板上气相温度等于液相温度、气液两相即处于平衡状态(100%)。

5. 回流比对精馏操作的影响是什么？

答：①回流比是影响精馏塔分离效果的主要因素，生产上经常用回流比来调节、控制产品的质量(20%)；②当回流比增大时，精馏段操作线斜率变大，该段内传质推动力增大，因此在一定的精馏段理论板数下馏出液组成变大(20%)；③回流比大，提馏段操作线斜率变小，该段的传质推动力增加，因此在一定的提馏段理论板数下，釜液组成变小(20%)；④反之，当回流比减小时，分离效果变差(20%)；⑤回流比增加，使塔内上升蒸汽量及下降液体量均增加，若塔内汽液相负荷超过允许值，则可能引起塔板效率下降，此时应减小原料液流量；同时回流比变化时再沸器和冷凝器的传热量也相应发生变化(20%)。

6. 请简要分析往复式压缩机轴瓦过热产生的原因。

答：(1)轴瓦与轴径贴合不均匀或间隙过小(25%)；(2)轴瓦安装偏斜或轴弯曲(25%)；(3)润滑油给油不足(25%)；(4)润滑油变质或含杂质较多，有杂质进入轴瓦间隙(25%)。

7. 对于闸阀来说，什么是双面强制密封？什么是单面强制密封？

答：(1)闸阀的双面强制密封，即无论在介质的进口端或出口端，闸板与阀座密封面之间都是密封的，密封性由阀杆轴向力来强制加以保证(50%)；(2)闸阀的单面强制密封，即在介质进口端闸板与阀座密封面之间不密封，在介质出口一端闸板与阀座密封面之间的密封是由阀杆轴向力和介质压力来强制加以保证(50%)。

8. 离心泵润滑的“三滤五定”是什么意思？

答：三滤：一级过滤：大油桶到小油桶；二级过滤：小油桶到油壶；三级过滤：油壶到设备润滑点(60%)。五定：定时、定点、定质、定量、定人(40%)。

9. 直流系统在变电所起什么作用？

答：(1)直流系统在变电所中为控制信号继电保护自动装置及事故照明等提供可靠的直流电源(50%)；(2)为操作机构提供可靠的操作电源(20%)；(3)直流系统的可靠与否，对变电站的安全运行起着至关重要的作用，是变电站安全运行的保证(30%)。

10. 什么叫作功率因数？提高功率因数有什么意义？

答：有功功率与视在功率的比值称为功率因数 $\cos\Phi = P/S$(60%)。提高功率因数，可降低电源负担，减少线路损耗，对国民经济有重大意义(40%)。

11. 什么叫对称三相负载？

答：如果各相负载相同，即它们的复数阻抗相等，$Z_A = Z_B = Z_C$(50%)，其中，$R_A = R_B = R_C$和 $X_A = X_B = X_C$，这种三相负载叫作对称三相负载，如三相电动机就属于三相对称负载(50%)。

12. 电磁流量计在工作时，发现信号越来越小或突然下降，原因可能有哪些？怎样处理？

答：出现上述情况的主要原因是电极间的绝缘变坏或被短路，造成信号送不出去(25%)。发现上述情况应从以下几个方面考虑：(1)测量导管内壁可能沉积的污垢，应予以清洗和擦拭电极(25%)；(2)测量导管衬里可能被破坏，应予以更换(25%)；(3)信号插座可能被腐蚀，应予以清理或更换(25%)。

13. 接收站某一气关阀门总是关不死，一般是由哪些原因造成？

答：阀芯阀座磨损严重；阀芯阀座间有异物卡住；调节阀膜头漏气；零点弹簧预紧力过大；阀杆太短；调节阀前后压差过大；带阀门定位器的，需检查定位器输出是否能达到最大值(100%)。

14. 某新员工在测试一台气动薄膜调节阀时，发现阀门在全行程的50%位置时，流过阀门的流量并不是最大量的50%，因此他初步判断该阀门存在问题。请问该新员工的判断是否合理，并说明原因。

答：不合理(20%)。在阀门全行程50%位置，流过阀的流量是否也在最大量50%是要以阀的结构特性而定(30%)。在阀两端压差恒定的情况下，如果是快开阀，则流量大于50%，如果是直线阀，则流量等于50%，如果是等百分比阀，则小于50%(50%)。

15. 下图为脱甲烷塔温度控制示意图，试分析下图所示意的串级控制系统是否合理？若不合理应如何改正。

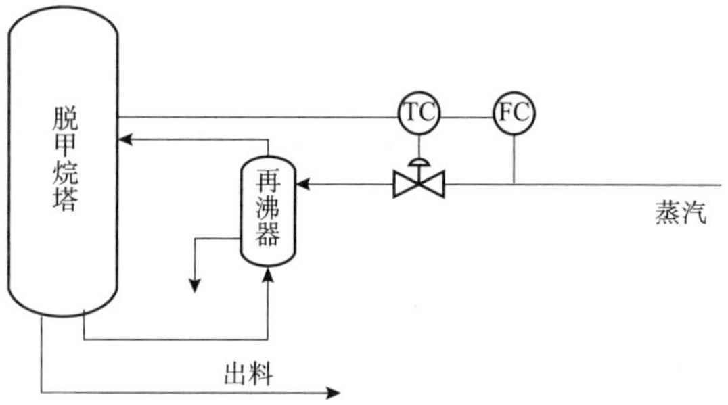

答：不合理(20%)。由题干可知，工艺要求控制脱甲烷塔温度，温度为主控制量，而上图所示意主、副调节器位置搞错了(30%)。应该是温度调节器为主调节器，流量调节器为副调节器，温度调节器的输出是流量调节器的给定，而不是流量调节器的输出是温度调节器的给定。应作图如下(50%)：

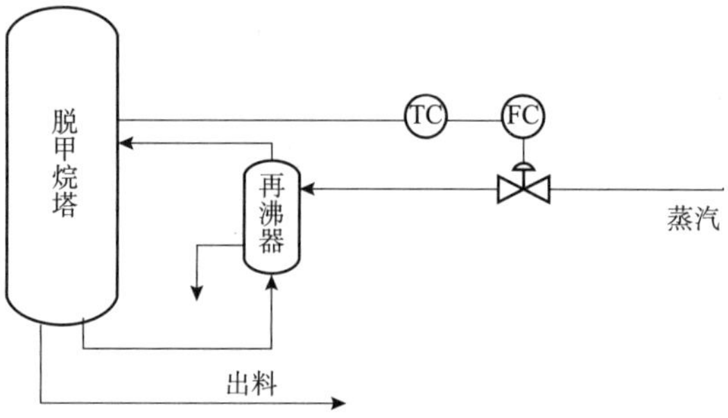

16. 再冷凝器底部压力采用分程控制，请阐述在日常操作过程中，再冷凝器底部压力如何控制？

答：实际生产中利用0330PV0102A/B将BOG再冷凝器底部压力控制在0.7MPa。(30%)再冷凝器底部压力降低时，先开0330PV0102B，此时0330PV0102A关闭；0330PV0102B全开时，再冷凝器底部压力依然较低，则逐渐打开0330PV0102A直至全开。(70%)

17.《天然气》(GB 17820—2012)将天然气分为3类，其中一类和二类天然气主要用作民用燃料和工业原料或燃料，三类气体主要作为工业用气，请简述这3类天然气热值要求。

答：一类天然气高位热值≥36MJ/m^3(30%)；二类天然气高位热值≥31.4MJ/m^3(30%)；三类天然气高位热值≥31.4MJ/m^3(40%)。

18. 简述薄膜型船舱卸船计量时某舱LNG体积(以主要液位计雷达液位计为准)的计算步骤。

答：(1)计算纵倾校正：查询纵倾校正表，使用内插法计算纵倾校正值(25%)；(2)计算横倾校正：查询横倾校正表，使用内插法计算横倾校正值(25%)；(3)校正后液位计算：将(1)、(2)中计算的校正值与液位计测量值加和，加和运算需要注意运算符号(25%)；(4)通过舱容表求得体积：查询该仓的罐容表，得到校正后液位所对应的体积，若液位介于罐容表所列的某两个液位之间，则使用内插法计算体积(25%)。

19. 气相色谱法定量分析的依据是什么？为什么要引入定量校正因子？

答：在气相色谱分析中，进行定量计算的依据是每个组分的含量与每个组分的峰面积(或峰高)成正比，即 $m_i = g_i A_i$(40%)。当用气相色谱分析混合物中不同组分的含量时，由于不同组分在同一检测器上产生的响应值不同，所以不同组分的峰面积不能直接进行比较(即相同含量的不同组分，其对应的峰面积并不相等)，为了进行定量计算，就需引入定量校正因子(60%)。

20. 简述热导检测器的检测原理。

答：原理是依据不同的物质具有不同的导热系数(20%)。当被测组分与载气混合后，混合物的导热系数与纯载气的导热系数大不相同。当选用导热系数大的气体(如 H_2、He)时，这种差异特别明显。当通过热导池池体的气体组成及浓度发生变化时，就会引起池体上安装的热敏元件的温度变化，由此产生热敏元件阻值的变化，通过惠斯通电桥进行测量，就可由所得信号的大小求出该组分的含量(80%)。

21. 加速卸料期间 BOG 总管压力上升过快的原因及解决措施是什么？

答：(1)压力上升过快的原因：①由于卸料臂预冷过程中将码头保冷循环停止，卸料总管温度相对于船上 LNG 温度较高，使部分 LNG 汽化进入储罐；②船上 LNG 温度比罐内 LNG 温度低，加速卸料期间与罐内 LNG 混合产生大量 BOG；③卸料臂预冷期间产生大量温度较高的 BOG，使 BOG 压缩机入口温度升高，导致 BOG 处理量减小(50%)。

(2)采取的措施：①船舶靠泊前，根据接收站生产工况，将接收站储罐 BOG 压力控制在合理值(如 16kPa 左右)，增大 BOG 储存能力，防止加速卸料时 BOG 超压；②卸料臂预冷时，增加压缩机负荷，增大 BOG 处理量，防止储罐 BOG 压力上涨过快；③船靠岸前保证码头保冷循环流量，尽量减小码头保冷循环停止时卸料总管温升；④卸料时同时进两台或两台以上储罐，使各台储罐压力相近(50%)。

22. 某接收站卸料液相臂按三用一备进行配备，若卸货过程中某一条液相臂出现泄漏或故障而无法继续使用，请简述接收站应采取的应对措施。

答：(1)第一时间通知船方降低卸货速度(20%)；(2)待卸货速度降至剩余 2 条臂可接受的安全范围后，船岸双方启动泄漏臂的切断流程(20%)；(3)该臂卸货流程切断后尽快进行船岸排凝工作(20%)；(4)进行备用臂的连接、气密测试、吹扫和预冷等卸货相关准备工作(20%)；(5)待备用臂预冷至目标温度以下时，并入卸货流程，再通知船方重新加速至全速卸货(20%)。

23. 根据中国石化建设项目生产准备与试车管理规定，投料试车前各项生产管理管理制度应落实哪些内容？

答：(1)岗位分工明确，班组生产作业制度已建立(20%)；(2)各级试车指挥系统已落实，指挥人员已上岗值班，并建立例会制度(20%)；(3)各级生产调度制度已建立(20%)；(4)岗位责任、巡回检查、交接班等相关制度已建立(20%)；(5)已做到各种指令、信息传递文字化，原始记录数据表格化(20%)。

24. 简要描述 LNG 接收站投料试车程序。

答：(1)点燃火炬长明灯；(2)卸料总管、码头保冷循环、低压总管、高压总管预冷、填充；(3)LNG 储罐预冷；(4)LNG 储罐填充；(5)预冷罐内泵附属管线、罐内泵测试(50%)；(6)建立零输出循环；(7)LNG 船剩余 LNG 卸料；(8)高压泵预冷、试车；(9)海水气化器试车、计量撬试车，建立外输；(10)BOG 再冷凝系统试车；(11)燃料气系统试车；(12)SCV 试车(50%)。

25. 请简述 PSA 制氮机产品氮气纯度过低的可能原因及其排除的措施。

答：(1)制氮机在启动阶段：等待启动阶段完成(10%)；(2)进出口压力过低：检查空气入口阀门开度是否合适，过滤器是否堵塞，阀门功能是否正常(15%)；(3)控制阀门不打开/关闭：对照阀门时序表检查 PLC 程序，然后调整 PLC 程序(15%)；(4)阀门脏污或不正常：清洁或保养(10%)；(5)没有控制信号：参照控制手册检查程控阀，更换电磁阀或程控阀(10%)；(6)管路堵塞：更换管道(10%)；(7)消声器堵塞：清洁消声器或更换元件(10%)；(8)装置中进水或油：更换活性炭或过滤器滤芯，检查自动排水装置是否正常(10%)；(9)氧分析仪失灵：用标准气重新标定，检查更换氧传感器(10%)。

26. 请简述 PSA 制氮机不运行的可能原因及其排除的措施。

答：(1)电压过低：检查电源(10%)；(2)断路器跳闸：断路器复位(15%)；(3)保险丝烧断：更换位于控制箱内部的保险丝(15%)；(4)主电源关闭：打开制氮机电源开关(15%)；(5)DCS 信号问题：检查接线盒内端子是否有松动(15%)；(6)操作空气压力过低：压缩机故障(15%)；(7)接线不正确：检查电路连接(15%)。

27. 概述制氯系统控制单元的组成。

答：制氯系统控制是由仪表、控制装置组成，采用触摸屏，完成操作控制和运行参数控制，设备联锁及系统自诊断、维护、声光报警、数字通讯、参数记录和输出，并通过人机操作界面实现全部监视和控制功能(50%)。运行人员通过触摸屏，可以对制氯系统进行监视和控制，通过触摸屏画面对整个工艺系统设备完成控制和操作，不设置常规控制仪表盘和其他操作设备。控制系统保证制氯装置所有操作运行的自动化控制在无人值守的工况下长期安全运行。整个系统控制方式为闭环全自动运行方式和手动控制方式两种，并具有完备的自身安全保护措施(50%)。

28. 请说明电解制氯装置整流器在开启时应注意的事项。

答：(1)由于电解槽是整个装置的核心部分，因此不管是手动还是自动情况下都必须在加电前确保整流器在开启时是最后一个开，在停止时是第一个关(电流降到零后)(20%)；(2)整流器在开启时，要注意电解槽海水是否开通，流量不低于设定值，否则整流器不允许加电(20%)；(3)整流器在加电后(特别是大电流情况下)，系统维护人员应当用温度测量仪，测量整流器的六路晶闸管温度是否会在45℃内稳定住。如果温度高于相应数值，应立即将整流器停下检查风冷系统是否正常，确认后等整流器温度恢复，方可重新开启(20%)；(4)整流器开启时应确定整流器的六路快速熔断器是否烧坏，整流器面板的快熔故障灯是否亮起；如果亮起检修人员应用万用表测量以确认快熔是否断开，确认六路没问题后，故障灯灭掉后，方可开机(20%)；(5)检查每块电极板电压。如果电压明显偏高，就要考虑是否是该酸洗或者海水盐分含量太低的原因(20%)。

29. LNG 接收站槽车充装站节能的措施有哪些?

答:(1)槽车充装站加大安检和装车过程中的监督检查力度,严格执行卸车后 6d(或 144h)未充装,且无预冷及预冷证明的槽车不予充装的规定;对于罐压高、返气时间超过 5min 的槽车进行严格处罚,最大限度减少 BOG 气量。严格执行排凝罐操作规程,减少氮气的消耗和 BOG 的产生(50%);(2)优化低压泵开启数量,在满足槽车充装车、汽化外输以及保证现场保冷循环需要的前提下,减少低压泵的开启数量,减少泵的能耗(50%)。

30. LNG 接收站降低重点用能设备能耗的措施有哪些?

答:(1)槽车装车方面,根据车辆到场情况逐步启动罐内泵,在剩余车辆少的情况下逐步停泵,降低电耗(20%);(2)管网外输调峰方面,根据外输计划提前计算高压泵运行时间,结合外输管网压力合理选择高压泵启动时间,减少高压泵打回流情况,降低电耗(20%);(3)轻烃回收方面,根据运行经验,在春冬季节环境温度较低时,在确保 LPG 进罐温度的情况下,间断运行脱乙烷塔空冷器,降低电耗(20%);(4)做好管线保冷,直接减少 BOG 蒸发量,从而降低 BOG 处理系统负荷,降低电耗(20%);(5)接收站气化器包括开架势气化器 ORV、中间介质气化器 IFV 和浸没燃烧式气化器 SCV 两种。ORV/IFV 汽化单位体积 NG 的运行成本远低于 SCV,因此统筹优化 ORV/IFV 与 SCV 运行模式,提高 ORV/IFV 利用率,减少生产用气消耗(20%)。

31. 简述船岸组分相差较大的 LNG 混掺卸料的主要风险。

答:(1)不同组分的 LNG 混合时,温度更低的 LNG 被加热后 BOG 产生量较大增加,储罐压力上升较快,存在火炬放空风险(25%);(2)BOG 温度较低,存在 BOG 压缩机入口过滤器堵塞的风险(25%);(3)卸料方式选择不当罐内 LNG 存在分层的风险(25%);(4)汽化外输天然气组分、槽车装车 LNG 组分卸料过程中会发生变化(25%)。

32. 简述船岸组分相差较大的 LNG 混掺卸料时降低风险的主要措施。

答:(1)为确保 BOG 回收系统运行正常,作业前检查 BOG 压缩机运行状态及过滤器压差,必要时对过滤器进行吹扫(25%);(2)因混掺作业 BOG 压力上升较快,作业前尽量降低储罐压力(25%);(3)为避免储罐分层选择正确的进料方式,通过 LTD 做好密度监控,出现分层及时通过罐内泵回流及输出(25%);(4)做好外输气组分监控并及时与下游沟通(25%)。

33. LNG 储罐进料管线出现间歇泉的原理是什么?

答:管道内 LNG 吸热后汽化产生 BOG 形成气泡,这些气泡不能及时上升至液面,在管道底部大量积聚,同时温度也在不断升高(40%),底部 LNG 的密度减小同时压力升高,当压力升高至足以克服 LNG 液柱所产生的压力时,BOG 会突然喷发快速上升,将管路中部分 LNG 带入储罐,在管内液体被 BOG 推向储罐的同时,管内部分空间被排空,液体会迅速补充到管内,又重新开始 BOG 的积聚过程,一段时间后再次形成喷发,这种间歇式喷发称为间歇泉(60%)。

34. LNG 储罐进料管线出现间歇泉现象的危害及控制措施有哪些?

答:危害:(1)进料管线内 BOG 携带 LNG 喷入储罐会造成储罐压力迅速上升;(2)造成进料管线振动;(3)造成储罐气相空间温度波动(60%)。控制措施:(1)保持储罐进料管线 LNG 处于流通状态;(2)确实无法保证进料管线流通,可将进料竖管 LNG 排空(40%)。

35. BOG 压缩机入口需设置入口分液罐收集 BOG 气体中液滴，试列举可能使 BOG 气体中出现液滴的情况。

答：(1)当储罐压力低于 BOG 气体的饱和蒸汽压时，BOG 气体中可能夹带 LNG 液滴被抽入压缩机(25%)；(2)当接收站工艺系统 TSV 起跳、TSV 或旁路内漏时，BOG 管网中可能存在 LNG 液滴(25%)；(3)工艺操作失误出现液相管线串入气相管线(25%)；(4)减温器调节阀故障，无法全部关闭(25%)。

36. BOG 压缩机连杆大头瓦过热和异响的可能原因是什么？

答：(1)连杆大头瓦的径向间隙不符合标准(25%)；(2)连杆大头瓦的轴线间隙不符合标准(25%)；(3)轴瓦存在不正常的松动(25%)；(4)连杆大头瓦存在润滑不良的情况(25%)。

37. 轻烃回收装置脱甲烷塔进料泵晃电停，紧急调整操作有哪些？

答：(1)立即通知电气人员查明晃电原因，快速准备进料泵备泵启动流程(10%)。(2)立即关小脱甲烷塔釜重沸器蒸汽入口调节阀开度，脱乙烷塔相应调整减小塔釜加热，防止塔压升高过快(20%)。(3)关小装置进料调节阀开度，降低装置负荷(20%)。(4)关小脱甲烷塔及脱乙烷塔底流量调节阀开度，两塔减小采出(20%)。(5)晃电原因消除或进料泵备泵启动流程具备，立即启动进料泵(15%)。(6)脱甲烷塔进料泵运行正常后打开泵出口阀，系统相应调整，逐步恢复正常负荷(15%)。

38. 轻烃回收装置蒸汽供应故障，蒸汽流量大幅降低，如何紧急调整？

答：(1)快速关小脱甲烷塔下部进料阀，大幅降低重沸器进料(20%)。(2)关小脱甲烷塔及装置进料阀开度，大幅降低脱甲烷塔及装置进料(20%)。(3)关小脱甲烷塔及脱乙烷塔顶回流调节阀开度，降低脱甲烷塔及脱乙烷塔顶回流(15%)。(4)关小脱甲烷塔及脱乙烷塔底采出流量调节阀开度，降低脱甲烷塔及脱乙烷塔底采出(15%)。(5)检查各机泵回流调节阀开度，满足最小流量要求；系统维持低负荷运行(15%)。(6)密切关注蒸汽系统，当蒸汽供应正常，系统及时调整，逐渐恢复正常负荷(15%)。

39. 简述 BOG 压缩机日常维护要点。

答：(1)压缩机运转功能检查，并记入运转记录(10%)；(2)检查机身油池油标位置，定时检查油温、油压、油位、油过滤器压差，并定期对润滑油化验分析(10%)；(3)检查油位下降情况作好记录，并及时加油。定时检查压缩机各段进出口压力、温度、流量及各气阀温度(10%)；(4)定时检查各级密封的泄漏及活塞杆位移(10%)；(5)定期监测机组的振动(10%)；(6)定时检查各运动件有无异常响声，各部紧固螺栓是否松动或断裂(10%)；(7)润滑系统备用油泵定期进行自启动试验(10%)；(8)大型机组实行特级维护，机、电、仪、管、操有关人员每天对机组巡检，对机组存在问题进行处理(10%)；(9)定期检查更换指示失灵或附件损坏的各种指示仪表(10%)；(10)定期清理机组卫生，清除机体表面、油系统基础面及周围地面的油污或积水(10%)。

40. 请说明 BOG 压缩机拆卸检查的过程及内容。

答：(1)拆卸联轴节，检查机组对中(10%)；(2)拆卸附属管线，检查清理管线的结垢与腐蚀(10%)；(3)打开气缸盖、曲轴箱盖、滑道侧盖及中体侧盖(10%)；(4)拆开十字头与活塞杆的连接锁紧装置，取出活塞，检查活塞组件及活塞杆的磨损(10%)；(5)拆下填料、刮油环等组件，检查磨损(5%)；(6)拆卸十字头销、连杆螺栓，取出十字头及连杆，检查十字头滑道、滑板、连杆大小头瓦及十字头销轴的磨损，调整或紧固十字头滑板的连接螺栓(5%)；(7)拆卸进、排气阀，检查阀片、弹簧、阀座、阀体压筒等是否磨损或裂纹。清除阀组件的结焦和污垢(5%)；(8)检查测量气缸表面的磨损(5%)；(9)拆卸主轴承，检查测量轴瓦及轴颈的磨损(10%)；(10)检查测量曲轴颈的磨损，并测量臂距差(10%)；(11)拆卸检查并清理级润滑油冷却器、水站冷却器等(10%)；(12)拆卸检查润滑油系统，清理油箱，更换润滑油(5%)；(13)安全阀调校(5%)。

41. 请简述 SCV 燃烧器检查内容及程序。

答：(1)对设备进行电气隔离(15%)；(2)对水浴池内液体进行排放(15%)；(3)打开燃烧器顶部盖板，检查顶部盖板油漆完好情况，必要时进行维修(15%)；(4)检查点火器及主燃烧器连接管线是否完好，必要时进行维修或更换(15%)；(5)检查燃烧器喷嘴无因热力影响而发生变形(10%)；(6)检查点火器火花间隙无杂物，必要时进行清理(10%)；(7)检查点火器顶部蜗壳螺栓，必要时进行紧固(10%)；(8)检查燃烧头热力影响情况，是否有变形，必要时维修或更换(10%)。

42. 请简述 SCV 水浴内部检查内容及程序。

答：(1)对设备进行电气隔离(包括控制面板、风机及循环水泵)(10%)；(2)对池内水浴液体进行排放(10%)；(3)确认进入条件，进入水浴池内部(10%)；(4)检查由于腐蚀造成的梯子腐蚀(10%)；(5)检查池内固体杂物，清除杂物并弄清杂物来源(10%)；(6)检查池壁池底水泥完好程度(10%)；(7)检查堰板支柱腐蚀情况(10%)；(8)检查堰板腐蚀情况(10%)；(9)检查甲板底面腐蚀情况，如有需要进行涂漆工作(10%)；(10)检查所有螺栓的紧固情况(10%)。

43. 请简述 ORV 日常维护要点。

答：日常维护应每天对如下 4 项内容进行检查：

(1)管束板结冰高度：①检查管束板上的平均结冰高度。②检查由于海水的局部缺水而引起的矛形冻结(20%)。(2)海水分布情况：从顶部维护平台检查海水分布情况，确认海水均匀流下，无海洋生物等其他物质的阻隔造成海水分布不均，形成矛形冻结。如有阻碍物质，立即进行清除(20%)。(3)设备目视检查：从检查窗口或内部维修平台检查设备管束板，确认无变形现象发；(4)检查操作参数。应对如下操作参数进行检查，确保各参数在正常工作范围内：①LNG 流量；②LNG 入口温度；③NG 出口温度；④LNG 入口压力；⑤NG 出口压力；⑥海水流量；⑦海水入口温度；⑧海水出口温度；⑨海水入口压力(50%)。

在进行上述内容检查时，尽量避免进入混凝土结构内部，以防水流湍急发生事故。检查工作应通过检查窗口或维修平台目视进行(10%)。

44. 管束板是 ORV 换热的基本单元，需定期对其进行检查，请问检查的内容有哪些？

答：(1)检查各管束连接处无泄漏现象发生(15%)；(2)检查表面涂层是否有脱落或破损现象(15%)；(3)检查管束的腐蚀情况(20%)；(4)检查管束涂层及 LNG 汇管顶部涂层厚度(20%)；(5)检查管束板变形损坏情况(15%)；(6)检查管束清洁卫生，如有需要用清水冲洗(15%)。

45. 一台 LNG 储罐因伺服液位计故障低低联锁停车的工艺应急处置措施有哪些？

答：(1)立即查看确认储罐停车情况，查看停车原因，并按汇报程序汇报(15%)；(2)

停车后立即查看低压总管压力，确认高压泵、再冷凝器、装车撬等运行情况，关闭码头保冷循环，及时关小气化器入口阀，要求槽车操作人员暂停部分撬充装作业，必要时停相应的高压泵(25%)；(3)如其他储罐有备用罐内泵，紧急启动备用泵(10%)；(4)发现液位计故障后，立即联系仪表人员检查、检修；如正在进行卸船作业，将进料切至其他储罐，或通知码头经理做好降速/停止卸货准备(20%)；(5)密切监控设备管线压力、温度等情况，中控、现场采取措施避免设备管线超压(15%)；(6)液位计故障排除后，复位相关的阀门、设备；恢复生产流程(15%)。

46. 简述 LNG 储罐的压力保护设置。

答：LNG 储罐运行过程中为避免超压和负压造成储罐破坏，设置超压保护和负压保护(20%)。超压保护：第一级超压保护排火炬，当储罐压力达到设定值，控制阀打开，超压部分气体排入火炬系统；第二级超压保护排大气，当储罐压力达到 29kPa(表压)，储罐上压力安全阀打开，超压部分气体直接排入大气(40%)。负压保护：第一级负压保护破真空补气，当储罐在操作中压力降低到 2kPa(表压)时，通过从高压外输天然气总管上来的经两级减压后的气体来维持储罐内压力稳定。第二级负压保护通过安装在储罐上的真空阀来实现，压力降至 -0.22kPa(表压)时真空阀打开将空气引入罐内(40%)。

47. 卸料过程中卸料臂 A 臂泄漏应急处置措施是什么？

答：(1)在确保安全的条件下，查清泄漏部位及性质，按应急汇报程序汇报(20%)；(2)向上风口疏散泄漏点附近人员，设置隔离带并在现场监护(15%)；(3)根据泄漏情况，关闭 A 臂切断阀，船方关闭船上 A 臂对应管线的切断阀(15%)；(4)利用低点排凝阀对 A 臂进行紧急泄压、排凝处理；打开注氮管线，对卸料臂 A 臂进行排凝吹扫(15%)；(5)如有必要，连接备用卸料臂，并进行预冷、投用(15%)；(6)密切监控事故现场，检测现场可燃气体含量(10%)；(7)如卸料臂 A 臂泄漏较严重，经汇报并通知船方后直接按下码头卸料紧急停车按钮停止卸料(10%)。

48. 现场发现卸料汇管上 TSV 安全阀结霜的处置措施是什么？

答：(1)检查阀门法兰连接有无泄漏、有无 LNG 过流声音，同时内操查找该安全阀所在管道压力趋势，判断安全阀为正常起跳或故障，并查看 BOG 系统温度有无异常(20%)；(2)如安全阀仍有 LNG 流过，在确认管道压力正常的情况下关闭安全阀根阀将安全阀切出(20%)；(3)通过安全阀上下游导淋进行泄压后，将该安全阀拆除检修，并利用盲法兰进行封堵(20%)；(4)安全阀检修期间，确保该管线上其他安全阀状态正常且本管段与系统连通，防止超压(20%)；(5)安全阀检修完成后回装，将安全阀上下游手阀开启，恢复正常流程(20%)。

49. 培训效果评估具有什么意义？

答：(1)能为决策提供有关培训项目的系统信息，从而做出正确的判断(40%)；(2)可以促进培训管理水平的提升(30%)；(3)可使培训管理资源得到更广泛地推广和共享(30%)。

50. 什么是事后评估？

答：(1)事后评估是指用以衡量学员参加培训项目后改变程度的评估，即学员是否掌握了培训目标中确定的知识、技能、态度、行为方式或其他成果(50%)。(2)事后评估还包括对公司从培训中获取的投资回报的测量(20%)。(3)事后评估通常应用测试、行为打分或绩效的客观评价标准(如销售额、事故发生次数等)来收集定量数据(30%)。

计算题

1. 已知下图所示水箱出水管直径 $d=50\text{mm}$，末端阀门关闭时，压力表读数为35kPa；若阀门开启后该读数降至16kPa，不计水头损失，试求通过出水管的流量。

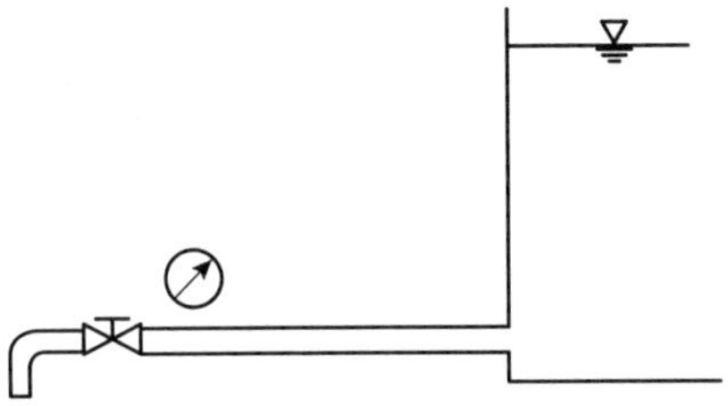

解：当阀门关闭时，根据压强计的读数，应用流体静力学基本方程求出 H 值

$$P=\rho gH$$

则 $H=P/(\rho g)=35/(1\times 9.8)=3.57(\text{m})$

当阀门全开时，列自由液面和阀门前端管道断面的伯努利方程

$$P_0+\rho gH=P_0+P_1+\rho v_2^2/2$$

则 $H=P_1/(\rho g)+v_2^2/(2g)=16/(\rho g)+v_2^2/(2g)$

得 $v_2=6.16\text{m/s}$

所以管内流量为

$$q_v=(\pi/4)d^2v_2=0.0121(\text{m}^3/\text{s})$$

答：通过出水管的流量为 $0.0121\text{m}^3/\text{s}$。

2. 一变直径管段AB如下图所示，内径 $d_A=0.2\text{m}$，$d_B=0.4\text{m}$，高度差 $\Delta h=1\text{m}$，A点压强水头为4m，B点压强水头为7m，已知管中通过的流量 $q_v=0.2\text{m}^3/\text{s}$，试判断管中水流的方向。

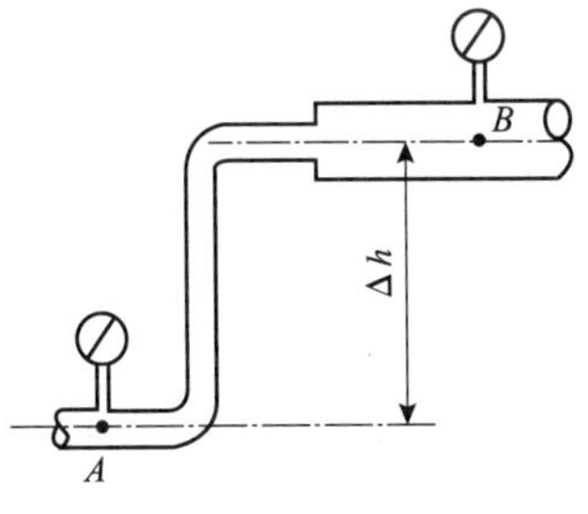

解：根据 $q_v=(\pi/4)d_A^2v_A=(\pi/4)d_B^2v_B$

则 $v_A=6.37\text{m/s}$　　$v_B=1.59\text{m/s}$

以A点所在水平面为基准面，对A点和B点所在断面建立恒定总流的伯努利方程

$$0+p_A/(\rho g)+\rho v_A^2/(2g)=\Delta h+p_B/(\rho g)+\rho v_B^2/(2g)+h_w$$

取 $\rho=1.0$

可以计算出 $h_w=-2.06\text{m}<0$

所以管中水流的方向为由B到A。

3. 有一碳钢制造的套管换热器，其内管直径为 $\phi89\text{mm}\times3.5\text{mm}$，流量为 2000kg/h 的苯在内管中从 80℃冷却到 50℃。冷却水在环隙从 15℃升到 35℃。苯的对流传热系数 $\alpha_1=230\text{W}/(\text{m}^2\cdot\text{K})$，水的对流传热系数 $\alpha_2=290\text{W}/(\text{m}^2\cdot\text{K})$，苯的比热容为 $1.86\times10^3\text{J}/(\text{kg}\cdot℃)$，水的比热容为 $4.178\times10^3\text{J}/(\text{kg}\cdot℃)$。忽略污垢热阻。试求冷却水消耗量。

解：苯的平均温度 $T=(80+50)/2=65℃$，比热容 $C_{\text{p1}}=1.86\times10^3\text{J}/(\text{kg}\cdot℃)$，流量 $q_{\text{m1}}=2000\text{kg/h}$，水的平均温度 $t=(15+35)/2=25℃$，比热容 $C_{\text{p2}}=4.178\times10^3\text{J}/(\text{kg}\cdot℃)$

热负荷 Q，即苯放出的热量：

$$Q=q_{\text{m1}}\cdot C_{\text{p1}}\cdot(T_1-T_2)=2000\times1.86\times10^3\times(80-50)=1.116\times10^8(\text{J})$$

冷却水消耗量 $q_{\text{m2}}=Q/[C_{\text{p2}}(t_2-t_1)]=1.116\times10^8/[4.178\times10^3\times(35-15)]=1336(\text{kg/h})$

答：冷却水消耗量为 1336kg/h。

4. 在泵吸水的情况下，当泵的安装几何高度 H_{g} 与吸入管路的阻力损失之和大于 60kPa 时，发现泵刚开始汽蚀。吸入液面压力为 101.3kPa，水温为 20℃，试求水泵装置的有效汽蚀余量为多少(假定 20℃水的饱和蒸汽压为 2334Pa)？

解：根据有效汽蚀余量定义：$\Delta h_{\text{a}}=p_0/\rho g-p_{\upsilon}/\rho g-H_{\text{g}}-h_{\text{w}}$

根据题意：$H_{\text{g}}+h_{\text{w}}=60\times10^3\text{Pa}$　20℃时水的 $p_{\upsilon}=2334\text{Pa}$

故，$\Delta h_{\text{a}}=p_0/\rho g-p_{\upsilon}/\rho_{\text{g}}-H_{\text{g}}-h_{\text{w}}=101.3\times10^3/9810-2334/9810-60\times10^3/9810=3.97(\text{m})$

答：水泵装置的有效汽蚀余量为 3.97m。

5. 已知某离心鼓风机入口压力为 $1\times10^5\text{Pa}$(绝)，气体温度为 20℃，出口压力为 $0.5\times10^5\text{Pa}$(表)，出口温度为 60℃。问：此鼓风机的压缩过程指数是多少？

解：由过程方程 $\dfrac{T_{\text{d}}}{T_{\text{s}}}=\left(\dfrac{p_{\text{d}}}{p_{\text{s}}}\right)^{\frac{m-1}{m}}$

$T_{\text{d}}=333\text{K}$，$T_{\text{s}}=293\text{K}$，$p_{\text{d}}=1.5\times10^5\text{Pa}$，$p_{\text{s}}=1.0\times10^5\text{Pa}$ 代入

得：$\dfrac{333}{293}=\left(\dfrac{1.5}{1.0}\right)^{\frac{m-1}{m}}$

解方程得 $m=1.46$

答：鼓风机的压缩过程指数是 1.46。

6. 某往复活塞式压缩机吸入压力 p_{s} 为 0.1MPa(绝压)，已知理论排气量为 $100\text{m}^3/\text{min}$，排气表读数(表压)为 0.35MPa，相对余隙容积 $\alpha=0.10$，且 $\lambda_{\text{p}}\cdot\lambda_{\text{T}}\cdot\lambda_1=0.85$，多变膨胀指数 $m'=1.2$，求实际排气量。

解：$\lambda_{\text{v}}=1-\alpha(\varepsilon^{\frac{1}{m_1'}}-1)=1-0.1\left[\left(\dfrac{0.45}{0.1}\right)^{\frac{1}{1.2}}-1\right]=0.75$

$Q=\lambda_{\text{v}}\lambda_{\text{p}}\lambda_{\text{T}}\lambda_1V_{\text{h}}n=0.75\times0.85\times100=63.75(\text{m}^3/\text{min})$

答：实际排气量为 $63.75\text{m}^3/\text{min}$。

7. 已知一直线导体以每秒 10m 的速度在 1T 的匀强磁场中运动，直线导体的长度为 1m，

其运动方向跟导体垂直，又跟磁感线方向垂直，则直线导体感应电动势 E 是多少？

解：$E = BLV = 1 \times 1 \times 10 = 10(\text{V})$

答：导体感应电动势 E 是 10V。

8. 三相对称负载作△连接，接入三相电压 380V，每相负载电阻为 6Ω，感抗为 8Ω，求相电流。

解：负载相电压：$U_{\phi} = U_{L} = 380\text{V}$

每相负载的阻抗为：$Z_{\phi} = \sqrt{R^2 + X_L^2} = \sqrt{6^2 + 8^2} = 10(\Omega)$

相电流：$I_{\phi} = \dfrac{U_{\phi}}{Z_{\phi}} = \dfrac{380}{10} = 38(\text{A})$

答：相电流为 38A。

9. 将一台三相电动机绕组，接成三角形后接于线电压 $U_L = 380\text{V}$ 的电源上，电源供给的有功功率 $P_1 = 8.3\text{kW}$，功率因数 $\cos\phi = 0.83$，求此时电动机的线、相电流。

解：根据功率计算公式可知：

$$P_1 = \sqrt{3} I_L U_L \cos\phi$$

$$I_L = \frac{P_1}{\sqrt{3}} U\cos\phi = 8300/\left(\sqrt{3} \times 380 \times 0.83\right) = 15.19(\text{A})$$

$$I_P = \frac{I_L}{\sqrt{3}} = \frac{15.19}{\sqrt{3}} = 8.77(\text{A})$$

答：此时电动机的线电流是 15.19A，相电流是 8.77A。

10. 若某一温度定值控制系统，其设定值为 20℃，最高达到 25℃，最后稳定在 21℃，求最大偏差和余差。

解：最大偏差：$A = 25 - 20 = 5℃$

余差：$C = 21 - 20 = 1℃$

11. 某温度调节系统在单位阶跃干扰作用下的过渡过程曲线如下图所示，试分别求出最大偏差、余差、衰减比（设定值 200℃）。

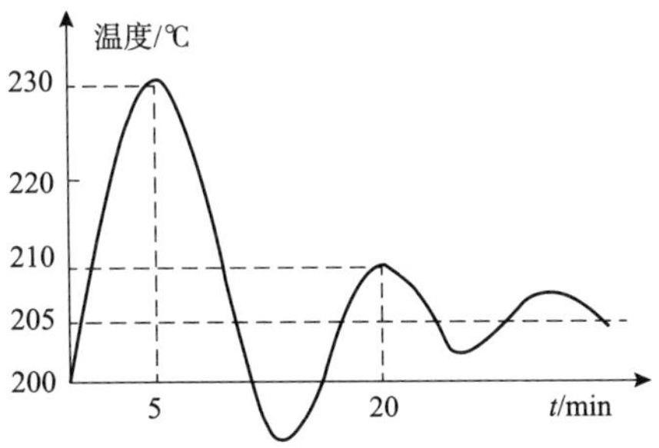

解：最大偏差：$A = 230 - 200 = 30℃$

余差：$C = 205 - 200 = 5$℃

由图可知，第一个波峰值 $B = 230 - 205 = 25$，第二个波峰值 $B' = 210 - 205 = 5$，故衰减比为 $B : B' = 25 : 5 = 5 : 1$

12. 已知轻烃罐轻烃液相温度10.2℃，15℃密度为0.517g/cm³时，参考附表求该轻烃罐轻烃液相温度和密度对应的体积修正系数(VCF)值。

附表：温度对体积修正系数表

温度/℃	15℃ VCF 值	
	0.515g/cm³	0.520g/cm³
10	1.014	1.013
10.5	1.013	1.012

解：(1)对密度0.515g/cm³列进行温度插值计算，求10.2℃下VCF值：

$$1.014 + (10.2 - 10) \times (1.013 - 1.014)/(10.5 - 10) = 1.0136$$

(2)对密度0.520g/cm³列进行温度插值计算，求10.2℃下VCF值：

$$1.013 + (10.2 - 10) \times (1.012 - 1.013) /(10.5 - 10) = 1.0126$$

(3)对液相温度10.2℃行进行密度插值计算，求0.517g/cm³下VCF值：

$$1.0136 + (0.517 - 0.515) \times (1.0126 - 1.0136)/(0.52 - 0.515) = 1.0132$$

13. 已知“切尔西”LNG船内TANK NO.1卸前计量的相关参数如下：雷达液位计测得平均液位为20.336m；船尾纵倾：2.65m(by the stern)；横倾：0.12°(to port)。求该船卸前LNG的液位。

注1：纵倾校正表

GAUGE [m - cm]	2.5m	3.0m
	B/S	B/S
20 - 00	-134	-161
21 - 00	-134	-161

注2：横倾校正表

GAUGE [m - cm]	0.5°	0.0°
	PORT	U/R
20 - 00	-8	0
21 - 00	-8	0

解：(1)计算纵倾校正(mm)：查询纵倾校正表。

经过内插法计算，可知纵倾：2.65m(by the stern)对应的校正值为 -142mm(有效位数取至mm)；

(2)计算横倾校正(mm)：查询横倾校正表。

经过内插法计算，可知横倾：0.12°（to port）对应的校正值为 -2mm（有效位数取至 mm）；

（3）计算所有校正值之和：将（1）、（2）中算得校正值加和。

$$-142+(-2)=-144$$

可知所有校正值之和为 -144mm

（4）校正后液位：用校正值计算校正后液位。

$$20336+(-144)=20192(\text{mm})$$

14. 丙烯和丁烯的混合物进入气相色谱柱后测得：空气、丙烯、丁烯保留时间分别为 0.5min，3.5min，4.8min，其相应的峰宽分别为 0.2min，0.8min，1.0min。计算（1）丁烯在这个柱上的分配比是多少？（2）丙烯和丁烯的分离度是多少？是否达到完全分离？

解：

$$k=\frac{m_s}{m_g}=\frac{t'_R}{t_0}=\frac{4.8-0.5}{0.5}=8.6$$

$$R=\frac{2[t_{R(2)}-t_{R(1)}]}{W_{b(2)}+W_{b(1)}}=\frac{2(4.8-3.5)}{1.0+0.8}=1.44$$

分离度 1.44 小于两峰完全分离的衡量指标 $R=1.5$，故没有完全分离。

15. 在一根长 3m 的色谱柱上，分析某试样时，得两个组分的调整保留时间分别为 13min 及 16min，后者的峰底宽度为 1min，计算：（1）该色谱柱的有效塔板数；（2）两组分的相对保留值；（3）如欲使两组分的分离度 $R=1.5$，需有效塔板数为多少？此时应使用多长的色谱柱？

解：

$$n_{eff}=\frac{L}{H_{eff}}=5.54\left(\frac{t'_R}{W_{1/2}}\right)^2=16\left(\frac{t'_R}{W_b}\right)^2=16\times\left(\frac{16}{1}\right)^2=4096$$

$$r_{2,1}=\frac{t'_{R(2)}}{t'_{R(1)}}=\frac{16}{13}=1.23$$

若使 $R=1.5$，柱效能为：

$$n_{eff}=16\cdot R^2\cdot\left(\frac{r_{2,1}}{r_{2,1}-1}\right)=16\times1.5^2\times\left(\frac{1.23}{1.23-1}\right)^2=1029$$

此时对应的柱长为：$L=\frac{1029}{4096}\times3.0=0.75(\text{m})$

16. 假设某船卸前计量货量为 175500m³，计划留底量为 3500m³，通常加速卸货阶段卸货量为 6000m³、减速卸货量为 4000m³，设该船全速卸货阶段平均速率为 12000m³/h，则该船全速卸货所需时间为多少小时？

解：该船计划卸货量为：175500 - 3500 = 172000（m³）

该船全速卸货量为：17200 - 6000 - 4000 = 162000（m³）

全速卸货需要时间为：162000/12000 = 13.5（h）。

17. 已知某 LNG 船舶的满载吃水为 11.7m、空载吃水为 9.7m、船舶型深为 26.6m，某 LNG 接收站码头的设计的最高潮位为海图基准面以上 6.05m、最低潮位为海图基准面以下 0.45m，同时该接收站码头登船梯最高放置高度为海平基准线以上 26m、最小放置高度为海平基准线以上7m。请根据上述已知条件，通过计算判断该船舶靠泊该接收站码头时主甲板距海图基准面高度随设计潮汐变化范围是否处于登船梯的活动包络范围内。

解：(1)船舶空载吃水，且在接收站码头设计最高潮位时，船舶主甲板距离海图基准面的距离为：

$$26.6-9.7+6.05=22.95\text{m}。$$

(2)船舶满载吃水，且在接收站码头设计最低潮位时，船舶主甲板距离海图基准面的距离为：

$$26.6-11.7-0.45=14.45\text{m}。$$

(3)通过上述计算可知，该船舶靠泊该接收站码头时，船舶主甲板距离海图基准面随设计潮汐的变化范围是海图基准面以上14.45～22.95m，因为7＜(14.45～22.95)＜26，所以该船舶甲板距海图基准面高度随设计潮汐变化范围处于登船梯的活动包络范围内。

18. LNG储罐正常最高允许运行液位34.54m，测试前储罐库存为173200m^3，测试时间4d，测试期间储罐压力控制恒定，测试完成时储罐液位34.475m。储罐内罐直径为79946mm，LNG密度425kg/m^3，请计算测试工况下LNG储罐日蒸发率。

解：测试后库存$=\pi(D/2)^2\cdot h=3.14\times[79946/(2\times1000)]^2\times34.475=172968.7\text{m}^3$

测试工况日蒸发率$=[(173200-172968.7)/173200]/4=0.0334\%$

19. 设计工况下罐顶漏热量40306.7W，罐壁漏热量70916.7W，罐底(包括环梁)漏热量76370.4W，LNG密度422kg/m^3，LNG汽化潜热511kJ/kg，储罐工作容积160207m^3，请计算储罐日蒸发率。

解：日蒸发率(BOR)$=\dfrac{\phi\times3600\times24}{\gamma\rho V}=\dfrac{(40306.7+70916.7+76370.4)\times3600\times24}{511000\times422\times160207}=0.047\%$

20. 接收站近期购买10%次氯酸钠药液，试计算该次氯酸钠药液有效氯浓度？(氯相对原子质量为35.5，次氯酸钠相对分子质量为74.5)

解：

$$\omega_{有效氯浓度}=\omega_{次氯酸钠浓度}\times\frac{35.5}{74.5}\times100\%=10\%\times\frac{35.5}{74.5}\times100\%=4.77\%$$

答：该次氯酸钠药液有效氯浓度为4.77%。

21. 请问在1L有效氯浓度为5%的次氯酸钠溶液中加入多少的水，可以配成浓度为8%的次氯酸钠溶液(氯相对原子质量为35.5，次氯酸钠相对分子质量为74.5)？

解：

$$\omega_{次氯酸钠浓度}=\omega_{有效氯浓度}\times\frac{74.5}{35.5}\times100\%=5\%\times\frac{74.5}{35.5}\times100\%=10.49\%$$

$$V_{水}=\frac{V_{次氯酸钠药液}\times\omega_{次氯酸钠浓度}}{8\%}-V_{次氯酸钠药液}=\frac{1000\text{mL}\times10.49\%}{8\%}-1000\text{mL}=311.25\text{mL}$$

答：需加入311.25mL的水，可以配成浓度为8%的次氯酸钠溶液。

22. 某台离心泵输送密度为1000kg/m^3的水，稳定运行时泵的扬程为50m，电机的轴功率为200kW。泵的效率为60%，试计算此时泵的出口流量。

解：

$$P_{有}=P_{轴}\times60\%=200\times60\%=120(\text{kW})$$

$$Q = P_{有}/\rho gh = 120000/(1000\times9.8\times50) = 0.25(m^3/s)$$

答：此时泵的出口流量为0.25m^3/s。

23. 某台泵每小时输送密度为472.7kg/m^3的LNG 319m^3，扬程为275m，泵的轴功率为159.9kW，求该泵的效率。

解：
$$\eta = \frac{\rho Qgh}{P_{轴}}\times100\% = \frac{472.7\times319\times9.81\times275}{159.9}\times100\% = 70.6\%$$

答：该泵的效率为70.6%。

24. 一台泵每小时输送相对密度472.7kg/m^3的LNG 319m^3，扬程为275m，泵的效率为70.6%，求该泵的轴功率。

解：$P_{轴} = \rho Qgh/\eta = 472.7\times319\times275\times9.81\div3600\div1000\div70.6\% = 159.9(kW)$

答：该泵的轴功率为159.9kW。

25. 某日某台SCV工作时，从DCS中监控到该SCV燃料气流量显示故障，此时LNG入口流量Q_{LNG}为180t/h，温度为-150℃；出口NG的压力为7.5MPa、温度为10℃。该SCV的综合热效率K为96%～98%，该工况下汽化1kg的LNG大概需要650kJ的热量，燃料气的热值q为35MJ/Nm^3。请计算此时燃料气的瞬时质量流量Q_G大概范围。燃料气密度ρ = 0.68kg/Nm^3。

解：
$$Q_{LNG} = 180t/h = 180000kg/h;$$

(1)综合换热效率K=98%时，对应燃料气的最小流量Q_{Gmin}：

1小时汽化180t LNG所需总热值：

$$q_{总} = 650\cdot Q_{LNG} = 650\times180000kJ = 117000MJ$$

$$流量\ Q_{Gmin} = \frac{q_{总}}{K\cdot q}\cdot\rho = \frac{117000}{0.98\times35}\times0.68\approx2320(kg/h)$$

(2)综合换热效率K=96%时，对应燃料气的最大流量Q_{Gmax}：

同(1)计算得：

$$流量\ Q_{Gmax} = \frac{q_{总}}{K\cdot q}\cdot\rho = \frac{117000}{0.96\times35}\times0.68\approx2368(kg/h)$$

综上燃料气的流量：Q_G的范围为2320～2368kg/h。

26. ORV与SCV相比最大的优点就是内耗低，但ORV的运行受海水温度的限制，当海水温度低于7℃的时候就要降低ORV的处理能力。若不考虑SCV不同负荷下的换热效率等因素，试计算ORV的每小时的汽化量降至多少时其能耗(运行费用)基本与SCV一致。

已知：

(1)SCV出口NG的压力为7.5MPa、温度为10℃，此时汽化1kg的LNG大概需要0.650MJ的热量；

(2)燃料气的热值q为35MJ/Nm^3；

(3)每台ORV每小时的海水用电量为800kW·h，每台SCV每小时的用电量为500kW·h；

(4)天然气价格按3.0元//Nm^3，电费价格1元/kW·h。

解：ORV 汽化 Mkg 的 LNG 的运行费用：$Y_{ORV}=1\times800=800$ 元

假设 ORV 的每小时的汽化量降至 Mkg 时其能耗(运行费用)基本与 SCV 一致。

SCV 汽化 Mkg 的 LNG 用气量：

$$V=\frac{0.650\cdot M}{q}=\frac{0.650\times M}{35}$$

SCV 汽化的运行费用：

$$Y_{SCV}=3.0\cdot\frac{0.650\times M}{35}+1\times500\approx(0.056\cdot M+500)$$

因为：$Y_{SCV}=Y_{ORV}$

$$0.056\cdot M+500=800$$

得：$M\approx5357$kg

27. 在正常汽化外输时，从 DCS 中监控到高压外输泵入口总管处 LNG 温度 $t=-150$℃，试计算高压外输泵入口总管处 LNG 的饱和蒸汽压 P_{sat}(MPa)[绝度零度取 -273℃。参考公式：$P_{sat}=x_{c_1}\cdot P_{c_1sat}(t)+x_{c_2}\cdot P_{c_2sat}(t)+x_{c_3}\cdot P_{c_3sat}(t)+x_{c_4}\cdot P_{c_4sat}(t)+x_{c_5}\cdot P_{c_5sat}(t)+x_{N_2}\cdot P_{N_2sat}(t)$]。

表 1　各组分温度与饱和蒸汽压关系表

温度/K	组分饱和蒸汽压 P_{cisat}/Pa						
	CH_4	C_2H_6	C_3H_8	C_4H_{10}	C_5H_{12}	C_6H_{14}	N_2
113	88400	746.7	0.39	0	0	0	1467300
123	191900	354.5	3.1	0	0	0	2513500

表 2　色谱分析仪测得此处 LNG 的组分

CH_4	C_2H_6	C_3H_8	C_4H_{10}	C_5H_{12}	C_6H_{14}	N_2
0.98	0.08	0.02	0	0	0	0.10

其中：x_i 为某组分的摩尔比；P_{cisat}为该组分的饱和蒸汽压；

解：
$$T(\text{K})=t(℃)+273=-150+273=123(\text{K})$$

$$\begin{aligned}P_{sat}&=x_{c_1}\cdot P_{c_1sat}(t)+x_{c_2}\cdot P_{c_2sat}(t)+x_{c_3}\cdot P_{c_3sat}(t)+x_{c_4}\cdot P_{c_4sat}(t)+x_{c_5}\cdot P_{c_5sat}(t)+x_{N_2}\cdot P_{N_2sat}(t)\\&=0.98\times191900+0.08\times354.5+0.02\times3.1+0+0+0.10\times2513500\\&=439440.422(\text{Pa})\\&=0.44\text{MPa}\end{aligned}$$

28. 某日在正常汽化外输时，从 DCS 中监控到内径为 400mm 的某路计量橇流量计瞬时流量为 400000Nm^3/h，压力读数为 7.20MPa，温度读数为 15.0℃，试计算此时该计量橇内天然气的平均流速 V(m/s)[参考公式：$Q(n)=Q(g)\cdot\frac{Z(n)}{Z(g)}\cdot\frac{P(g)}{P(n)}\cdot\frac{T(n)}{T(g)}$。其中，$Q(n)$为标况体积流量(Nm^3/h)；$Q(g)$为工况体积流量(m^3/h)；$Z(n)$为标况气体压缩系数(取 1.0000)；$Z(g)$为工况气体压缩系数(取 1.0880)；$P(g)$为工况介质压力(绝压)；$P(n)$为标准大气压($\approx$0.1MPa)；$T(n)$为标准绝对温度($\approx$293K)；$T(g)$为介质实测温度(绝对温度)；$\pi\approx3.14$]。

解：介质实测温度 $T(g)=273+15.0=288.0$K

工况体积流量 $Q(g)=Q(n)\cdot\frac{Z(g)}{Z(n)}\cdot\frac{P(n)}{P(g)}\cdot\frac{T(g)}{T(n)}$

$=400000\times\frac{1.0880}{1.0000}\times\frac{0.1}{7.2}\times\frac{288}{293}$

$\approx5941.30m^3/h$

$\approx1.65m^3/s$

计量撬截面积 $A=\frac{\pi d^2}{4}=\frac{3.14\times0.4^2}{4}=0.1256(m^2)$

平均流速 $V=\frac{Q(g)}{A}=\frac{1.65}{0.1256}\approx13.14(m/s)$

29. 有一台转速 $n=1450r/min$ 的离心泵，当流量 $Q=35m^3/h$ 时扬程 $H=62m$，功率 $N=7.6kW$，现若流量增至 $Q=52.5m^3/h$，问原动机的转速应提高至多少？此时扬程和功率各为多少？

解：利用相似理论中的比例定律可知：

由 $\frac{Q'}{Q}=\frac{n'}{n}$ 可得，$n'=\frac{Q'}{Q}\times n=\frac{52.5}{35}\times1450=2175(r/min)$

由 $\frac{H'}{H}=\left(\frac{n'}{n}\right)^2$ 可得，$H'=\left(\frac{n'}{n}\right)^2\times H=\left(\frac{2175}{1450}\right)^2\times62=139.5(m)$

由 $\frac{N'}{N}=\left(\frac{n'}{n}\right)^3$ 可得，$N'=\left(\frac{n'}{n}\right)^2\times N=\left(\frac{2175}{1450}\right)^3\times7.6=25.65(kW)$

答：原动机的转速应提高至 2175r/min，扬程为 139.5m，功率为 25.65kW。

30. 有一单吸四级离心泵，额定流量 $Q_{opt}=64m^3/h$，扬程 $H=280m$，转速 $n=2900r/min$，问(1)该泵比转速 n_s 为多少？(2)当此泵在 1450r/min 下运转时，比转速 n_s 为多少？

解：(1)

$$n_s=\frac{3.65n\sqrt{Q}}{H^{\frac{3}{4}}}=\frac{3.65\times2900\times\sqrt{\frac{64}{3600}}}{\left(\frac{280}{4}\right)^{\frac{3}{4}}}=58.3$$

(2)当泵在 1450r/min 下运转时，

由 $\frac{Q'}{Q}=\frac{n'}{n}$ 可得，$Q'=\frac{n'}{n}\times Q=\frac{1450}{2900}\times64=32(m^3/h)$

由 $\frac{H'}{H}=\left(\frac{n'}{n}\right)^2$ 可得，$H'=\left(\frac{n'}{n}\right)^2\times H=\left(\frac{1450}{2900}\right)^2\times280=70(m)$

$$n_s=\frac{3.65n\sqrt{Q}}{H^{\frac{3}{4}}}=\frac{3.65\times1450\times\sqrt{\frac{32}{3600}}}{\left(\frac{70}{4}\right)^{\frac{3}{4}}}=58.3$$

答：(1)该泵比转速 n_s 为 58.3；(2)当泵在 1450r/min 下运转时，比转速 n_s 为 58.3。

31. 在产品试制中，一台模型离心泵尺寸为实际泵的 1/4 倍，并在转速 $n=730r/min$ 时进行试验。此时测量出模型泵设计工况出水量 $Q_m=11L/s$，扬程 $H_m=0.8m$。如果模型泵与实际泵效率相同，试求实际水泵在 $n=960\mathrm{r/min}$ 时设计工况流量和扬程。

解：

根据第一相似定律 $\frac{Q}{Q_m}=\lambda^3\frac{n}{n_m}$，$Q=\lambda^3\frac{n}{n_m}\times Q_m=4^3\times\frac{960}{730}\times 11=926(\mathrm{L/s})$

根据第二相似定律 $\frac{H}{H_m}=\lambda^2\frac{n}{n_m}$，$H=\lambda^2\frac{n^2}{n_m^2}\times H_m=4^2\times\frac{960^2}{730^2}\times 0.8=22(\mathrm{m})$

答：实际水泵在 $n=960\mathrm{r/min}$ 时设计工况流量为926L/s，扬程为22m。

32. 接收站低压输送泵额定能力为650t/h，高压外输泵额定处理能力600t/h，气化器额定处理能力680t/h，汽化设施相关管道输送能力800t/h，BOG外输额定能力8t/h；配套输气管道日通过流量2400万$\mathrm{m^3/d}$；液态装车能力为2295000t/y，请根据《液化天然气接收站能力核定方法》(SY/T 7434)，计算外输设施能力。

解：气态生产设施能力 $Q_{G1}=q_{G1}\times T_{Gh1}+q'_{G1}\times T'_{Gh1}=600\times 24\times 365+8\times 24\times 365=5326080(\mathrm{t/y})$

配套输气管道能力 $Q_{G2}=q_v\times\rho_{GS}\times 350=5551724(\mathrm{t/y})$

接收站外输能力 $Q_{out}=Q_G+Q_L=5326080+2295000=7621080(\mathrm{t/y})$。

答：接收站外输能力为7621080t/y。

33. 接收站单辆槽车有效容积为50$\mathrm{m^3}$，日最大装车台数为300台，LNG密度425$\mathrm{kg/m^3}$，装车设施操作天数360天，请根据《液化天然气接收站能力核定方法》(SY/T 7434)，计算液态装车能力。

解：液态装车能力 $Q_L=V_T\times n_d\times\rho_{LNG}\times T_{Ld}=50\times 300\times 0.425\times 360=2295000(\mathrm{t/y})$

答：接收站液态装车能力为2295000t/y。

34. 某LNG管道铺设保冷层，已知管内介质的操作温度为－145℃，环境温度为33℃，平均相对湿度为75%，冷损失量为32.56$\mathrm{W/m^2}$，在允许冷损失中传热系数 α_s 取8.141$\mathrm{W/(m^2\cdot ℃)}$，则管道保冷层表面温度为多少？

解：保冷层表面温度：$T_s=T_a-\frac{Q}{\alpha_s}=33-\frac{32.56}{8.141}=29(℃)$

答：保冷层表面温度为29℃。

35. 某LNG项目保冷管道的外径为 Φ273mm，管内介质的操作温度为－145℃，环境温度为27℃，保冷层表面温度为30.5℃，在允许冷损失中传热系数 α_s 取8.141$\mathrm{W/(m^2\cdot ℃)}$，最大允许冷损失为21.98$\mathrm{W/m^2}$，保冷材料为泡沫玻璃管，导热系数方程 $\lambda=0.05+0.000233T_m$，计算此LNG管道保冷层厚度 δ。

解：平均温度：$T_m=(T_f+T_s)/2=(-145+30.5)/2=-57.25(℃)$

则导热系数：$\lambda=0.05+0.000233T_m=0.063\mathrm{W/(m^2\cdot ℃)}$

根据冷损法计算公式：$\ln\frac{D_1}{D_0}=2\lambda\left(\frac{|T_0-T_a|}{q}-\frac{1}{\alpha_s}\right)=2\times 0.063\times\left(\frac{|-145-33|}{36.63}-\frac{1}{8.141}\right)=0.597$

计算得出 $D_0=0.496\mathrm{m}$，$\delta=(0.496-0.273)/2=0.137(\mathrm{m})$

所以保冷层厚度为140mm。

四、技能操作鉴定要素细目表

鉴定范围				鉴定点	重要程度	备注
一级	二级	三级	鉴定比重			
A 操作技能 100%	A 工艺操作 54%	A 开车操作	6%	001 根据开车程序组织开车作业	Y	实操
				002 组织 LNG 储罐 BOR（日蒸发率）测试	X	实操
		B 卸料、储存与槽车充装	14%	001 组织船岸密度差较大 LNG 接卸作业	X	实操
				002 组织 LNG 船接卸作业	X	实操
		C 高压汽化外输	14%	001 组织高压外输系统停车、开车作业	X	实操
				002 高压泵预冷操作	X	实操
		D BOG 处理	14%	001 组织 BOG 再冷凝系统投用、停用操作	X	实操
				002 燃料气系统隔离置换操作	X	实操
		E 轻烃回收	6%	001 脱甲烷塔级间回流泵跳车应急调整操作	Y	实操
				002 外供蒸汽流量大幅下降应急调整操作	Z	实操
	B 设备维护与保养 8%	A 设备维护与保养	8%	001 BOG 压缩机气缸敲击故障处理	Y	实操
				002 BOG 压缩机气缸带油故障处理	X	实操
	C 事故判断与处理 30%	A 事故判断	12%	001 分析 BOG 压力异常原因	X	实操
				002 判断浸没燃烧式气化器停车原因	X	实操
		B 事故处理	18%	001 处理全厂联锁停车事故	X	实操
				002 处理卸料臂 ESD2 联锁停车事故	X	实操
				003 处理装置内 LNG 严重泄漏事故	X	实操
	D 绘图与计算 8%	A 绘图	8%	001 绘制罐内泵工艺流程图 PID	Y	实操
				002 绘制高压泵工艺流程图 PID	X	实操

五、技能操作考试试题及评分记录表

技能操作考试试题 1

试题名称：根据开车程序组织开车作业

一、准备要求

1. 设备准备

序号	名称	规格	数量	备注
1	记录纸		1 张	
2	记录笔		1 支	

2. 工具、量具、刃具准备

名称	规格	精度	数量
防爆对讲机			1 台

二、操作程序规定及说明

(1) 主要试车条件确认；
(2) 试车程序；
(3) 汇报、记录。

三、考核要求

(1) 准备时间：5min；
(2) 正式操作时间：30min；
(3) 计时从正式操作开始，至操作完毕；
(4) 规定时间内全部完成，每超 1min，从总分中扣 5 分；总超时 8min，停止作业。

四、配分与评分标准

见技能考核评分记录表 1。

技能考核评分记录表1

试题名称：根据开车程序组织开车作业　　　　考核时间：30min

序号	考试内容	评分要素	配分	评分标准	最大扣分	步长	扣分	得分	备注
1	准备工作	准备工器具	3	未准备工具扣3分	3	3			
2	主要开车条件确认	机械完工，系统已完成干燥置换	35	未确认干燥置换完成扣5分	5	5			
		公用工程系统已投用，运行正常		未确认公用工程投运正常扣5分	5	5			
		安全、消防系统已投用，运行正常		未确认安全、消防系统投用正常扣5分	5	5			
		仪表、计算机的检测、控制、联锁、报警系统调试完成，投用正常		未确认仪表、计算机系统投用正常扣5分	5	5			
		投料试车方案、生产制度已落实，调度系统已正常运行		投料试车方案、生产制度及调度系统少确认一项扣2分	6	2			
		开车物资已落实，设备厂家技术人员到位		开车物资、设备厂家人员少落实一项扣2分	4	2			
		开车前相关手续已办理完成，环保工作达到“三同时”		未确认开车手续扣5分	5	5			
3	开车程序	火炬长明灯点燃	57	未点燃火炬长明灯扣4分	4	4			开车程序顺序错误每项扣5分
		预冷卸料总管、码头保冷循环管线、低压总管		每少一项扣2分	6	2			
		填充卸料总管、码头保冷循环管线、低压总管		每少一项扣2分	6	2			
		BOG置换储罐内氮气		未用BOG置换储罐内氮气扣3分	3	3			
		预冷LNG储罐		未预冷储罐扣4分	4	4			
		填充储罐、测试罐内泵		填充储罐、测试罐内泵漏一项扣2分	4	2			
		低压总管、高压总管充压，建立零输出循环		未建立零输出循环扣4分	4	4			
		剩余LNG卸料		未接卸剩余LNG扣3分	3	3			

续表

序号	考试内容	评分要素	配分	评分标准	最大扣分	步长	扣分	得分	备注
3	开车程序	高压泵预冷、测试	57	预冷、测试高压泵漏一项扣3分	6	3			开车程序顺序错误每项扣5分
		高压汽化外输系统试车		未对高压外输系统试车扣4分	4	4			
		BOG压缩机、再冷凝器试车		BOG压缩机、再冷凝器试车漏一项扣3分	6	3			
		燃料气系统试车		未对燃料气系统试车扣3分	3	3			
		SCV试车		未对SCV试车扣4分	4	4			
4	汇报记录	汇报并记录试车条件检查及试车程序执行情况	5	未汇报试车条件检查及试车程序执行情况扣3分	3	3			
				未记录试车条件检查及试车程序执行情况扣5分	2	2			
5	安全生产及其他	劳保用品穿戴齐全、正确	从总分中扣除	劳保穿戴不齐整不得进入现场	100	100			
		严格按操作规程操作		每违反一项操作规定扣5分，严重的停止操作	100	5			
		在规定时间内完成操作		每超时1min的中5分，超过8min停止操作	40	5			
	合计		100						

考评员： 年 月 日

技能操作考试试题 2

试题名称：组织 LNG 储罐 BOR(日蒸发率)测试

一、准备要求

1. 设备准备

序号	名称	规格	数量	备注
1	LNG 储罐		1 台	

2. 材料准备

序号	名称	规格	数量	备注
1	记录纸		1 张	
2	记录笔		1 支	

3. 工具、量具、刃具准备

名称	规格	精度	数量	名称	规格	精度	数量
防爆对讲机			1 台	测温仪			1 台
气压计			1 台				

二、操作程序规定及说明

(1)准备工作；
(2)测试前准备；
(3)稳定观察；
(4)蒸发率测试。

三、考核要求

(1)准备时间：5min；
(2)正式操作时间：30min；
(3)计时从正式操作开始，至操作完毕；
(4)规定时间内全部完成，每超 1min，从总分中扣 5 分；总超时 8min，停止作业。

四、配分与评分标准

见技能考核评分记录表 2。

技能考核评分记录表 2

试题名称：组织 LNG 储罐 BOR(日蒸发率)测试　　　　考核时间：30min

序号	考试内容	评分要素	配分	评分标准	最大扣分	步长	扣分	得分	备注
1	准备工作	工具、量具准备	6	每少一样扣 2 分	6	2			
2	测试前准备	检查储罐伺服液位计、压力表、内罐壁温度计、内罐底温度计是否正常	8	储罐仪表检查每少一项扣 2 分	8	2			
		储罐进料至最高运行液位	5	未进料至最高运行液位扣 5 分	5	5			
		关闭储罐罐前平台进料切断阀	5	未关闭进料切断阀扣 5 分	5	5			
		通过进料管线排凝线将进料线内 LNG 排凝至储罐	5	未将进料管线排凝扣 5 分	5	5			
		关闭泵出口管线及排凝线、进液管线、排凝及零输出回罐管线、注氮管线、预冷喷淋管线等切断阀	14	漏关一个切断阀扣 2 分	14	2			
		BOG 管线阀门打开	5	BOG 管线阀门未打开扣 5 分	5	5			
3	稳定观察	通过 BOG 压缩机控制储罐压力平稳，压力波动不超过 0.5kPa(表压)	6	未控制 BOG 压力扣 3 分	3	3			
				压力控制范围错误扣 3 分	3	3			
		液位保持稳定，液位下降速度 8h 内低于 6mm	5	液位稳定判断错误扣 5 分	5	5			
4	蒸发率测试	储罐达到稳定状态 24h 后开始记录数据	5	达到稳定状态后未等 24h 开始记录数据的扣 5 分	5	5			
		每 2h 记录一次储罐液位、压力、内罐壁温度、内罐底温度、罐内 LNG 温度、BOG 温度、吊顶温度	14	记录参数每少一项扣 2 分	14	2			
		每 2h 检测并记录外罐壁、外罐底、外罐顶 4 个方向温度，大气压、大气温度、风速	12	检测、记录参数每少一项扣 2 分	12	2			

续表

序号	考试内容	评分要素	配分	评分标准	最大扣分	步长	扣分	得分	备注
4	蒸发率测试	测试期间保持储罐稳定	5	测试期间未保持储罐稳定扣 5 分	5	5			
		测试时间不低于 48h	5	测试时间错误扣 5 分	5	5			
5	安全生产及其他	劳保用品穿戴齐全、正确	从总分中扣除	劳保穿戴不齐整不得进入现场	100	100			
		严格按操作规程操作		每违反一项操作规定扣 5 分，严重的停止操作	100	5			
		在规定时间内完成操作		每超时 1min 扣 5 分，超过 8min 停止操作	40	5			
合计			100						

考评员： 年 月 日

技能操作考试试题 3

试题名称：组织船岸密度差较大 LNG 接卸作业

一、准备要求

1. 设备准备

序号	名称	规格	数量	备注
1	LNG 储罐		2 台	
2	BOG 压缩机		2 台	
3	罐内泵		1 台	

2. 材料准备

序号	名称	规格	数量	备注
1	记录纸		1 张	
2	记录笔		1 支	

3. 工具、量具、刃具准备

名称	规格	精度	数量	名称	规格	精度	数量
防爆对讲机			1 台	可燃气体检测仪	CH_4		1 台

二、操作程序规定及说明

(1)接卸作业前准备工作；
(2)码头卸料设施作业；
(3)加速卸料；
(4)全速卸料；
(5)注意事项。

三、考核要求

(1)准备时间：5min；
(2)正式操作时间：30min；
(3)计时从正式操作开始，至操作完毕；
(4)规定时间内全部完成，每超时 1min，从总分中扣 5 分；总超时 8min，停止作业。

四、配分与评分标准

见技能考核评分记录表 3。

技能考核评分记录表 3

试题名称：组织船岸密度差较大 LNG 接卸作业　　　　操作时间：30min

序号	考试内容	评分要素	配分	评分标准	最大扣分	步长	扣分	得分	备注
1	接卸前准备工作	确认储罐液位计、LTD、压力表等仪表正常	20	每少确认一种仪表扣 2 分	6	2			
		确认火炬系统正常		未确认火炬是否正常扣 3 分	3	3			
		确认安全阀正常投用		未确认安全阀投用扣 2 分	2	2			
		确认 BOG 压缩机、罐内泵等相关设备设施运行正常		设备每少确认一种扣 2 分	4	2			
		混掺作业前尽量降低进液储罐液位		未控制低液位扣 2 分	2	2			
		储罐压力降至 15kPa 以下并根据储罐压力及时调整压缩机负荷		压力未降至目标压力扣 3 分	3	3			
2	码头卸料设施作业	完成卸料臂、气相臂连接	10	未连接卸料臂、气相臂扣 2 分	2	2			
		完成卸料臂、气相臂气密		未进行气密扣 1 分	1	1			
		完成卸料臂、气相臂置换		未置换扣 1 分	1	1			
		完成热态 ESD 测试		未进行热态 ESD 扣 2 分	2	2			
		完成卸料臂预冷		未预冷扣 2 分	2	2			
		完成冷态 ESD 测试		未进行冷态 ESD 扣 2 分	2	2			
3	加速卸料	设置储罐卸料流程，根据船上 LNG 密度，当船上 LNG 密度大时采用上进液，船上 LNG 密度小时采用下进液	7	未了解船方密度扣 2 分	2	2			
				上下进液选择错误扣 5 分	5	5			
		船方启动第一台卸货泵开始卸料，合理调整船方卸货泵回流，控制卸货速率在 $1300m^3/h$ 以内	3	未控制卸料速度的扣 3 分	3	3			
		密切关注罐压力，根据储罐压力情况调节 BOG 压缩机负荷；当压力上升时增加压缩机负荷，压力降至 15kPa 以下时降低压缩机负荷	7	未关注储罐压力扣 2 分	2	2			
				压力上升时未增大压缩机负荷使储罐压力降至目标值扣 5 分	5	5			

续表

序号	考试内容	评分要素	配分	评分标准	最大扣分	步长	扣分	得分	备注
3	加速卸料	及时将 BOG 总管压力情况告知码头经理，及时调整船方接收返气量及卸货速度	8	未及时汇报 BOG 压力扣 3 分	3	3			
				未及时关注返气情况扣 2 分	2	2			
				未及时关注卸货速度扣 3 分	3	3			
		当储罐压力上涨速度超过 5kPa/h 时要求船方降低卸货速度，直至储罐压力呈下降趋势且储罐压力降至 19kPa 以下后缓慢增加卸货速度，直至全速卸料	10	压力上涨速度超过 5kPa/h 未降低卸货速度扣 5 分	5	5			
				压力下降至 19kPa 以下后未继续缓慢加速的扣 5 分	5	5			
		整个卸料期间 BOG 总管压力不得超过规定值，一旦超过此压力，立即停止加速或协调船方增加返气量；如压力达到 26kPa，手动缓慢打开 BOG 总管至火炬压力调节阀放空火炬，待 BOG 总管压力下降至目标值以下后再开始加速卸货	15	压力超过规定值处置不当扣 5 分	5	5			
				压力超过 26kPa 处置不当扣 5 分	5	5			
				BOG 总管压力下降至目标值以下后未开始继续卸货扣 5 分	5	5			
4	全速卸料	全速卸料期间密切关注储罐压力，压力无法控制时及时汇报	6	未关注储罐压力扣 3 分	3	3			
				压力无法控制未及时汇报扣 3 分	3	3			
		卸料过程中，通过 LTD 检测 LNG 的密度、温度	3	未通过 LTD 检测密度、温度扣 3 分	3	3			
		如出现分层，及时通过罐内泵打回流	3	出现分层未通过罐内泵打回流扣 3 分	3	3			
		卸料过程采用边进边出，通过罐内泵将罐底原有 LNG 外输	3	未及时将进料罐罐内 LNG 外输扣 3 分	3	3			
5	注意事项	接卸开始前提前通知下游卸料过程组分会一直发生变化	5	未通知下游扣 5 分	5	5			
6	安全生产及其他	劳保用品穿戴齐全、正确	从总分中扣除	劳保穿戴不齐整不得进入现场	100	100			
		严格按操作规程操作		每违反一项操作规定扣 5 分，严重的停止操作	100	5			
		在规定时间内完成操作		每超时 1min 扣 5 分，超过 8min 停止操作	40	5			
合计			100						

考评员：　　　　　　　　　　　　　　　　年　　月　　日

技能操作考试试题 4

试题名称：组织 LNG 船接卸作业

一、准备要求

1. 设备准备

序号	名称	规格	数量	备注
1	卸料臂		1 台	
2	登船梯		1 台	
3	储罐		1 台	
4	船岸通信系统		1 套	

2. 材料准备

序号	名称	规格	数量	备注
1	记录纸		1 张	
2	记录笔		1 支	

3. 工具、量具、刃具准备

名称	规格	精度	数量	名称	规格	精度	数量
验漏液			1 瓶	防爆对讲机			1 台
可燃气体检测仪	CH_4		1 台				

二、操作程序规定及说明

(1) LNG 船靠泊；

(2) 登船梯放置、船岸通信连接；

(3) 卸料臂连接、气密、置换、预冷；

(4) 热态、冷态 ESD 测试；

(5) LNG 卸料；

(6) 卸料臂排凝、置换；

(7) 船岸通讯、登船梯收回；

(8) LNG 船离泊。

三、考核时限

(1)准备时间：5min；

(2)正式操作时间：40min；

(3)计时从正式操作开始，至操作完毕；

(4)规定时间内全部完成，每超时 1mim，从总分中扣 5 分；总超时 10min，停止作业。

四、配分与评分标准

见技能考核评分记录表 4。

技能考核评分记录表 4

试题名称：组织 LNG 船接卸作业　　　　　　　　　　　　操作时间：40min

序号	考试内容	评分要素	配分	评分标准	最大扣分	步长	扣分	得分	备注
1	准备工作	工器具准备	4	工器具少准备一种扣 1 分	4	1			
2	LNG 船靠泊	LNG 船靠在码头靠船墩上	4	不知道靠泊位置扣 2 分	2	2			
		系缆，先首尾倒缆，再首尾横缆，最后是首尾缆，船头船尾对称同步进行		系缆顺序错误扣 2 分	2	2			
3	放置登船梯	岸侧按照操作规程放置登船梯至船侧指定位置	3	未放至指定位置扣 1 分	1	1			
		并将登船梯设为自由浮动模式		未设为浮动模式扣 2 分	2	2			
4	船岸通讯连接	连接光纤或电缆，连接完成后进行船岸通讯测试	3	未测试扣 3 分	3	3			
5	卸前会议	在船上会议室召开卸前会议，会上讨论卸船过程中的所有事项，包括明确卸料方案、船岸安全检查、应急处理事项等	2	不清楚卸前会议内容扣 2 分	2	2			
6	卸料臂连接	在连接卸料臂之前，船侧启动水幕喷淋泵	10	未确认船侧水幕启动扣 2 分	2	2			
		先连接气相臂，再连接液相臂		卸料臂连接顺序错误扣 2 分	2	2			
		接臂步骤如下：岸方确认卸料臂已降压；岸方操作卸料臂至船上集管，去除盲法兰；岸方将卸料臂快速接头连接至船上集管；岸方将卸料臂设为浮动状态，可随船舶移动		未确认卸料臂已降压扣 2 分	2	2			
				卸料臂快速接头未连接至船方集管扣 2 分	2	2			
				卸料臂未设浮动模式扣 2 分	2	2			
7	卸料臂气密及置换	对卸料臂注氮升压，液相臂升压至 5bar，气相臂升压至 1bar，使用肥皂水或验漏液对卸料臂连接处进行验漏	12	液相臂升压压力错误扣 2 分	2	2			
				气相臂升压压力错误扣 2 分	2	2			
				未验漏扣 2 分	2	2			

续表

序号	考试内容	评分要素	配分	评分标准	最大扣分	步长	扣分	得分	备注
7	卸料臂气密及置换	卸料臂升压验漏完成后进行氮气置换，反复注氮放空直至检测放空处氧含量小于1%	12	未置换扣3分	3	3			
				氧含量指标错误扣3分	3	3			
8	热态ESD测试	解除船到岸ESD信号屏蔽	6	未解除屏蔽扣2分	2	2			
		可以通过船方触发或岸方触发，检查相关阀门是否动作正确		未确认阀门动作情况扣2分	2	2			
		由船方和岸方分别各自复位ESD，并通知对方		未复位ESD信号扣2分	2	2			
9	卸前计量	由船方、第三方计量、岸方计量监督共同上船完成	2	不清楚计量参与人员扣2分	2	2			
10	卸料臂预冷	打开卸料管线高点放空阀，确认放空气相流程导通	10	未打开高点放空阀扣2分	2	2			
				未确认放空气相流程的扣2分	2	2			
		船方卸料阀的旁通阀打开，船上启动一台清舱泵，使用小流量LNG对卸料臂进行预冷		不清楚船方预冷流程扣2分	2	2			
		液相臂同时进行，判断预冷是否完成的标准是卸料管线温度低于－140℃		预冷完成标准错误扣2分	2	2			
		检查法兰连接有无泄漏		未检查泄漏扣2分	2	2			
11	冷态ESD测试	可以通过船方触发或岸方触发，检查相关阀门是否动作正确	4	未确认阀门动作情况扣2分	2	2			
		由船方和岸方分别各自复位ESD，并通知对方		未复位ESD信号扣2分	2	2			
12	卸料操作	卸料前停码头保冷循环，打开辅助卸料阀	15	未停码头保冷扣3分	3	3			
		船方陆续启动卸货泵加速卸料，加速期间关注储罐压力		加速卸料期间未关注储罐压力扣3分	3	3			
		全速卸料后1h开始取样		开始取样时间错误扣2分	2	2			
		停第一台泵开始减速卸货前1h停止取样		停止取样时间错误扣2分	2	2			

续表

序号	考试内容	评分要素	配分	评分标准	最大扣分	步长	扣分	得分	备注
12	卸料操作	依次停止卸货泵，卸料完成后重新投用码头保冷循环	15	未投用码头保冷循环扣2分	2	2			
		屏蔽船到岸ESD信号		卸料完成后、拆船岸通讯前未屏蔽扣3分	3	3			
13	卸料臂排凝、置换	先对液相臂进行排凝，再对液相臂、气相臂进行氮气置换	9	顺序错误扣3分	3	3			
		通过注氮将液相臂中的LNG吹扫至码头凝液收集罐或排凝立管		排凝方法错误扣3分	3	3			
		反复注氮放空直至放空处甲烷浓度低于1%		置换指标错误扣3分	3	3			
14	卸后计量	由船方、第三方计量、岸方计量监督共同上船完成	2	不清楚计量参与人员扣2分	2	2			
15	卸后会议	在船上会议室举行卸后会议，会议主要对卸料过程中存在的问题进行交流	2	不清楚卸后会议内容扣2分	2	2			
16	卸料臂拆除	断臂之前首先对卸料臂进行泄压	6	断开前未确认泄压扣2分	2	2			
		首先断开液相臂，然后断开气相臂		断开顺序错误扣2分	2	2			
		将卸料臂收回至停放位，并锁定内外臂		未确认卸料臂内、外臂锁定扣2分	2	2			
16	断开船岸通讯	断开船岸通讯连接，收回到储存位置	2	未收回至储存位置扣2分	2	2			
17	收回登船梯	岸侧与船侧配合，收回登船梯至存放位	2	未收回至存放位扣2分	2	2			
18	船舶离港	登船梯收回后，进行解缆，由拖轮船将LNG船拖离卸料码头，LNG船离泊	2	不清楚离泊程序扣2分	2	2			
19	安全生产及其他	劳保用品穿戴齐全、正确	从总分中扣除	劳保穿戴不齐整不得进入现场	100	100			
		严格按操作规程操作		每违反一项操作规定扣5分，严重的停止操作	100	5			
		在规定时间内完成操作		每超时1min扣5分，超过10min停止操作	50	5			
	合计		100						

考评员：　　　　　　　　　　　　　　　　　　　　年　　月　　日

技能操作考试试题5

试题名称：组织高压外输系统停车、开车作业

一、准备要求

1. 设备准备

序号	名称	规格	数量	备注
1	罐内泵		1台	
2	高压外输泵		1台	
3	ORV		1台	
4	SCV		1台	
5	BOG压缩机		1台	
6	外输计量撬		1台	

2. 材料准备

序号	名称	规格	数量	备注
1	记录笔	支	1	
2	记录表	张	1	

3. 工具、量具、刃具准备

名称	规格	精度	数量	名称	规格	精度	数量
可燃气体检测仪	CH_4		1台	验漏液			1瓶
防爆对讲机			1台	F扳手	小号、中号		各1把

二、操作程序规定及说明

(1)准备工作；
(2)停用操作；
(3)操作后检查；
(4)投用前检查及操作；
(5)操作后检查；
(6)操作结束。

三、考核要求

(1)准备时间：5min；
(2)正式操作时间：30min；
(3)计时从正式操作开始，至操作完毕；
(4)规定时间内全部完成，每超 1min，从总分中扣 3 分；总超时 8min，停止作业。

四、配分与评分标准

见技能考核评分记录表 5。

技能考核评分记录表5

试题名称：组织高压外输系统停车、开车作业　　考核时间：30min

序号	考试内容	评分要素	配分	评分标准	最大扣分	步长	扣分	得分	备注
1	准备工作	准备工具并汇报中控室	10	未正确准备工具及材料每少一样扣1分	5	1			
				未汇报中控室扣5分	5	5			
2	停止操作	组织按顺序并正确停止汽化外输，包括停止轻烃装置、气化器（ORV/SCV/IFV）、高压泵、低压泵、计量撬，并建立零输出循环	27	未确认BOG再冷凝系统已经停止扣3分	3	3			
				未正确停止轻烃装置扣3分	3	3			
				未正确停止气化器(包括ORV/SCV/IFV)扣3分	3	3			
				未正确停止高压泵扣3分	3	3			
				未关闭计量撬支路切断阀扣3分	3	3			
				未正确停止低压泵，并至少保留1台低压泵维持保冷扣3分	3	3			
				未正确打开LNG高压汇管末端零输出保冷循环流量调节阀对高压汇管泄压扣3分	3	3			
				泄压完成后，未正确打开低压汇管与高压汇管跨线保冷阀门扣3分	3	3			
				未将保冷循环流量调节阀设为自动扣3分	3	3			
3	停用操作后检查	停用后对工艺进行检查	6	未检查泄漏等异常扣3分	3	3			
				未检查保冷循环系统温度扣3分	3	3			
4	投用前检查及操作	组织各专业检查：气化器（ORV/SCV/IFV）、高压泵、低压泵、计量撬可正常投用	12	未检查计量撬可正常投用扣3分	3	3			
				未检查高压泵可正常投用扣3分	3	3			

续表

序号	考试内容	评分要素	配分	评分标准	最大扣分	步长	扣分	得分	备注
4	投用前检查及操作	组织各专业检查：气化器（ORV/SCV/IFV）、高压泵、低压泵、计量撬可正常投用	12	未确认气化器可正常投用扣3分	3	3			
				未确认低压泵可正常投用扣3分	3	3			
		组织按顺序并正确操作：停止零输出循环、投用计量撬、投用低压泵、启动高压泵、启动气化器（ORV/SCV/IFV）并将外输量调为计划量	32	未正确关闭零输出保冷循环流量调节阀停止零输出循环扣4分	4	4			
				未正确关闭压汇管与高压汇管跨线保冷阀门扣4分	4	4			
				未正确启动低压泵扣4分	4	4			
				未正确调节高压泵入口压力正常扣4分	4	4			
				未正确启动高压泵扣4分	4	4			
				未对高压汇管补压扣4分	4	4			
				未正确启动气化器（ORV/SCV/IFV）扣4分	4	4			
				未将外输量调为计划量扣4分	4	4			
5	启动后检查	检查设备及工艺参数正常	8	未检查各设备正常运行扣4分	4	4			
				未检查工艺参数正常扣4分	4	4			
6	操作结束	工具回收，清理现场	5	未清理现场扣5分	5	5			
7	安全生产及其他	劳保用品穿戴齐全、正确	从总分中扣除	劳保穿戴不齐整不得进入现场	100	100			
		严格按操作规程操作		每违反一项操作规定扣5分，严重的停止操作	100	5			
		在规定时间内完成操作		每超时1min扣3分，超过8min停止操作	24	3			
合计			100						

考评员：　　　　　　　　　　　　　　　　　　　　　　年　　月　　日

技能操作考试试题 6

试题名称：高压泵预冷操作

一、准备要求

1. 设备准备

序号	名称	规格	数量	备注
1	高压泵		1 台	

2. 材料准备

序号	名称	规格	数量	备注
1	记录笔	支	1	
2	记录表	张	1	

3. 工具、量具、刃具准备

名称	规格	精度	数量	名称	规格	精度	数量
可燃气体检测仪	CH_4		1 台	验漏液			1 瓶
防爆对讲机			1 台	F 扳手	小号、中号		各 1 把

二、操作程序规定及说明

(1)准备工作；
(2)预冷前检查；
(3)预冷操作及注意事项；
(4)操作后检查；
(5)恢复备用流程；
(6)操作结束。

三、考核要求

(1)准备时间：5min；
(2)正式操作时间：30min；
(3)计时从正式操作开始，至操作完毕；
(4)规定时间内全部完成，每超 1min，从总分中扣 3 分；总超时 8min，停止作业。

四、配分与评分标准

见技能考核评分记录表 6。

技能考核评分记录表 6

试题名称：高压泵预冷操作　　　　考核时间：30min

序号	考试内容	评分要素	配分	评分标准	最大扣分	步长	扣分	得分	备注
1	准备工作	准备工具并汇报	10	未正确准备工具及材料每少一样扣 1 分	5	1			
				操作前未汇报中控扣 5 分	5	5			
2	组织预冷前检查	确认已制定相关作业方案并审批、组织相关专业检查工艺流程	12	未确认已制定相关作业方案扣 3 分	3	3			
				未确定相关作业方案已审批扣 3 分	3	3			
				未检查各监控仪表正常投用扣 3 分	3	3			
				未确认干燥置换验收合格扣 3 分	3	3			
3	预冷操作及注意事项	设定预冷流程：出口旁路和泵筒放空安全阀旁路排气、导通进 LNG 预冷流程	8	未正确设定预冷排气流程扣 4 分	4	4			
				未正确设定进 LNG 预冷流程扣 4 分	4	4			
		预冷期间注意事项：根据预冷情况缓慢调节排气阀门，泵筒液位达到泵体轴承等重要部件，暂停进料对设备深冷，控制预冷速度，监控温降、泵筒液位上升速度等	35	未正确根据预冷情况缓慢调节排气阀门扣 3 分	3	3			
				泵筒液位达到泵体轴承等重要部件，未暂停进料（每次暂停至少 30min）扣 4 分	4	4			
				未严格控制泵筒液位上升速率（在 25mm/min 以内）扣 4 分	4	4			
				未严格控制泵筒温度下降速率不超过 15℃/h 扣 4 分	4	4			
				未做到当预冷到泵筒液位与泵入口管线下边缘处（约 70%）停止泵筒预冷开始预冷入口管线扣 4 分	4	4			

续表

序号	考试内容	评分要素	配分	评分标准	最大扣分	步长	扣分	得分	备注
3	预冷操作及注意事项	预冷期间注意事项：根据预冷情况缓慢调节排气阀门，泵筒液位达到泵体轴承等重要部件，暂停进料对设备深冷，控制预冷速度，监控温降、泵筒液位上升速度等	35	未做到泵入口管线及泵筒均预冷至－140℃立即关闭泵筒放空安全阀旁路排气扣4分	4	4			
				出口管线预冷至－100℃未关闭出口旁路扣4分	4	4			
				未打开回流调节阀继续预冷扣4分	4	4			
				未做到泵进出口管线预冷至－140℃预冷结束扣4分	4	4			
4	操作后检查	组织好预冷过程中及预冷后检查	6	预冷过程中及预冷后未做好工艺参数监护扣3分	3	3			
				预冷过程中及预冷后未做好泄漏检测扣3分	3	3			
5	恢复备用流程	组织恢复高压泵的备用工艺流程	24	未微开进口阀门为高压泵充压扣3分	3	3			
				未正确投用各报警联锁信号扣3分	3	3			
				未正确打开出口手动阀扣3分	3	3			
				未保持回流调节阀关闭扣3分	3	3			
				未打开回流手阀扣3分	3	3			
				未打开泵筒放空手阀扣3分	3	3			
				未打开保冷切断阀扣3分	3	3			
				未说明流程导通后静置3小时方可启动扣3分	3	3			
6	操作结束	工具回收、清理现场	5	未清理现场扣5分	5	5			
7	安全生产及其他	劳保用品穿戴齐全、正确	从总分中扣除	劳保穿戴不齐整不得进入现场	100	100			
		严格按操作规程或作业方案操作		每违反一项操作规定扣5分，严重的停止操作	100	5			
		在规定时间内完成操作		每超时1min扣3分，超过8min停止操作	24	3			
		合　计	100						

考评员：　　　　　　　　　　　　　　　　年　　月　　日

技能操作考试试题 7

试题名称：组织 BOG 再冷凝系统投用、停用操作

一、准备要求

1. 设备准备

序号	名称	规格	数量	备注
1	BOG 压缩机		1 台	
2	BOG 再冷凝器		1 台	
3	BOG 减温器		1 台	
4	BOG 冷换器		1 台	

2. 材料准备

序号	名称	规格	数量	备注
1	记录笔	支	1	
2	记录表	张	1	

3. 工具、量具、刃具准备

名称	规格	精度	数量	名称	规格	精度	数量
可燃气体检测仪	CH_4		1 台	验漏液			1 瓶
防爆对讲机			1 台	F 扳手	小号、中号		各 1 把

二、操作程序规定及说明

(1)准备工作；
(2)投用前检查及操作；
(3)操作后检查；
(4)停用操作；
(5)操作后检查；
(6)操作结束。

三、考核要求

(1)准备时间：5min；
(2)正式操作时间：30min；
(3)计时从正式操作开始，至操作完毕；
(4)规定时间内全部完成，每超 1min，从总分中扣 3 分；总超时 5min，停止作业。

四、配分与评分标准

见技能考核评分记录表 7。

技能考核评分记录表 7

试题名称：组织 BOG 再冷凝系统投用、停用操作　　考核时间：30min

序号	考试内容	评分要素	配分	评分标准	最大扣分	步长	扣分	得分	备注
1	准备工作	准备工具并汇报中控室	10	未正确准备工具及材料每少一样扣 1 分	5	1			
				未汇报中控室扣 5 分	5	5			
2	投用前检查及操作	组织各专业检查：气化器外输正常运行；BOG 系统压力具备启动条件；BOG 压缩机可正常启动、BOG 再冷凝器、BOG 减温器、BOG 冷换器等设备可正常投用	24	未检查气化器外输正常运行扣 4 分	4	4			
				未检查 BOG 系统压力具备启动条件扣 4 分	4	4			
				未检查 BOG 压缩机可正常启动扣 4 分	4	4			
				未检查 BOG 再冷凝器可正常投用扣 4 分	4	4			
				未检查 BOG 减温器可正常投用扣 4 分	4	4			
				未检查 BOG 冷换器可正常投用扣 4 分	4	4			
		组织按顺序并正确投用 BOG 压缩机、BOG 再冷凝器、BOG 减温器、BOG 冷换器等设备	20	未正确投用减温器导通流程提前预冷扣 3 分	3	3			
				未将减温器出口温度设为自动控制扣 3 分	3	3			
				未正确投用 BOG 冷换器导通流程提前预冷扣 3 分	3	3			
				未将 BOG 冷换器出口温度设为自动控制扣 3 分	3	3			
				未确认 BOG 压缩机具备启动条件扣 2 分	2	2			
				并正确启动压缩机扣 2 分	2	2			
				未正确投用再冷凝器扣 4 分	4	4			
3	启动后检查	检查设备及工艺参数正常	8	未检查各设备正常运行扣 4 分	4	4			
				未检查工艺参数正常扣 4 分	4	4			

续表

序号	考试内容	评分要素	配分	评分标准	最大扣分	步长	扣分	得分	备注
4	停用操作	组织 BOG 压缩机停机、BOG 再冷凝器、BOG 减温器、BOG 冷换器等设备停用	20	未正确停用再冷凝器扣4分	4	4			
				未正确停用 BOG 压缩机扣4分	4	4			
				未正确停用 BOG 冷换器扣3分	3	3			
				未将温度控制调为手动扣3分	3	3			
				未正确停用减温器扣3分	3	3			
				未将温度控制调为手动扣3分	3	3			
5	停用后检查	检查设备及工艺参数正常	13	未检查各设备正常运行扣4分	4	4			
				未做好再冷凝器的稳压和稳定液位的措施扣5分	5	5			
				未检查工艺参数正常扣4分	4	4			
6	操作结束	工具回收、清理现场	5	未清理现场扣5分	5	5			
7	安全生产及其他	劳保用品穿戴齐全、正确	从总分中扣除	劳保穿戴不齐整不得进入现场，扣100分	100	100			
		严格按操作规程操作		每违反一项操作规定扣5分，严重的停止操作	100	5			
		在规定时间内完成操作		每超时1min扣3分，超过5min停止操作	15	3			
合计			100						

考评员：　　　　　　　　　　　　　　　　　　　　　　　　年　　月　　日

技能操作考试试题 8

试题名称：燃料气系统隔离置换操作

一、准备要求

1. 设备准备

序号	名称	规格	数量	备注
1	燃料气系统		1 台	

2. 材料准备

序号	名称	规格	数量	备注
1	记录笔	支	1	
2	记录表	张	1	

3. 工具、量具、刃具准备

名称	规格	精度	数量	名称	规格	精度	数 量
可燃气体检测仪	CH_4		1 台	验漏液			1 瓶
防爆对讲机			1 台	F 扳手	小号、中号		各 1 把

二、操作程序规定及说明

(1)准备工作；
(2)组织实施；
(3)流程设置；
(4)操作；
(5)操作后检查；
(6)操作结束。

三、考核要求

(1)准备时间：5min；
(2)正式操作时间：30min；
(3)计时从正式操作开始，至操作完毕；
(4)规定时间内全部完成，每超 1min，从总分中扣 3 分；总超时 5min，停止作业。

四、配分与评分标准

见技能考核评分记录表 8。

技能考核评分记录表 8

试题名称：燃料气系统隔离置换操作　　　　考核时间：30min

序号	考试内容	评分要素	配分	评分标准	最大扣分	步长	扣分	得分	备注
1	准备工作	准备工具并汇报中控室	10	未正确准备工具及材料每少一样扣1分	5	1			
				未汇报中控室扣5分	5	5			
2	组织实施	确认已编制作业方案并审批、组织各专业联合确认	10	未编制作业方案扣3分	3	3			
				编制作业方案未审批扣3分	3	3			
				未组织各专业联合确认扣4分	4	4			
3	流程设置	停用燃料气系统，设置流程	35	未将火炬用燃料切换至液化气钢瓶扣5分	5	5			
				未确认SCV停车扣5分	5	5			
				未确认锅炉停车扣5分	5	5			
				未确认厨房停用燃料气扣5分	5	5			
				未关闭所有燃料气加热器入口切断阀扣5分	5	5			
				未关闭燃料气供应支路手阀及仪控阀门扣5分	5	5			
				未停止电加热器扣5分	5	5			
4	操作	组织对燃料气系统缓慢泄压；打开燃料气加热器上游注氮升压，然后再通过安全阀旁路给燃料气系统缓慢泄压反复至少3次；保持注氮，分别对SCV、锅炉、厨房、长明灯处燃料气线末端进行泄压吹扫，并检测甲烷含量低于10% LEL置换合格，合格后关闭相应阀门	30	未确认打开燃料气加热器下游安全阀旁路给燃料气系统缓慢泄压扣6分	6	6			
				泄压完成后未关闭旁路阀门扣6分	6	6			
				未打开燃料气加热器上游注氮升压，然后再通过安全阀旁路给燃料气系统缓慢泄压反复至少3次扣6分	6	6			

续表

序号	考试内容	评分要素	配分	评分标准	最大扣分	步长	扣分	得分	备注
4	操作	组织对燃料气系统缓慢泄压；打开燃料气加热器上游注氮升压，然后再通过安全阀旁路给燃料气系统缓慢泄压反复至少3次；保持注氮，分别对SCV、锅炉、厨房、长明灯处燃料气线末端进行泄压吹扫，并检测甲烷含量低于10% LEL置换合格，合格后关闭相应阀门	30	未对SCV、锅炉、厨房、长明灯处燃料气线末端进行泄压吹扫每项扣1分	4	1			
				未检测SCV、锅炉、厨房、长明灯处甲烷含量低于10% LEL每项扣1分	4	1			
				未关闭SCV、锅炉、厨房、长明灯处燃料气切断阀每项扣1分	4	1			
5	操作后检查	隔离置换后进行检查	10	未检查是否有异常扣10分	10	10			
6	操作结束	工具回收，清理现场	5	未清理现场扣5分	5	5			
7	安全生产及其他	劳保用品穿戴齐全、正确	从总分中扣除	劳保穿戴不齐整不得进入现场，扣100分	100	100			
		严格按操作规程操作		每违反一项操作规定扣5分，严重的停止操作	100	5			
		在规定时间内完成操作		每超时1min扣3分，超过5min停止操作	15	3			
合计			100						

考评员：　　　　　　　　　　　　　　　　年　　月　　日

技能操作考试试题 9

试题名称：脱甲烷塔级间回流泵跳车应急调整操作

一、准备要求

1. 设备准备

序号	名称	规格	数量	备注
1	级间回流泵		1	

2. 材料准备

序号	名称	规格	数量	备注
1	手套		1 副	

3. 工具、量具、刃具准备

名称	规格	精度	数量	名称	规格	精度	数量
F 扳手			1 把	对讲机			1 台

二、操作程序规定及说明

(1)准备工作；
(2)机泵跳车后系统调整；
(3)机泵恢复启动及系统调整；
(4)作业检查、记录；
(5)收工具。

三、考核要求

(1)准备时间：5min；
(2)正式操作时间：15min；
(3)计时从正式操作开始，至操作完毕；
(4)规定时间内全部完成，每超 1min，从总分中扣 5 分；总超时 3min，停止作业。

四、配分与评分标准

见技能考核评分记录表 9。

技能考核评分记录表 9

试题名称：脱甲烷塔级间回流泵跳车应急调整操作　　　　考核时间：15min

序号	考试内容	评分要素	配分	评分标准	最大扣分	步长	扣分	得分	备注
1	准备工作	工具、用具准备	5	工具选择不正确一项扣1分	5	1			
2	跳车后系统调整	快速调整降低脱甲烷塔釜重沸器加热，防止脱甲烷系统超压	40	未快速关小脱甲烷塔釜重沸器入口蒸汽流量调节阀扣5分	5	5			
		快速调整降低脱乙烷塔釜重沸器加热，防止脱乙烷系统超压		未快速关小脱乙烷塔釜重沸器入口蒸汽流量调节阀扣5分	5	5			
		快速调整降低脱甲烷塔进料，防止塔级间液位过高，造成塔下部低温		未快速关小脱甲烷塔进料流量调节阀扣5分	5	5			
				脱甲烷塔级间液位过高或塔下部温度降低每项扣5分	10	5			
		调整降低装置进料流量		未调整降低装置进料流量扣5分	5	5			
		稳定操作，避免系统联锁		因调整不及时或错误造成系统联锁每项扣5分	10	10			
3	机泵恢复启动及系统调整	检查、准备脱甲烷塔级间回流泵备用泵启动流程	50	未检查、准备脱甲烷塔级间回流泵备用泵启动流程扣5分	5	5			
				脱甲烷塔级间回流泵备用泵启动流程错误，每项扣5分	10	5			
		启动脱甲烷塔级间回流泵备用泵并缓慢打开脱甲烷塔下部进料阀		未启动脱甲烷塔级间回流泵备用泵扣10分	10	10			
				打开脱甲烷塔下部进料阀速度过快扣10分	10	10			
		调整脱甲烷塔及脱乙烷塔重沸器加热		未调整脱甲烷塔及脱乙烷塔重沸器加热至正常，每项扣5分	10	5			
		调整并逐渐恢复装置负荷		未恢复装置负荷至正常扣5分	5	5			

续表

序号	考试内容	评分要素	配分	评分标准	最大扣分	步长	扣分	得分	备注
4	作业确认汇报	作业检查、确认	5	作业完成后未检查、确认扣2分	2	2			
		作业汇报		作业完成情况未向关联岗位汇报扣3分	3	3			
5	安全生产及其他	劳保用品穿戴齐全、正确	从总分中扣除	劳保穿戴不齐整不得进入现场	100	100			
		严格按操作规程操作		每违反一项操作规定扣5分，严重的停止操作	100	5			
		在规定时间内完成操作		每超时1min扣5分，超时3min停止操作	15	5			
合计			100						

考评员：　　　　年　　月　　日

技能操作考试试题 10

试题名称：外供蒸汽流量大幅下降应急处置调整操作

一、准备要求

1. 设备准备

序号	名称	规格	数量	备注
1	轻烃回收装置		1	

2. 材料准备

序号	名称	规格	数量	备注
1	手套		1 副	

3. 工具、量具、刃具准备

名称	规格	精度	数量	名称	规格	精度	数量
F 扳手			1 把	对讲机			1 台

二、操作程序规定及说明

(1)准备工作；
(2)脱甲烷系统调整操作；
(3)脱乙烷系统调整操作；
(4)作业检查、记录；
(5)收工具。

三、考核要求

(1)准备时间：5min；
(2)正式操作时间：15min；
(3)计时从正式操作开始，至操作完毕；
(4)规定时间内全部完成，每超 1min，从总分中扣 5 分；总超时 3min，停止作业。

四、配分与评分标准

见技能考核评分记录表 10。

技能考核评分记录表 10

试题名称：外供蒸汽流量大幅下降应急处置调整操作　　　　考核时间：15min

序号	考试内容	评分要素	配分	评分标准	最大扣分	步长	扣分	得分	备注
1	准备工作	工具、用具准备	5	工具选择不正确一样扣1分	5	1			
2	脱甲烷系统调整操作	蒸汽供应流量调节阀改手动控制	5	未将蒸汽供应流量调节阀改手动控制扣5分	5	5			
		快速调整脱甲烷塔操作，防止脱甲烷塔下部低温	40	未迅速大幅关小脱甲烷塔进料流量调节阀扣5分	5	10			
				未调整降低脱甲烷塔顶回流流量扣5分	5	10			
				未调整降低脱甲烷塔釜外送流量扣5分	5	10			
		调整、大幅降低装置进料流量		未调整关小装置进料流量调节阀扣5分	5	10			
		稳定操作，避免系统联锁		因调整不及时或错误造成脱甲烷系统联锁每项扣5分	20	10			
3	脱乙烷系统调整操作	快速调整脱乙烷塔操作	45	未调整降低脱乙烷塔顶回流流量扣10分	10	10			
				未调整降低脱乙烷塔釜外送流量扣10分	10	10			
		检查各低温泵出口流量，确保出口流量大于最小流量		未检查各低温泵出口流量扣10分	10	10			
				各低温泵出口流量小于最小流量，每项扣5分	15	5			
4	作业确认汇报	作业检查、确认	5	作业完成后未检查、确认扣2分	2	2			
		作业汇报		作业完成情况未向关联岗位汇报扣3分	3	3			
5	安全生产及其他	劳保用品穿戴齐全、正确	从总分中扣除	劳保穿戴不齐整不得进入现场	100	100			
		严格按操作规程操作		每违反一项操作规定扣5分，严重的停止操作	100	5			
		在规定时间内完成操作		每超时1min扣5分，超时3min停止操作	15	5			
合计			100						

考评员：　　　　　　　　年　　月　　日

技能操作考试试题 11

试题名称：BOG 压缩机气缸敲击故障处理

一、准备要求

1. 设备准备

序号	名称	规格	数量	备注
1	BOG 压缩机		1 台	

2. 工具、量具、刃具准备

名称	规格	精度	数量	名称	规格	精度	数量
纸、笔			各 1	防爆对讲机			1 台
常用工具			1 套				

二、操作程序规定及说明

(1)按要求对 BOG 压缩机气缸敲击故障进行处理；
(2)各项检查出的问题及维修过程做好记录；
(3)发现问题及时上报。

三、考核要求

(1)准备时间：5min；
(2)正式操作时间：15min；
(3)计时从正式操作开始，至操作完毕；
(4)规定时间内全部完成，每超 1min，从总分中扣 5 分；总超时 3min，停止作业。

四、配分与评分标准

见技能考核评分记录表 11。

技能考核评分记录表 11

试题名称：BOG 压缩机气缸敲击故障处理　　　　考核时间：15min

序号	考试内容	评分要素	配分	评分标准	最大扣分	步长	扣分	得分	备注
1	准备工作	工具、用具准备	5	未准备工具及材料或少准备一件扣 1 分	5	1			
2	操作程序	检查压缩机活塞与气阀间隙是否太小	90	未检查压缩机活塞与气阀间隙是否太小扣 10 分	10	10			
		检查压缩机气阀弹簧弹力		未检查压缩机气阀弹簧弹力扣 15 分	15	15			
		检查气阀螺丝		未检查气阀螺丝扣 15 分	15	15			
		检查阀片是否破损		未检查阀片是否破损扣 10 分	10	10			
		检查活塞销与轴承间隙是否过大		未检查活塞销与轴承间隙是否过大扣 10 分	10	10			
		检查气缸是否进液		未检查气缸是否进液扣 10 分	10	10			
		根据上述检查出的故障进行处理		未根据上述检查出的故障进行处理扣 20 分	20	20			
3	记录	记录检查发现的问题	5	未记录检查发现的问题扣 5 分	5	5			
4	安全生产及其他	劳保用品穿戴齐全、正确	从总分中扣除	劳保穿戴不齐整不得进入现场	100	100			
		严格按操作规程操作		每违反一项操作规定扣 5 分，严重的停止操作	100	5			
		在规定时间内完成操作		每超时 1min 的扣 5 分，超过 3min 停止操作	15	5			
合计			100						

考评员：　　　　　　　　年　　月　　日

技能操作考试试题 12

试题名称：BOG 压缩机气缸带油故障处理

一、准备要求

1. 设备准备

序号	名称	规格	数量	备注
1	BOG 压缩机		1 台	

2. 工具、量具、刃具准备

名称	规格	精度	数量	名称	规格	精度	数量
纸、笔			各 1	防爆对讲机			1 台
常用工具			1 套				

二、操作程序规定及说明

(1)按要求对 BOG 压缩机气缸带油故障进行处理；
(2)各项检查出的问题及维修过程做好记录；
(3)发现问题及时上报。

三、考核要求

(1)准备时间：5min；
(2)正式操作时间：15min；
(3)计时从正式操作开始，至操作完毕；
(4)规定时间内全部完成，每超 1min，从总分中扣 5 分；总超时 3min，停止作业。

四、配分与评分标准

见技能考核评分记录表 12。

技能考核评分记录表 12

试题名称：BOG 压缩机气缸带油故障处理　　　　考核时间：15min

序号	考试内容	评分要素	配分	评分标准	最大扣分	步长	扣分	得分	备注
1	准备工作	工器具准备	5	工器具选择不正确每件扣 1 分	5	1			
2	操作程序	检查刮油环内径与活塞杆接触是否不良	90	未检查刮油环内径与活塞杆接触是否不良扣 15 分	15	15			
		检查刮油环与填料盒的端部间隙是否太大		未检查刮油环与填料盒的端部间隙是否太大扣 15 分	15	15			
		检查刮油环的抱紧弹簧是否过松		未检查刮油环的抱紧弹簧是否过松扣 15 分	15	15			
		检查活塞杆是否磨损		未检查活塞杆是否磨损扣 15 分	15	15			
		根据上述检查出的故障进行处理		未根据上述检查出的故障进行处理扣 30 分	30	30			
3	记录	记录检查发现的问题	5	未记录检查发现的问题扣 5 分	5	5			
4	安全生产及其他	劳保用品穿戴齐全、正确	从总分中扣除	劳保穿戴不齐整不得进入现场	100	100			
		严格按操作规程操作		每违反一项操作规定扣 5 分，严重的停止操作	100	5			
		在规定时间内完成操作		每超时 1min 的扣 5 分，超过 3min 停止操作	15	5			
合计			100						

考评员：　　　　　　　　　　年　　月　　日

技能操作考试试题 13

试题名称：分析 BOG 系统压力异常原因

一、准备要求

1. 设备准备

序号	名称	规格	数量	备注
1	记录笔	支	1	
2	记录表	张	1	

2. 工具、量具、刃具准备

名称	规格	精度	数量	名称	规格	精度	数量
可燃气体检测仪	CH_4		1 台	验漏液			1 瓶
防爆对讲机			1 台	F 扳手	小号、中号		各 1 把

二、操作程序规定及说明

(1)准备工作；
(2)工艺检查；
(3)原因分析；
(4)分析结果；
(5)操作结束。

三、考核要求

(1)准备时间：5min；
(2)正式操作时间：20min；
(3)计时从正式操作开始，至操作完毕；
(4)规定时间内全部完成，每超 1min，从总分中扣 3 分；总超时 5min，停止作业。

四、配分与评分标准

见技能考核评分记录表 13。

技能考核评分记录表 13

试题名称：分析 BOG 系统压力异常原因　　考核时间：20min

序号	考试内容	评分要素	配分	评分标准	最大扣分	步长	扣分	得分	备注
1	准备工作	准备工具并汇报	10	未正确准备工具及材料每少一样扣 1 分	5	1			
				发现异常后未汇报扣 5 分	5	5			
2	组织检查	发现 BOG 压力异常后，组织检查原因	8	未组织工艺进行检查扣 4 分	4	4			
				未组织机电仪专业进行检查扣 4 分	4	4			
3	原因分析	BOG 压力异常上升分析	56	未检查压力表是否故障扣 4 分	4	4			
				未检查站内所有安全阀有没有起跳扣 4 分	4	4			
				未检查站内安全阀旁路误操作或内漏扣 4 分	4	4			
				未检查站内容器压力泄压仪控阀门是否打开或内漏扣 4 分	4	4			
				未检查站内容器压力泄压仪控阀门是否内漏扣 4 分	4	4			
				未检查站内泵回流管线异常打开扣 4 分	4	4			
				未检查站内泵回流管线异常内漏扣 4 分	4	4			
				未检查站内放空阀组异常打开扣 4 分	4	4			
				未检查站内放空阀组异常内漏扣 4 分	4	4			
				未检查站内保冷循环阀门异常打开扣 4 分	4	4			
				未检查站内保冷循环阀门异常内漏扣 4 分	4	4			
				未检查 BOG 的高压补气线阀门异常打开扣 4 分	4	4			

续表

序号	考试内容	评分要素	配分	评分标准	最大扣分	步长	扣分	得分	备注
3	原因分析	BOG压力异常上升分析	56	未检查BOG的高压补气线阀门异常内漏扣4分	4	4			
				未检查储罐是否发生翻滚扣4分	4	4			
		BOG系统压力异常下降分析	16	未检查储罐是否分层抑制了BOG的蒸发扣4分	4	4			
				未检查储罐安全阀是否打开放空大气扣4分	4	4			
				未检查返船BOG是否增加(接船期间)扣4分	4	4			
				未检查火炬是否开始BOG放空燃烧扣4分	4	4			
4	分析结果	分析结论	5	未正确分析出结论扣5分	5	5			
5	操作结束	工具回收，清理现场	5	未清理现场扣5分	5	5			
6	安全生产及其他	劳保用品穿戴齐全、正确	从总分中扣除	劳保穿戴不齐整不得进入现场	100	100			
		严格按操作规程操作		每违反一项操作规定扣5分，严重的停止操作	100	5			
		在规定时间内完成操作		每超时1min扣3分，超过5min停止操作	15	3			
		合　计	100						

考评员：　　　　　　　　　　　　　　　　　　　　年　　月　　日

技能操作考试试题 14

试题名称：判断浸没燃烧式气化器停车原因

一、准备要求

1. 设备准备

序号	名称	规格	数量	备注
1	罐内泵		1	
2	DCS		1	

2. 材料准备

序号	名称	规格	数量	备注
1	记录笔	支	1	
2	记录表	张	1	

3. 工具、量具、刃具准备

名称	规格	精度	数量
可燃气体检测仪	CH_4		1 台
防爆对讲机			1 台

二、操作程序规定及说明

(1)准备工作；
(2)组织检查；
(3)原因分析；
(4)分析结果；
(5)操作结束。

三、考核要求

(1)准备时间：5min；
(2)正式操作时间：20min；
(3)计时从正式操作开始，至操作完毕；
(4)规定时间内全部完成，每超 1min，从总分中扣 3 分；总超时 5min，停止作业。

四、配分与评分标准

见技能考核评分记录表 14。

技能考核评分记录表 14

试题名称：判断浸没燃烧式气化器停车原因　　　　考核时间：20min

序号	考试内容	评分要素	配分	评分标准	最大扣分	步长	扣分	得分	备注
1	准备工作	准备工具并汇报	5	未正确准备工具及材料每少一样扣 1 分	5	1			
2	组织检查	组织工艺、机电仪各专业进行检查	6	未组织工艺专业进行检查扣 3 分	3	3			
				未组织机电仪专业进行检查扣 3 分	3	3			
3	原因分析	自控联锁分析，检查报警列表是否有工艺 SIS 联锁信号或仪表故障	18	未检查工艺区是否有区域停车信号扣 3 分	3	3			
				未检查 ESD 按钮是否被按下扣 3 分	3	3			
				未检查控制机柜是否停电扣 3 分	3	3			
				未检查控制机柜是否故障扣 3 分	3	3			
				未检查是否出口温度低联锁信号扣 3 分	3	3			
				未检查出口压力高联锁信号扣 3 分	3	3			
		检查 SCV 成套包停车报警信息：是否有设备参数联锁信息、是否有阀门故障联锁信息	48	未检查燃料气压力低联锁信息扣 3 分	3	3			
				未检查火焰探测器故障扣 3 分	3	3			
				未检查风道故障扣 3 分	3	3			
				未检查燃料气阀门故障扣 3 分	3	3			
				未检查风机流量低联锁扣 3 分	3	3			
				未检查风机出口压力低联锁扣 3 分	3	3			
				未检查循环水流量低联锁扣 3 分	3	3			

续表

序号	考试内容	评分要素	配分	评分标准	最大扣分	步长	扣分	得分	备注
3	原因分析	检查SCV成套包停车报警信息：是否有设备参数联锁信息、是否有阀门故障联锁信息	48	未检查水池液位高/低联锁扣3分	3	3			
				未检查主燃料气压力高/低联锁扣3分	3	3			
				未检查循环水压力低联锁扣3分	3	3			
				未检查仪表风压力低联锁扣3分	3	3			
				未检查水浴温度高/低联锁扣3分	3	3			
				未检查烟囱温度高联锁扣3分	3	3			
				未检查燃料气供应温度高联锁扣3分	3	3			
				未检查电机轴承/转子温度高联锁扣3分	3	3			
				未检查电机振动高联锁扣3分	3	3			
		检查操作原因	6	未检查是否误操作ESD按钮扣3分	3	3			
				未检查是否误操作停车扣3分	3	3			
		检查电气是否晃电或停电	6	未检查是否晃电扣3分	3	3			
				未检查是否停电扣3分	3	3			
4	分析结果	分析结论	5	未正确分析出结论扣5分	5	5			
5	操作结束	工具回收，清理现场	6	未清理现场扣6分	6	6			
6	安全生产及其他	劳保用品穿戴齐全、正确	从总分中扣除	劳保穿戴不齐整不得进入现场扣100分	100	100			
		严格按操作规程操作		每违反一项操作规定扣5分，严重的停止操作	100	5			
		在规定时间内完成操作		每超时1min扣3分，超过5min停止操作	15	3			
合计			100						

考评员： 年 月 日

技能操作考试试题 15

试题名称：处理全厂联锁停车事故

一、准备要求

1. 设备准备

序号	名称	规格	数量	备注
1	DCS		1 套	
2	SIS		1 套	

2. 材料准备

序号	名称	规格	数量	备注
1	记录纸		1 张	
2	记录笔		1 支	

3. 工具、量具、刃具准备

名称	规格	精度	数量	名称	规格	精度	数量
F 扳手			1 把	防爆对讲机			1 台
可燃气体检测仪	CH_4		1 台				

二、操作程序规定及说明

(1)确认停车并汇报；
(2)原因排查；
(3)联锁复位前处置；
(4)联锁复位并恢复生产；
(5)汇报、记录。

三、考核要求

(1)准备时间：5min；
(2)正式操作时间：30min；
(3)计时从正式操作开始，至操作完毕；
(4)规定时间内全部完成，每超 1min，从总分中扣 5 分；总超时 8min，停止作业。

四、配分与评分标准

见技能考核评分记录表 15。

技能考核评分记录表 15

试题名称：处理全厂联锁停车事故　　　　考核时间：30min

序号	考试内容	评分要素	配分	评分标准	最大扣分	步长	扣分	得分	备注
1	准备工作	工具、量具准备	6	每少准备一种扣 2 分	6	2			
2	确认停车并汇报	出现停车报警后立即查看报警灯、DCS 界面设备、阀门关闭情况，确认全厂停车后，立即按应急汇报程序汇报停车情况；通知下游停输	9	未确认全厂联锁停车扣 3 分	3	3			
				未安排人员按应急汇报程序汇报停车情况扣 3 分	3	3			
				未通知下游停输扣 3 分	3	3			
3	原因排查	迅速查看报警信息，与仪表专业共同确定停车原因	10	未检查确认停车原因扣 5 分	5	5			
		如在卸船，立即通知卸料主管，并屏蔽船岸连接 ESD 信号		未屏蔽船岸连接 ESD 信号扣 5 分	5	5			
4	联锁复位前处置	查看 ESDV 阀关闭情况，密切监控设备、管线压力，如管线压力过高可通过导通联锁关闭的切断阀的旁路泄压	10	未确认阀门关闭情况并监控设备、管线压力的扣 5 分	5	5			
				不清楚泄压方法扣 5 分	5	5			
		查看火炬长明灯情况，燃料气压力低时可采用外输气，或将长明灯供气切至液化石油气瓶	10	未确认火炬长明灯情况扣 5 分	5	5			
				长明灯燃料气压力低时未采取措施扣 5 分	5	5			
		密切关注 BOG 总管压力，超过设定值时放空火炬	10	BOG 压力超设定值未放火炬扣 5 分	5	5			
		为了防止装车臂内的 LNG 憋压，应将装车臂吹扫出来		装车臂未吹扫扣 5 分	5	5			
		现场检查安全阀有无起跳，法兰有无泄漏情况	5	未检查现场安全阀起跳、法兰泄漏的扣 5 分	5	5			
5	联锁复位并恢复生产	排查出联锁原因后消除报警信号	5	未排查原因就消除报警信号的扣 5 分	5	5			
		对 ESD 信号进行复位，复位打开联锁关闭的阀门，复位联锁停车的设备	15	ESD 信号未复位扣 5 分	5	5			
				阀门复位不全扣 5 分	5	5			
				设备复位不全扣 5 分	5	5			

续表

序号	考试内容	评分要素	配分	评分标准	最大扣分	步长	扣分	得分	备注
5	联锁复位并恢复生产	依次启动罐内泵、高压泵、气化器恢复外输，启动BOG压缩机，恢复再冷凝器	5	外输、BOG回收系统恢复顺序错误扣5分	5	5			
		如有卸料作业，解除船岸ESD信号屏蔽，恢复卸料	5	卸料系统未恢复扣5分	5	5			
		现场检查有无泄漏，所有流程是否恢复	5	未检查现场泄漏、流程恢复情况扣5分	5	5			
6	汇报、记录	汇报停车处置情况并记录	5	未汇报停车处置情况的扣2分	2	2			
				未记录停车处置情况的扣2分	2	2			
		清点工具，清理现场		未清点工具、清理现场，扣1分	1	1			
7	安全生产及其他	劳保用品穿戴齐全、正确	从总分中扣除	劳保穿戴不齐整不得进入现场	100	100			
		严格按操作规程操作		每违反一项操作规定扣5分，严重的停止操作	100	5			
		在规定时间内完成操作		每超时1min扣5分，超过8min停止操作	40	5			
合计			100						

考评员：　　　　　　　　　　　　　　　　　　　年　月　日

技能操作考试试题 16

试题名称：处理卸料臂 ESD2 联锁停车事故

一、准备要求

1. 设备准备

序号	名称	规格	数量	备注
1	DCS 系统		1 套	
2	SIS 系统		1 套	
3	卸料臂		4 台	

2. 材料准备

序号	名称	规格	数量	备注
1	记录纸		1 张	
2	记录笔		1 支	

3. 工具、量具、刃具准备

名称	规格	精度	数量	名称	规格	精度	数量
F 扳手			1 把	防爆对讲机			1 台
可燃气体检测仪	CH_4		1 台	警戒带			1 卷

二、操作程序规定及说明

(1)确认停车及汇报；
(2)原因排查；
(3)联锁复位前处置；
(4)联锁复位并恢复卸料；
(5)汇报、记录。

三、考核要求

(1)准备时间：5min；
(2)正式操作时间：30min；
(3)计时从正式操作开始，至操作完毕；
(4)规定时间内全部完成，每超 1min，从总分中扣 5 分；总超时 8min，停止作业。

四、配分与评分标准

见技能考核评分记录表 16。

技能考核评分记录表16

试题名称：处理卸料臂 ESD2 联锁停车事故　　考核时间：30min

序号	考试内容	评分要素	配分	评分标准	最大扣分	步长	扣分	得分	备注
1	准备工作	工具、量具准备	4	每少准备一样扣1分	4	1			
2	确认停车及汇报	出现停车报警后立即查看卸料臂 ESD2 报警灯、卸料系统界面阀门关闭情况，确认停车后，立即汇报卸料主管，并按应急汇报程序汇报停车情况	11	未确认卸料系统阀门关闭情况扣4分	4	4			
				未确认卸料臂 ESD2 联锁停车扣4分	4	4			
				未按汇报程序汇报停车情况扣3分	3	3			
3	原因排查	迅速查看报警信息，确定停车原因	10	未检查确认停车原因扣5分	5	5			
		屏蔽船岸 ESD 信号		未屏蔽船岸连接 ESD 信号扣5分	5	5			
4	联锁复位前处置	查看卸料臂双球阀脱开及卸料臂收回情况；查看登船梯情况；查看船岸通讯连接情况	10	未确认双球阀脱开及卸料臂收回情况扣5分	5	5			
				未查看登船梯、船岸通讯情况扣5分	5	5			
		密切监控缆绳张力及船舶漂移情况	5	未监控缆绳张力情况扣3分	3	3			
				未监控船舶漂移情况扣2分	2	2			
		设置安全警戒隔离区，防止无关人员进入	5	未设置警戒隔离扣5分	5	5			
		复位前密切关注卸料管线压力情况，可通过导通卸料总管 ESDV 阀及 XV 阀旁路防止管线憋压	10	复位前未关注卸料管线压力扣5分	5	5			
				不知道通过 ESDV 阀及 XV 阀旁路防止憋压的扣5分	5	5			
5	联锁复位并恢复卸料	排查出联锁原因，确认船已调整到位，风速小于卸料臂作业风速	5	未确认船调整到位扣3分	3	3			
				未确认风速扣2分	2	2			
		对卸料臂进行排凝、吹扫	5	未按要求对卸料臂排凝、吹扫扣5分	5	5			

续表

序号	考试内容	评分要素	配分	评分标准	最大扣分	步长	扣分	得分	备注
5	联锁复位并恢复卸料	操作卸料臂，配合相关专业恢复紧急脱离机构	10	原因未查明恢复卸料臂紧急脱离机构的扣5分	5	5			
				未操作卸料臂配合紧急脱离机构恢复的扣5分	5	5			
		复位ESD信号	5	未复位ESD信号的扣5分	5	5			
		按照卸料主管指令恢复卸料	5	未按卸料主管要求恢复卸料的扣5分	5	5			
		现场检查有无泄漏，所有流程是否恢复	10	未检查现场泄漏、流程恢复情况扣5分	5	5			
				未解除警戒隔离的扣5分	5	5			
6	汇报、记录	汇报停车处置情况并记录	5	未汇报停车处置情况的扣2分	2	2			
				未记录停车处置情况的扣2分	2	2			
		清点工具，清理现场		未清点工具、清理现场，扣1分	1	1			
7	安全生产及其他	劳保用品穿戴齐全、正确	从总分中扣除	劳保穿戴不齐整不得进入现场	100	100			
		严格按操作规程操作		每违反一项操作规定扣5分，严重的停止操作	100	5			
		在规定时间内完成操作		每超时1min扣5分，超过8min停止操作	40	5			
合计			100						

考评员：　　　　　　　　　　　　　　　　　　　　　　年　　月　　日

技能操作考试试题 17

试题名称：处理装置内 LNG 严重泄漏事故

一、准备要求

1. 设备准备

序号	名称	规格	数量	备注
1	DCS 系统		1 套	
2	SIS 系统		1 套	
3	视频监控系统		1 套	

2. 材料准备

序号	名称	规格	数量	备注
1	记录纸		1 张	
2	记录笔		1 支	

3. 工具、量具、刃具准备

名称	规格	精度	数量	名称	规格	精度	数量
F 扳手			1 把	防爆对讲机			1 台
可燃气体检测仪	CH_4		1 台	氧含量检测仪			1 台
警戒带			1 卷				

二、操作程序规定及说明

(1)确认泄漏及汇报；
(2)警戒及疏散；
(3)工艺应急处置；
(4)泄漏点处理；
(5)汇报、记录。

三、考核要求

(1)准备时间：5min；
(2)正式操作时间：30min；
(3)计时从正式操作开始，至操作完毕；
(4)规定时间内全部完成，每超 1min，从总分中扣 5 分；总超时 8min，停止作业。

四、配分与评分标准

见技能考核评分记录表 17。

技能考核评分记录表 17

试题名称：处理装置内 LNG 严重泄漏事故　　　　　　　　　　考核时间：30min

序号	考试内容	评分要素	配分	评分标准	最大扣分	步长	扣分	得分	备注
1	准备工作	工具、量具准备	5	每少准备一种扣 1 分	5	1			
2	确认泄漏及汇报	发生泄漏后，通过视频监控、人员现场查看确认泄漏管线、泄漏位置及泄漏量；按应急汇报程序汇报泄漏情况	10	未确认泄漏位置扣 4 分	4	4			
				未确认泄漏量扣 3 分	3	3			
				未按汇报程序汇报停车情况扣 3 分	3	3			
3	警戒及疏散	停止泄漏点周围作业	15	未停止周围作业扣 5 分	5	5			
		疏散泄漏点附近人员，指挥人员向上风向或侧风向撤离		未指挥人员向上风向或侧风向疏散扣 5 分	5	5			
		使用可燃气体检测仪检测环境甲烷含量，现场拉警戒带警戒		未检测环境甲烷含量并拉警戒带扣 5 分	5	5			
4	工艺应急处置	根据泄漏情况，在确保安全的情况下停相应设备；必要时按下紧急停车按钮	10	未根据泄漏情况停相应设备扣 5 分	5	5			
				必要时未按紧急停车按钮扣 5 分	5	5			
		通过 DCS 远程关闭泄漏点上、下游阀门，如泄漏点附近无远程切断阀，可由操作人员在确保安全的情况下着防冻服或佩戴空呼器关闭手阀，隔离泄漏管段	10	未切断泄漏点上下游阀门扣 5 分	5	5			
				需现场切断阀门时未佩戴相应防护器具扣 5 分	5	5			
		在确保安全的前提下导通泄漏管段排凝线或放空至 BOG 的管线，对泄漏管段泄压	10	未对泄漏隔离管段进行排凝或放空泄压的扣 10 分	10	10			
		泄压后导通注氮流程，对泄漏管段进行氮气置换	10	未导通注氮流程的扣 5 分	5	5			
				未导通放空流程进行置换的扣 5 分	5	5			
		如 LNG 泄漏量较大，流入集液池，启动高倍数泡沫系统，覆盖集液池内 LNG	5	未启动高倍数泡沫系统的扣 5 分	5	5			
		实时检测泄漏区域环境可燃气体浓度	5	未实时检测环境可燃气体浓度扣 5 分	5	5			

续表

序号	考试内容	评分要素	配分	评分标准	最大扣分	步长	扣分	得分	备注
5	泄漏点处理	查看泄漏部位，分析泄漏原因	5	未分析泄漏原因扣5分	5	5			
		结合维修方案，确认工艺条件，配合维修作业	5	未确认工艺条件扣5分	5	5			
		恢复流程，解除警戒	5	未恢复流程扣3分	3	3			
				未解除警戒扣2分	2	2			
6	汇报、记录	汇报泄漏处置情况并记录	5	未汇报泄漏处置情况的扣2分	2	2			
				未记录泄漏处置情况的扣2分	2	2			
		清点工具，清理现场		未清点工具、清理现场，扣1分	1	1			
7	安全生产及其他	劳保用品穿戴齐全、正确	从总分中扣除	劳保穿戴不齐整不得进入现场	100	100			
		严格按操作规程操作		每违反一项操作规定扣5分，严重的停止操作	100	5			
		在规定时间内完成操作		每超时1min扣5分，超过8min停止操作	40	5			
合计			100						

考评员： 年 月 日

技能操作考试试题 18

试题名称：绘制罐内泵工艺流程图(PID)

一、准备要求

1. 设备准备

序号	名称	规格	数量	备注
1	绘图纸	三号	1	
2	草稿纸		适量	
3	桌、椅		1 套	
4	绘图板		1 个	

2. 工具、量具、刃具准备

序号	名称	规格	数量	备注
1	三角板		1 副	
2	直尺		1 把	
3	圆规		1 个	
4	橡皮擦		1 个	
5	绘图铅笔	HB	2 支	
6	削笔刀		1 个	

二、操作程序规定及说明

(1)准备工作：考场照明良好，光线充足；考场要清洁规范，无干扰；

(2)绘图过程；

(3)材料回收放置。

说明：绘制 PID 时，仪表无须标注位号，但需标注仪表类型，如：远传压力表用 PT，就地压力表用 PG；阀门无须标注位号，但类型需正确，气动或电动阀需标注 XV/ESDV/MOV 等。

三、考核要求

(1)准备时间：5min；

(2)正式操作时间：60min；

(3)计时从正式操作开始，至操作完毕；

(4)规定时间内全部完成，每超 1min，从总分中扣 2 分；总超时 15min，停止作业。

四、配分与评分标准

见技能考核评分记录表 18。

技能考核评分记录表 18

试题名称：绘制罐内泵工艺流程图(PID)　　考核时间：60min

序号	考试内容	评分要素	配分	评分标准	最大扣分	步长	扣分	得分	备注
1	准备工作	工具、用具准备	4	工具、用具少选或错选一件扣 1 分	4	1			
2	绘制边框及标题栏	绘制边框及标题栏	6	未正确绘制边框扣 3 分；绘制不规范一处扣 1 分	3	1			
				未正确绘制标题栏扣 3 分；绘制不规范一处扣 1 分	3	1			
3	绘制流程图	绘制罐内泵及泵筒示意图	12	未正确绘制泵筒扣 4 分	4	4			
				未正确绘制出罐内泵示意图扣 4 分	4	4			
				未正确绘制出泵筒氮气吹扫流程扣 4 分	4	4			
		绘制罐内泵的主要工艺流程：泵筒排气线流程、出口流程、回流流程等，要包括相关阀门(包括旁路)、过滤器等管道组件	20	未正确绘制出泵筒排气线流程扣 4 分	4	4			
				未正确绘制出出口流程扣 4 分	4	4			
				未正确绘制出回流流程扣 4 分	4	4			
				未绘制相关阀门等组件或绘制错误，每处扣 2 分	8	2			
		绘制罐内泵的次要工艺流程：氮气密封流程、出口排凝流程、出口注氮流程、泵回流注氮流程、泵出口安全阀流程、泵回流安全阀流程等	12	未正确绘制氮气密封流程扣 2 分	2	2			
				未正确绘制出泵出口排凝流程扣 2 分	2	2			
				未正确绘制出泵出口注氮流程扣 2 分	2	2			
				未正确绘制出泵回流注氮流程扣 2 分	2	2			
				未正确绘制出泵出口安全阀流程扣 2 分	2	2			

续表

序号	考试内容	评分要素	配分	评分标准	最大扣分	步长	扣分	得分	备注
3	绘制流程图	绘制罐内泵的次要工艺流程：氮气密封流程、出口排凝流程、出口注氮流程、泵回流注氮流程、泵出口安全阀流程、泵回流安全阀流程等	12	未正确绘制出泵回流安全阀流程扣2分	2	2			
				未绘制相关阀门等组件或绘制错误，每处扣1分	6	1			
		主要报警、联锁及控制：泵振动、泵电气、泵氮封、泵出口压力及温度、泵出口流量控制	12	未正确绘制出泵振动信号扣2分	2	2			
				未正确绘制出泵电气信号扣2分	2	2			
				未正确绘制出氮封压力信号扣2分	2	2			
				未正确绘制出泵出口压力信号扣2分	2	2			
				未正确绘制出泵出口温度信号扣2分	2	2			
				未正确绘制出泵出口流量信号扣2分	2	2			
				未绘制相关信号的报警、联锁及控制或绘制错误，每一处扣1分	6	1			
		绘制罐内泵阀门类型(注明FV、HV、XV及球阀、蝶阀、截止阀等)、设定状态和故障开/关标注	10	未绘制相关阀门的类型或绘制错误，每一处扣1分	5	1			
				未绘制相关阀门的设定状态和故障开/关标注，或绘制错误，每一处扣1分	5	1			
4	相关注释	对重要控制进行注释	12	未标注出口流量联锁在启泵顺控程序不起作用扣2分	2	2			
				未标注泵筒排气线XV阀启泵前关闭、停泵自动打开逻辑扣2分	2	2			
				未标注出口HV阀启泵后才允许打开扣2分	2	2			

续表

序号	考试内容	评分要素	配分	评分标准	最大扣分	步长	扣分	得分	备注
4	相关注释	对重要控制进行注释	12	未标注出出口止回阀、HV阀和回流FV阀旁路打开的作用是逆流用于管线冷却扣2分	2	2			
				未标注氮封压力低时15分钟停泵扣2分	2	2			
				未标注出回流FV阀当泵运行时控制起作用扣2分	2	2			
5	图纸布局和卷面考核	图样清晰整洁，比例适当，布置合理、美观	8	图纸破损扣2分	2	2			
				图纸不干净扣2分	2	2			
				图比例不适当扣2分	2	2			
				图布置不合理扣2分	2	2			
6	操作结束	工具回收，清理现场	4	未清理现场扣4分	4	4			
7	安全生产及其他	劳保用品穿戴齐全、正确	从总分中扣除	劳保穿戴不齐整不得进入现场，扣100分	100	100			
		操作安全		每违反一项操作安全扣5分，严重的停止操作	100	5			
		在规定时间内完成操作		每超时1min扣2分，超过15min停止操作	30	2			
		合　计	100						

考评员：　　　　　　　　　　　　　　　　　　　　　　　　　　年　　月　　日

技能操作考试试题 19

试题名称：绘制高压泵工艺流程图(PID)

一、准备要求

1. 设备准备

序号	名称	规格	数量	备注
1	绘图纸	三号	1	
2	草稿纸		适量	
3	桌、椅		1 套	
4	绘图板		1 个	

2. 工具、量具、刃具准备

序号	名称	规格	数量	备注
1	三角板		1 副	
2	直尺		1 把	
3	圆规		1 个	
4	橡皮擦		1 个	
5	绘图铅笔	HB	2 支	
6	削笔刀		1 个	

二、操作程序规定及说明

(1)准备工作：考场照明良好，光线充足；考场要清洁规范，无干扰；

(2)绘图过程；

(3)材料回收放置。

说明：绘制 PID 时，仪表无须标注位号，但需标注仪表类型，如：远传压力表用 PT，就地压力表用 PG；阀门无须标注位号，但类型需正确，气动或电动阀需标注 XV/ESDV/MOV 等。

三、考核要求

(1)准备时间：5min；

(2)正式操作时间：60min；

(3)计时从正式操作开始，至操作完毕；

(4)规定时间内全部完成，每超 1min，从总分中扣 2 分；总超时 15min，停止作业。

四、配分与评分标准

见技能考核评分记录表 19。

技能考核评分记录表 19

试题名称：绘制高压泵工艺流程图(PID)　　　　考核时间：60min

序号	考试内容	评分要素	配分	评分标准	最大扣分	步长	扣分	得分	备注
1	准备工作	工具、用具准备	4	工具、用具少选或错选一件扣 1 分	4	1			
2	绘制边框及标题栏	绘制边框及标题栏	6	未正确绘制边框扣 3 分；绘制不规范一处扣 1 分	3	1			
				未正确绘制标题栏扣 3 分；绘制不规范一处扣 1 分	3	1			
3	绘制流程图	绘制高压泵及泵筒示意图	8	未正确绘制泵筒扣 4 分	4	4			
				未正确绘制出泵示意图扣 4 分	4	4			
		绘制高压泵的主要工艺流程：泵入口流程、泵筒排气线流程、出口流程、回流流程、保冷流程等，要包括介质、管径及相关阀门(包括旁路)、过滤器等管道组件	20	未正确绘制出泵筒放空线流程扣 3 分	3	3			
				未正确绘制出泵入口流程扣 3 分	3	3			
				未正确绘制出泵出口流程扣 3 分	3	3			
				未正确绘制出回流流程扣 3 分	3	3			
				未正确绘制出泵保冷流程扣 3 分	3	3			
				未绘制介质、管径及相关阀门等组件或绘制错误，每处扣 1 分	5	1			
		绘制高压泵的次要工艺流程：氮气密封流程、出口排凝流程、出口注氮流程、泵注氮流程、泵安全阀流程等	17	未正确绘制电气和仪表氮气密封流程，每处扣 1 分	1	1			
				未正确绘制泵预冷排凝及安全阀流程，每处扣 1 分	1	1			
				未正确绘制出泵出口及回流排凝流程，每处扣 1 分	1	1			

续表

序号	考试内容	评分要素	配分	评分标准	最大扣分	步长	扣分	得分	备注
3	绘制流程图	绘制高压泵的次要工艺流程：氮气密封流程、出口排凝流程、出口注氮流程、泵注氮流程、泵安全阀流程等	17	未正确绘制出泵筒放空线安全阀流程扣1分	1	1			
				未正确绘制出泵入口注氮流程扣1分	1	1			
				未正确绘制出泵出口注氮流程扣1分	1	1			
				未正确绘制出泵出口注氮、安全阀流程，每处扣1分	2	1			
				未正确绘制出泵回流注氮及安全阀流程，每处扣1分	2	1			
				未正确绘制出泵保冷管线安全阀流程扣1分	1	1			
				未正确绘制出泵出口、保冷管线旁路流程，每处扣1分	2	1			
				未绘制相关阀门等组件或绘制错误，每处扣1分	4	1			
		主要报警、联锁及控制：泵筒液位、泵振动、泵电气、泵氮封、泵入口压力及温度、泵入口过滤器压差、泵出口压力及温度、泵出口流量控制	15	未正确绘制出泵振动信号扣1分	1	1			
				未正确绘制出泵电气信号扣1分	1	1			
				未正确绘制出氮封压力信号，每处扣1分	1	1			
				未正确绘制出泵入口HV阀信号扣1分	1	1			
				未正确绘制出泵入口压力信号，每处扣1分	1	1			
				未正确绘制出泵入口温度信号扣1分	1	1			
				未正确绘制出泵入口压差信号扣1分	1	1			
				未正确绘制出泵出口压力信号，每处扣1分	2	1			

续表

序号	考试内容	评分要素	配分	评分标准	最大扣分	步长	扣分	得分	备注
3	绘制流程图	主要报警、联锁及控制：泵筒液位、泵振动、泵电气、泵氮封、泵入口压力及温度、泵入口过滤器压差、泵出口压力及温度、泵出口流量控制	15	未正确绘制出泵出口温度信号扣1分	1	1			
				未正确绘制出泵出口流量信号扣2分	2	2			
				未绘制相关信号的报警、联锁及控制或绘制错误，每一处扣1分	3	1			
		绘制高压泵阀门类型(注明FV、HV、XV及球阀、蝶阀、截止阀等)、设定状态和故障开/关标注	10	未绘制相关阀门的类型或绘制错误，每一处扣1分	5	1			
				未绘制相关阀门的设定状态和故障开/关标注，或绘制错误，每一处扣1分	5	1			
4	相关注释	对重要控制进行注释	8	未标注出口流量联锁在启泵顺控程序不起作用扣2分	2	2			
				未标注泵筒液位低禁止启泵逻辑扣2分	2	2			
				未标注出口XV阀启泵后才允许打开扣2分	2	2			
				未标注出保冷管线XV阀泵启动前关闭、泵停止后开启用于管线冷却扣2分	2	2			
5	图纸布局和卷面考核	图样清晰整洁，比例适当，布置合理、美观	8	图纸破损扣2分	2	2			
				图纸不干净扣2分	2	2			
				图比例不适当扣2分	2	2			
				图布置不合理扣2分	2	2			
6	操作结束	工具回收，清理现场	4	未清理现场扣4分	4	4			
7	安全生产及其他	劳保用品穿戴齐全、正确	从总分中扣除	劳保穿戴不齐整不得进入现场，扣100分	100	100			
		操作安全		每违反一项操作安全扣5分，严重的停止操作	100	5			
		在规定时间内完成操作		每超时1min扣2分，超过15min停止操作	30	2			
		合　计	100						

考评员：　　　　　　　　　　　　　　　　　　　　　年　　月　　日